日本石油産業の競争力構築

Takeo Kikkawa
橘川武郎 ── 著

名古屋大学出版会

日本石油産業の競争力構築

目　　次

序　章　日本石油産業史の課題 …… 1

1. 本書の課題と応用経営史　1
2. 日本石油産業が直面する問題　2
3. 日本石油産業の構造的脆弱性　5
4. 歴史分析の必要性　10
5. 本書の構成　11

I——第2次世界大戦以前

第1章　産業の創始とナショナル・フラッグ創設の挫折 …… 16

1. 日本石油産業の創始　17
2. 日本石油の垂直・水平統合戦略の限界　17
3. 石油業界におけるタイプの異なる3人の経営者　19

小　括　30

第2章　外国石油会社の日本進出と事業展開 …… 35

1. 日本への直接進出　38
2. 日本市場への浸透　40
3. 産油・精製への進出と撤退　41
4. 1910–1920年代における地位低下　46
5. ソコニーとヴァキュームの合併　51
6. スタンヴァックの成立　54
7. 石油業法施行以降の対応　59

小　括　60

第3章　外国石油会社と国内石油会社との関係 …… 68

1. アジアをめぐる国際カルテル　70
2. 「6社協定」の成立まで　72
3. 「6社協定」の成立以後　80

小　括　83

第4章　日本政府と外国石油会社との関係 …………………… 91

 1.　商工省の2案発表以前　93
 2.　商工省の2案発表以降　93
 3.　「石油国策実施要綱」の発表以降　97
 4.　法案の国会審議時　100
 小　括　101

第5章　戦時統制期の石油確保と外国石油会社との交渉 ……… 108

 1.　事実経過　109
 2.　商工省鉱山局　116
 3.　吉野信次と来栖三郎　120
 小　括　126

第6章　先駆的な海外事業展開とその帰結 …………………… 136

 1.　出光商会の海外展開の時期区分　138
 2.　満鉄への機械油納入と「満洲」進出（1911-1918年）　138
 3.　中国北部・朝鮮半島・台湾への進出と経営上の苦難
  （1919-1930年）　142
 4.　「満洲」での事業拡張と上海進出（1931-1936年）　151
 5.　外地重点主義の徹底と企業体制の再編（1937-1941年）　157
 6.　太平洋戦争下での苦闘と南方進出（1942-1945年）　166
 7.　敗戦による打撃（1945-1947年）　170
 小　括　172

II──第2次世界大戦以降

第7章　GHQの石油政策と消費地精製・外資提携 ……………… 178

 1.　GHQの石油政策の転換　180
 2.　メジャーズの対日戦略の転換　188
 小　括　191

第8章　外資への挑戦とその限界 …………………………… 196

1. エクソン，モービルと日本市場　197
2. 内側からの挑戦──東燃のケース　205
3. 外側からの挑戦──出光興産のケース　215

小　括　219

第9章　なぜナショナル・フラッグ・カンパニーは生まれなかったのか …………………………… 226

1. エンリコ・マッティと Eni　227
2. 出光佐三と出光興産　232
3. 山下太郎とアラビア石油　233
4. イタリアと日本を分けたもの　236

小　括　239

第10章　日本石油産業の脆弱性とその克服策 …………………… 247

1. 規制と産業の脆弱性との相互増幅作用　248
2. 石油産業の規制緩和プロセスとその問題点　254
3. メジャーズとヨーロッパ非産油国・石油輸入国国策石油会社の動向　266
4. 日本の石油産業の進路と規制緩和のあり方　270

小　括　274

第11章　競争力構築をめざす新しい動き ………………………… 279

1. 日本石油産業の脆弱性　280
2. 脆弱性克服への2つの途　282
3. 上流部門での水平統合　287
4. コンビナート高度統合と「下流の技術力で上流を攻める」　292

小　括　301

終　章　日本石油産業の国際競争力構築 ………………………… 305
　　1. 日本石油産業における歴史的文脈　305
　　2. 日本石油産業の2つの脆弱性　309
　　3. 脆弱性克服・競争力構築の原動力　309
　　4. ナショナル・フラッグ・オイル・カンパニーへの途　310

　参照文献　313
　あとがき　321
　図表一覧　325
　事項索引　329
　企業名・組織名索引　333
　人名索引　339

序章　日本石油産業史の課題

1. 本書の課題と応用経営史

　本書の課題は，日本石油産業の国際競争力構築について，歴史分析をふまえた提言を試みることにある。国際競争力構築という今日的テーマを取り扱うに当たって，あえて歴史過程に目を向けるのは，本書が応用経営史という分析手法をとるからである。

　応用経営史とは，経営史研究を通じて産業発展や企業発展のダイナミズム[1]を析出し，それをふまえて，当該産業や当該企業が直面する今日的問題の解決策を展望する方法である[2]。一般的に言って，特定の産業や企業が直面する深刻な問題を根底的に解決しようとするときには，どんなに「立派な理念」や「正しい理論」を掲げても，それを，その産業や企業がおかれた歴史的文脈（コンテクスト）のなかにあてはめて適用しなければ，効果をあげることができない。また，問題解決のためには多大なエネルギーを必要とするが，それが生み出される根拠となるのは，当該産業や当該企業が内包している発展のダイナミズムである。ただし，このダイナミズムは，多くの場合，潜在化しており，それを析出するためには，その産業や企業の長期間にわたる変遷を濃密に観察することから出発しなければならない。観察から出発して発展のダイナミズムを把握することができれば，それに準拠して問題解決に必要なエネルギーを獲得する道筋がみえてくる，そしてさらには，そのエネルギーをコンテクストにあてはめ，適切な理念や理論と結びつけて，問題解決を現実化する道筋も展望しうる——これが，応用経営史の考え方である。

　「日本石油産業の国際競争力構築について，歴史分析をふまえた提言を試み

表序-1 日本国内における 2010-14 年度の石油製品（燃料油）需要見通し

油　種	ガソリン	ナフサ	ジェット燃料	灯油	軽油	重油			合　計
							A 重油	B・C 重油	
2009 年度実績（千 kℓ）	57,347	46,331	5,087	19,730	32,308	31,088	15,577	15,511	191,890
2014 年度見込み（千 kℓ）	48,855	44,219	4,916	14,936	28,120	19,749	10,732	9,017	160,795
2009-14 年度減少率（％）	14.8	4.6	3.4	24.3	13.0	36.5	31.1	41.9	16.2

出所）総合資源エネルギー調査会石油分科会石油部会石油市場動向調査委員会「平成 22～26 年度石油製品需要見通し」（2010 年 4 月 1 日策定）。

注）2009 年度の実績値は，2010 年 4 月 1 日時点での実績見込み。

る」という本書の課題を達成するためには，まず，日本石油産業が直面する問題に目を向けなければならない。そして，さらには，その問題の背景に存在する構造的な脆弱性をも直視しなければならない。

2. 日本石油産業が直面する問題

1）急減する石油製品需要

　日本石油産業が直面する最大の問題は，国内における石油製品の需要減退に歯止めがかからないことである。

　表序-1 は，石油備蓄目標の基礎データとするために，総合資源エネルギー調査会石油分科会石油部会の石油市場動向調査委員会が，2010 年 4 月に策定した 2010-14 年度の石油製品（燃料油）需要見通しをまとめたものである。この表からわかるように，2010-14 年度の 5 年間に，日本の石油製品需要は，全体で 16.2％も減少する。ガソリンは 14.8％，灯油は 24.3％減り，重油にいたっては 36.5％も減少する見通しなのである。

2）相次ぐ製油所の縮小計画

　第 2 次世界大戦後の日本では，石油精製業が消費地精製主義にもとづいて経営されてきた。この考え方によれば，製油所は，あくまで内需向けに石油製品を生産する。したがって，日本国内の石油製品需要が減退すれば，製油所の生産量も減少することになる。石油精製業のような装置産業では，生産量が減少

し設備稼働率が低下すると，経営上，きわめて大きな打撃を蒙る。打撃を回避するためには，余剰生産設備を廃棄するしか方法がない。このような脈絡で，最近の日本では，製油所の縮小計画の発表が相次いでいるのである。

　具体的には，2010年4月にJXホールディングスへ経営統合した新日本石油と新日鉱ホールディングスが，2009年12月に，水島，根岸，大分製油所のトッパー（常圧蒸留装置）各1基の停廃止と，鹿島製油所のトッパー1基の原油処理能力の削減を発表した。続いて，2010年2月には，昭和シェル石油が，京浜製油所扇島工場を閉鎖することを決めた（同社は，その1カ月後，傘下の東亜石油の京浜製油所水江工場のトッパーの稼動を停止する措置も講じた）。さらに，出光興産も，2010年3月，製油所の一時操業停止を打ち出した。このような動きは，さらに広がろうとしている。

　2010年11月2日付の『日本経済新聞』朝刊は，1面トップで，以下のように報じた。

　　JXホールディングス（HD）など石油元売り各社は石油の精製能力を2013年度までに今年4月時点に比べ合計で日量130万バレル前後減らす計画を経済産業省に提出した。削減率は精製能力全体（日量480万バレル）の4分の1強。国内需要の減少に加え，重質成分の利用を促す「エネルギー供給構造高度化法」の新基準に対応するためだ。今後製油所の閉鎖や統廃合が加速し，業界再編は必至の情勢だ[3]。

　この記事が言及している「『エネルギー供給構造高度化法』の新基準」とは，どのようなものであろうか。それは，2009年7月に公布され，同年8月に施行された「エネルギー供給事業者による非化石エネルギー源の利用及び化石エネルギー原料の有効な利用の促進に関する法律」（エネルギー供給構造高度化法）にもとづき設定された基準のことであり，次のような算式で「重質油分解装置の装備率」（α）を求め，このαを2013年度までに，日本全体で現行の10％から13％へ3ポイント引き上げるという基準である。そのために，αが10％未満の石油精製業者（企業グループ）には45％以上の改善率（αの向上比率）が，10％以上13％未満の精製業者には30％以上の改善率が，13％以上の精製業者

には15％以上の改善率が，それぞれ義務づけられることになった。

$$重質油分解装置の装備率（a）＝\frac{重質油分解装置（RFCCまたはコーカー）の処理能力}{常圧蒸留装置の処理能力}$$

　重質油分解装置の増強が石油の有効利用につながるのは，①新たに供給される原油は軽質油油田の枯渇から徐々に重質化する見通しである，②一方で石油製品に対する需要面ではC重油等が後退しガソリン等の比率が高まる「白油化」（製品需要の軽質化）がいっそう進行する，③それらの現実をふまえれば製油所における重質油分解装置の増強は需給のミスマッチを解消し石油の有効利用を実現する，という事情が存在するからである。この基準は，RFCC（残油流動接触分解装置）とコーカー（重質油熱分解装置）を重質油分解装置として認定しているが，これらは，常圧蒸留装置で原油から分別蒸留されたのちの重質成分を多く含む残油をさらに接触分解ないし熱分解して，そこからも軽質製品を生産する装置である。

3）エネルギー・セキュリティの根幹を揺るがす事態

　重質油からより多くの軽質製品（白油）を製造し，石油をめぐる需給のミスマッチを解消するという点では，石油の有効利用の焦点を重質油分解装置の増強に求める，エネルギー供給構造高度化法にもとづくこの基準の考え方自体は，正鵠を射たものだと言える。ただし，需要が減少しているという現在の日本の石油製品市場の実情をふまえれば，今回のエネルギー供給構造高度化法による新基準の目標である重質油分解装置の装備率（a）の向上は，分子（重質油分解装置の処理能力）の増加よりは，分母（常圧蒸留装置の処理能力）の減少によって達成される可能性が高い。その意味で，上記の基準は，事実上，常圧蒸留装置の処理能力の減少＝製油所の縮小を促進するものだとみなすことができる。

　製油所の縮小自体は，企業の生き残りを賭けた経営判断によるものであり，それを批判することはできない。ただし，ここで注意を喚起する必要があるの

は，製油所の縮小がこのまま広がりを見せれば，わが国のエネルギー・セキュリティの根幹を脅かすゆゆしき事態になりかねないという点である。

　日本の石油をめぐるエネルギー・セキュリティは，一定規模以上の精製設備が国内に存在することを前提条件として，①海外で自主開発油田を確保することと，②国内で原油を中心に十分な備蓄をもつこととの2つを柱にして，成り立ってきた。最近では，自主開発油田の確保はある程度成果をあげ，原油備蓄は充実していると言うことができるが，肝心の「一定規模以上の精製設備の存在」が，ここにきて急速に不透明感を増してきた。製油所の縮小に歯止めをかけないと，石油をめぐるエネルギー・セキュリティの前提条件が崩壊しかねないのである。

3. 日本石油産業の構造的脆弱性

1）競争力の重要性

　エネルギー・セキュリティを確保するために製油所の縮小に歯止めをかけるべきだとは言っても，留意すべき点がある。それは，国際競争力がない製油所を保護政策等の施策によって国内に残すことは，経済的に非合理であり，製品価格の上昇等を通じて結果的に国民の利益を損ねることにつながるので，そのような方策はとるべきではないという点である。

　エネルギー・セキュリティを確保するため国内に存在することが求められる製油所は，国際競争力をもつ「強い製油所」でなければならない。強い製油所を有するためには，日本の石油企業，ひいては石油産業自体が国際競争力をもたなければならない。本書が，日本石油産業の国際競争力構築をテーマとするのはこのためであるが，ここで「構築」という表現を用いるのは，現状では，日本石油産業が十分な競争力を有していないと考えるからである。その根拠は，国内需要が減少し製油所の縮小が見込まれるという，当面の問題だけに限定されるわけではない。日本石油産業は，より本質的な構造的脆弱性を内包している。本節では，その脆弱性を直視することにしよう。

2）世界石油企業上位 50 社ランキングに登場しない日本

　アメリカの石油専門誌 PIW（*Petroleum Intelligence Weekly*）は，毎年年末になると，世界の石油企業上位 50 社のランキングを発表する。このランキングでは，石油埋蔵量，天然ガス埋蔵量，石油生産量，天然ガス生産量，石油精製能力，石油製品販売量の 6 要素についてそれぞれ順位づけを行い，そのうえでそれらの単純平均を求めて総合的な順位を決定している。2009 年の実態にもとづいて作成された PIW の 2010 年のランキング[4]から，世界市場で活躍する主要な石油企業は，3 つのタイプに分けられることが判明する。

　第 1 は，アメリカ系の ExxonMobil（総合で 3 位，以下同様）・Chevron（8 位），イギリス系の BP（6 位），オランダ・イギリス系の Royal Dutch Shell（7 位），からなる，いわゆるメジャーズ（大手国際石油資本）である。PIW の石油企業上位 50 社ランキングでは，対象とした 6 要素のうち 4 要素（石油埋蔵量，天然ガス埋蔵量，石油生産量，天然ガス生産量）が石油産業の上流部門にかかわるものであるため，上流に強い企業が上位にランクされる傾向が見られるが，もし，下流部門にかかわる 2 要素（石油精製能力，石油製品販売量）のみを取り上げて下流に関するランキングを作成すれば，メジャーズ各社の順位はさらに上昇し（その場合には，ExxonMobil が 1 位，Royal Dutch Shell が 2 位，BP が 3 位，Chevron が 9 位となる[5]），4 社中 3 社がトップ 5 以内にランクインすることになる。

　第 2 は，サウジアラビアの Saudi Aramco（総合で 1 位，以下同様），イランの NIOC（2 位），ベネズエラの PDV（4 位），メキシコの Pemex（11 位），ロシアの Gazprom（12 位）・Rosneft（16 位）・Lukoil（17 位），クウェートの KPC（13 位），アルジェリアの Sonatrach（14 位），ブラジルの Petrobras（15 位），マレーシアの Petronas（17 位[6]），アラブ首長国連邦の Adnoc（19 位）などの，石油・天然ガス輸出国における国策石油企業である。これらの企業は，石油・天然ガスの世界市場においてメジャーズに伍する地位を占める有力なプレイヤーであり，なかには，下流部門の上位に名を連ねるものもある（下流に関するランキングにおいて，PDV は 5 位，Saudi Aramco は 8 位，Petrobras は 11 位，NIOC は 12 位，Pemex は 13 位，Lukoil は 14 位，KPC は 18 位，Rosneft は 19 位を占める）。

第3は，中国のCNPC（総合で5位，以下同様）・Sinopec（26位），フランスのTotal（10位），イタリアのEni（20位），スペインのRepsol YPF（29位）などの，石油・天然ガス輸入国における国策石油企業，つまり，本書で言うところのナショナル・フラッグ・オイル・カンパニーである。ナショナル・フラッグ・オイル・カンパニーとは，「自国内のエネルギー資源が国内需要に満たない国の石油・天然ガス開発企業であって，産油・産ガス国から事実上当該国を代表する石油・天然ガス開発企業として認識され，国家の資源外交と一体となって戦略的な海外石油・天然ガス権益獲得を目指す企業体をいう。〔中略〕組織形態としては，国営企業である場合，純粋民間企業である場合など，さまざまである[7]」。ナショナル・フラッグ・オイル・カンパニーの多くは，上流部門だけでなく，下流部門でも，大規模に事業を展開している（下流に関するランキングにおいて，Sinopecは4位，Totalは6位，CNPCは10位，Repsol YPFは17位，Eniは20位を占める）。

　ここで検討したように，石油や天然ガスをめぐる世界市場では，メジャーズ，産油国国策石油企業，非産油国・石油輸入国国策石油企業（ナショナル・フラッグ・オイル・カンパニー）という，3つのタイプのプレイヤーが重要な役割をはたしている。これに対して，2009年の実態にもとづいて作成されたPIWの2010年の石油企業上位50社ランキングには，日本の石油企業がまったく登場せず，わが国には，世界トップクラスのナショナル・フラッグ・オイル・カンパニーが存在しないことを示している[8]。

3）日本石油産業の第1の弱点——上流と下流の分断

　世界の石油企業ランキングの上位50社にはいるようなナショナル・フラッグ・オイル・カンパニーが存在しないのは，日本の石油産業が固有の脆弱性を有しているからである。その脆弱性としては，①上流部門（開発・生産）と下流部門（精製・販売）の分断，②石油企業の過多・過小，の2点をあげることができる。

　まず，①の上流部門と下流部門の分断についてであるが，PIWのランキングの上位を占める(1)メジャーズ，(2)石油・天然ガス輸出国における国策石油

企業, (3)石油・天然ガス輸入国におけるナショナル・フラッグ・オイル・カンパニーのうち (1) と (3) は, 石油産業の上流部門にも下流部門にも展開する垂直統合企業である。本来, 上流部門に基盤をもつ (2) も, 最近では下流部門への展開を強めつつある。これらの企業は, 通常時には「儲かる上流部門[9]」で利益をあげる一方, 1998年のように原油価格が低落した場合には, 製品価格の低下で需要が拡大する下流部門の収益増で上流部門の利益減を補填する。このような垂直統合による経営安定化のメカニズムは, 上下流が分断された日本の石油業界では, 作用しないのである。

歴史的に見れば, 上下流分断の発端は, 第2次世界大戦以前に日本の国内石油会社が, 日本市場に進出した外国石油会社との競争で優位を確保するために, 輸入した原油を国内で精製・販売することに事業の力点をおく消費地精製主義を採用したことに求めることができる。消費地精製主義は, 第2次大戦の敗戦直後の時期に我が国の石油産業が, 外資提携を通じて上流部分をメジャーズ系に大きく依存するようになったことによって増幅され, 全面化した。消費地精製主義の枠組みのもとで1962年に石油業法が制定されたが, この法律は, 端的に言えば, 下流部門の精製・販売業をコントロールすることによって石油の安定供給を達成しようとしたものであり, これが上下流の分断をオーソライズすることになった。

問題はこの体制が, 1970年代の石油危機後にメジャーズ系の力が弱まった過程でも, 固定的に維持されたことにある。石油業法制定に際しては, エネルギー懇談会の席上で脇村義太郎委員が, 原油生産部門と輸送部門の重要性に着目して上下流分断につながる同法の必要性そのものを否定したことが有名である[10]。しかし, 脇村の意見は, 石油業法制定時に反映されなかっただけでなく, 石油危機後のメジャーズの後退という状況変化を受けても, 政策当局や石油業界から顧みられることがなかった。

4) 日本石油産業の第2の弱点——石油企業の過多・過小

PIW の世界の石油企業上位50社ランキングに日本企業が登場しないのは, 上流部門と下流部門が分断されているからだけではない。いまひとつの理由と

表序-2 下流部門の事業規模の比較（1997年）

企業名	国	石油精製能力	石油製品販売量
Royal Dutch Shell	オランダ・イギリス	403万バレル/日	656万バレル/日
Exxon	アメリカ	438万バレル/日	543万バレル/日
Mobil	アメリカ	228万バレル/日	334万バレル/日
（国内全企業）	日本	532万バレル/日	419万バレル/日

出所）資源エネルギー庁資料。
注）ExxonとMobilは1999年に合併して，ExxonMobilが誕生した。

表序-3 上流部門の事業規模の比較（1997年）

企業名	国	石油生産量	天然ガス生産量
Elf	フランス	80万バレル/日	1,312百万立方フィート/日
Total	フランス	53万バレル/日	1,488百万立方フィート/日
Eni	イタリア	65万バレル/日	2,080百万立方フィート/日
（国内全企業）	日本	68万バレル/日	1,646百万立方フィート/日

出所）資源エネルギー庁資料。
注）Totalの後身であるTotal Finaは2000年にElfと合併して，Total Fina Elfが誕生した。その後，2003年にTotal Fina Elfは，社名をTotalと改めた。

して，石油企業の過多性と過小性も指摘すべきであろう。

　表序-2と表序-3からわかるように，1997年の時点で，日本における石油産業の下流部門全体の規模はメジャー1社分の規模にほぼ匹敵し，上流部門全体の規模はヨーロッパ非産油国・石油輸入国のナショナル・フラッグ・オイル・カンパニー1社分の規模にほぼ該当した。もし，当時，日本の石油産業の上流部門と下流部門がそれぞれ1社に統合されていたのであれば，それらの企業規模は世界有数の水準に達していたことだったろう。しかし，現実には，上下流両部門とも，そこに事業展開する日本企業の数はきわめて多かった。

　まず，下流部門について見れば，1998年度末の時点で日本の石油精製・元売企業の数は，29社にのぼった。一方，上流部門について見ても，石油企業の過多性は明らかであった。日本では，石油産業の上流部門に展開する場合，石油公団（1967年に発足した石油開発公団が，石油備蓄関連業務の開始にともない1978年に改称したもの）を通じて政府資金の投融資を受けることができたが，石油公団投融資プロジェクトの親会社（最大民間株主である企業）とその他の石油公団出資会社との合計企業数は，1997年度末の時点で28社に達した。要

するに，上下流とも，欧米の1社分に相当する事業規模を，日本では約30社で分け合っていたのである。これでは，日本の石油企業の規模は，過度に小さくならざるをえなかった。世界の石油企業上位ランキングに日本の石油会社が登場しなかったのは，国内に石油資源がないからではなく，上下流に分断されているうえ，このような過多，過小の業界構造が影響したからである。

日本の石油産業においてこのような過多・過小の業界構造が形成され，維持されていることについても，政府の介入のあり方が大きな影響を与えたと考えられる。

まず，下流部門について見れば，石油業法を運用するにあたって，日本政府は，精製業者の既存のシェアをあまり変動させないよう留意した。この現状維持方針によって，競争による淘汰は封じ込められ，結果的には，護送船団的もたれ合いに近い状況が現出して，過多過小な企業群がそのまま残存することになった。

護送船団的状況は，上流部門でも発生した。石油公団の石油開発企業への投融資は，戦略的重点を明確にして選択的に行われたわけではなく，機会均等主義の原則にもとづいて遂行された。このため，小規模な開発企業が乱立することになった。しかも，乱立した企業が開発に成功せず，赤字を抱え込んで実質的に財務が破綻した場合にも，石油公団による投融資が資金繰りを支えたため，破綻企業の淘汰も進まなかった。

4. 歴史分析の必要性

ここまで見てきたように，日本の石油産業の場合には，今日の体質的な弱さをもたらした要因は，直接的には高度経済成長期にビルトインされたと言える。そこで埋め込まれた問題は，その後の石油危機による環境変化への中途半端な対応によって，いっそう増幅された。例えば，石油公団の投融資が小規模な開発企業の乱立を招いたのは，投融資対象の選定にあたって，強靱なエネルギー企業の育成という質的視点が軽視され，「ともかく1滴でも多くの日の丸原油を」という量的視点が重視されたからであるが，このような傾向は，石油

危機によって拍車がかかったとみなすことができる。

　しかし，ここで強調したい点は，日本石油産業の脆弱性は，より長期の歴史的文脈に深く根ざしていることである。実は，戦後の1962年に制定された石油業法は，戦前の1934年に制定された石油業法に酷似していた。先ほど，「上下流分断の発端は，第2次世界大戦以前に日本の国内石油会社が，〔中略〕外国石油会社との競争で優位を確保するために，〔中略〕消費地精製主義を採用したことに求めることができる。消費地精製主義は，第2次大戦の敗戦直後の時期に我が国の石油産業が，外資提携を通じて上流部分をメジャーズ系に大きく依存するようになったことによって増幅され，全面化した」と書いたが，そのようなことが起こりえたのは，戦前から日本ではメジャーズ系の外国石油会社の事業活動がきわめて活発であったという前提条件が存在したためである。上下流分断と密接に関連する消費地精製方式の採用にしても，それは，占領下で強制されて始まったものではけっしてなく，もともと，戦前期に国内石油会社が，生産地精製方式（石油製品輸入方式）をとるメジャーズ系外国石油会社に対抗するために講じた策であった。これらの事情を念頭におけば，歴史的文脈を正確に把握し，それをふまえて提言を行うという方法をとらない限り，日本石油産業の競争力構築の途を展望するという本書の課題を真に達成することはできない。本書が，未来への途を見出すために，あえて遠い過去から筆を起こすのは，このためである。

5. 本書の構成

　以上の事情から，本書では，日本石油産業の創始期にまで遡及して，分析を進める。その際，分析の力点は，①外国石油会社と国内石油会社との対抗，②石油政策が石油産業の競争力に及ぼした影響，の2点を解明することにおかれる。

　第2次世界大戦以前の時期を検討する第Ⅰ部では，まず，第1章で，①日本最初の石油会社である日本石油は，垂直統合と水平統合を同時に追求し，ナショナル・フラッグ・オイル・カンパニーとなることをめざしたものの，それ

を実現することができなかったこと，および，②日本石油産業の発展のダイナミズムの担い手となったのは，さまざまなタイプの民間企業の経営者であったこと，の2点を確認する。つづいて第2章では，日本石油がナショナル・フラッグ・オイル・カンパニーとして発展することを阻む意味合いをもった，メジャーズ系の外国石油会社の日本での事業活動に目を向ける。ケース・スタディの対象として取り上げるのは，アメリカ系のスタンダード・ヴァキューム・オイル・カンパニーである。第3章では，戦前の日本市場において，外国石油会社と国内石油会社は，どのような関係にあったかについて，目を向ける。具体的な分析対象とするのは，1932年のガソリンに関する「6社協定」の成立過程である。戦前の日本における外国石油会社の活発な活動は，日本政府の石油政策とのあいだに種々の軋轢を生むことになった。その軋轢の実態を知るために，1934年の石油業法に注目し，第4章ではその制定過程における，第5章ではその施行過程における，日本政府と外国石油会社との交渉について，詳細に検討する。一方，戦前の日本においても，外国石油会社に対して果敢に対抗する国内石油会社が存在した。そのような事例として，第6章では，出光商会の海外事業展開に光を当てる。

　第2次大戦後の時期を検討する第II部では，まず，第7章で，上下流分断を決定的なものにした日本石油産業の戦後的な枠組みがいかに形成されたかを解明する。その際，分析の焦点となるのは，消費地精製方式と外資提携の広がりである。つづいて第8章では，a. 東亜燃料工業（東燃）の中原延平・伸之と，b. 出光興産の出光佐三，の経営行動をあとづける。彼らは，外国石油会社に対する内側からの挑戦（a.）ないし外側からの挑戦（b.）の体現者であった。第9章では，第8章で取り上げた出光佐三の行動を，イタリアの石油業経営者エンリコ・マッティの行動と比較する。この比較を通じて，同じ敗戦国・非産油国・石油輸入国でありながら，イタリアではナショナル・フラッグ・オイル・カンパニーが登場し，日本には登場しなかった理由が，ある程度明らかになるだろう。第10章と第11章では，日本石油産業の最近の動向に目を向ける。この2つの章の分析が示すものは，消費地精製と外資提携，強固な政府規制などに象徴される日本石油産業の戦後的な枠組みが，大きく変化し始めてい

ることである。

　歴史的な脈絡と最近における変化とをふまえて，本書では，日本石油産業の競争力構築について，提言を行う。その作業を行うのが，終章の役割である。なお，関連する先行研究についての言及は，該当する各章において行う。

[注]
1）ここで言う「産業発展や企業発展のダイナミズム」とは，産業や企業の発展を主導する力のことである。
2）応用経営史について詳しくは，橘川武郎「経営史学の時代――応用経営史の可能性」（『経営史学』第40巻第4号，2006年）参照。
3）「石油精製能力25％削減」『日本経済新聞』2010年11月2日付。
4）"PIW Ranks The World's Top 50 Oil Companies," *PIW* (*Petroleum Intelligence Weekly*), Special Supplement Issue, December 6, 2010.
5）ここでは，*PIW* 2010年12月6日号に掲載された世界石油企業上位50社ランキング（前掲）のデータにより，石油精製能力と石油製品販売量の2要素についてそれぞれ順位づけを行って，それらの単純平均を求めて下流部門に関するランキングを決定した。単純平均値が同一の場合には，石油精製能力と石油製品販売量の合計値が大きい企業を上位とみなした。したがって，*PIW* 2010年12月6日号の世界石油企業上位50社ランキングに登場しない石油企業は，もともと検討対象から外されていることになる。
6）Lukoil と Petronas は，同一順位である。
7）総合資源エネルギー調査会石油分科会開発部会石油公団資産評価・整理検討小委員会『石油公団が保有する開発関連資産の処理に関する方針』（2003年3月）4頁。ナショナル・フラッグ・オイル・カンパニーには，石油輸入国における国策石油企業だけでなく，石油輸出国における国策石油企業も含める見方も存在する（例えば，橘川武郎「GATS・電力自由化と日本のエネルギー産業」『日本国際経済法学会年報』第11号，2002年）。しかし，本書では，日本政府の公式文書のなかで初めてナショナル・フラッグ・オイル・カンパニーを明確に定義づけた総合資源エネルギー調査会石油分科会開発部会石油公団資産評価・整理検討小委員会『石油公団が保有する開発関連資産の処理に関する方針』の規定を採用することにした。これは，同小委員会のナショナル・フラッグ・オイル・カンパニーの定義づけが，今後，日本では，ある程度社会的に定着するだろうという見通しにもとづくものである。なお，筆者は，同小委員会の委員であり，答申原案起草委員の1人として，この『方針』の策定に関与した。
　　『石油公団が保有する開発関連資産の処理に関する方針』は，ナショナル・フラッグ・オイル・カンパニーの具体的事例として，フランスの Total Fina Elf（Total の前身），イタリアの Eni，スペインの Repsol YPF，中国の中国海洋石油総公司（CNOOC），

の 4 社をあげている（4 頁）。

8) *PIW* の 2010 年の石油企業上位 50 社ランキングが伝えるいま一つの興味深い事実は，世界の主要国のなかでドイツには，石油企業ランキングの上位 50 社にはいるようなナショナル・フラッグ・オイル・カンパニーが存在しないことである。ただし，ドイツの場合には，1998 年まで，上流部門専業の国策石油・天然ガス企業として Deminex が活動しており，Deminex は，政府資金に依存しない経済的自立を達成したうえで同年に解散した（この点については，橘川武郎「日本におけるナショナル・フラッグ・オイル・カンパニーの限界と可能性」「アジアのエネルギー・セキュリティー」日米共同研究会［平成 11 年度石油精製合理化基盤調査事業］『アジアのエネルギー・セキュリティーと日本の役割に関する調査報告書』㈶石油産業活性化センター，2000 年，VII・8-9 頁，㈶日本エネルギー経済研究所『欧米主要国の自主開発政策における石油産業と政府の関係』2003 年，12-15 頁参照）。これに対して，日本の石油・天然ガスの上流部門では，いまだに大半の企業が政府資金への依存から脱却しえない状況が継続している。ナショナル・フラッグ・オイル・カンパニーが不在であることの意味合いは，ドイツにおいてより，日本においての方が，より深刻なのである。

9) 日本の石油産業をめぐる最大の不思議は，「上流部門で儲ける」という世界の石油産業の常識が通用しないことである。わが国では，探鉱・採掘という上流部門は，「リスクが大きい」，「政府の支援が必要な」分野と理解されている。しかし，欧米の大手国際石油企業，いわゆるメジャーズは，原油価格が著しく下がった例外的な時期を除いて，通常は利益の過半を上流部門から得ている。メジャーズが存在しない欧州石油輸入国のナショナル・フラッグ・カンパニーの場合も，上流部門は収益性の高い分野である。これに対して，日本の石油業界では，「上流部門で儲ける」という意識は，きわめて希薄である。

10) エネルギー懇談会『石油政策に関する中間報告』（1961 年 11 月 20 日）参照。

Ⅰ──第 2 次世界大戦以前

第1章　産業の創始とナショナル・フラッグ創設の挫折

　本書の第Ⅰ部では，第2次世界大戦以前の日本における石油産業の動向に，目を向ける。分析に当たっては，①外国石油会社と国内石油会社との対抗，②石油政策が石油産業の競争力に及ぼした影響，の2点の解明に力を注ぐ。
　まず，①の点に関連して言えば，ナショナル・フラッグ・オイル・カンパニーが存在しないことに端的に示される日本石油産業の構造的脆弱性の淵源は，第2次大戦以前の時期にまで遡及することができる。日本においては，石油産業の創始以来，ナショナル・フラッグ・オイル・カンパニーの創設をめざす動きは，なかったのであろうか。もし，あったのだとすれば，それは，なぜ挫折したのだろうか。これが，本書での分析を開始する際にまず問題にすべき，第1の問いである。
　次に，②の点に関連して言えば，本書では，国内石油会社の動向を検討する際に，しばしばその経営者の行動に焦点を合わせるが，そのような方法が適切かどうかが問題になる。というのは，日本石油産業の発展過程においては総じて政府介入の度合いが大きく，民間企業経営者の主体性を疑問視する向きも見られるからである。本書での分析を開始するに当たって問題にすべき第2の問いは，日本の国内石油会社の経営者ははたして主体性を発揮しえたのか，ということになる。
　この第1章の課題は，これら2つの問いに対して，一応の答えを導くことにある。ここで，「一応の」という言葉を用いるのは，2つの問いに対する本格的な答えの提示は，本書全体を通じてなされることになるからである。

1. 日本石油産業の創始

　日本の近代的な石油産業の嚆矢となったのは，1888年5月の「有限責任日本石油会社」の創立である。日本石油は，1891年4月，新潟県尼瀬で，我が国最初の原油の機械掘鑿に成功した。有限責任日本石油会社は，1894年1月には，「日本石油株式会社」へ商号変更した。

　続いて，1893年3月に宝田石油株式会社が成立した。宝田石油は，新潟県東山油田で原油の機械掘鑿を開始した。日本石油と宝田石油は，草創期の日本石油産業におけるリーディング・カンパニーとして成長をとげた[1]。

2. 日本石油の垂直・水平統合戦略の限界

　日本石油と宝田石油は，原油生産に力点をおく形で，事業を開始した。日本石油は，創業直後に尼瀬製油所を建設していたが，精製事業に本格的に取り組むようになったのは，1899年8月に柏崎製油所[2]を建設し，同時に本社を柏崎に移したときのことである。一方，宝田石油も，1898年5月に全越石油から製油所を買収し，同年7月には長岡で精製事業に着手した[3]。

　日本石油と宝田石油が，原油生産だけでなく石油精製にも力を入れ始めたころには，本書の第2章で後述するように，すでに外国石油会社が日本市場に進出し，主要な商品である灯油の販売において優位を占めていた。井口東輔『現代日本産業発達史Ⅱ 石油』(交詢社，1963年) は，日本石油製や宝田石油製の灯油が市場で後発であった様子を，次のように記している。

　日本石油製品が外国産灯油市場に進出しはじめたのは，明治三四(一九〇一)年東京隅田川に油槽所を開設し，ここで罐詰，荷造りを開始して以来のことであった。

　　また，長岡製油所[4]の販路もようやく東京，大阪に及ぶようになったといわれたが，まだ当時の製油技術，販売方法などは幼稚の域を出ず，製品の

包装などもすべて外国油の古罐を買い入れて荷造りしたものであった。わが国の市場に国産原油の新罐をみるようになったのは，さらに後年，明治四一，二年ころに属する（90頁）。

このように日本石油と宝田石油は，上流部門から出発して下流部門へと展開する垂直統合戦略を推進したが，外国石油会社に対して競争優位を確立することはできなかった。そのことは，1910年2月に成立した日本市場における灯油のカルテル協定である「4社協定」において，内地での販売シェアが，ソコニー（アメリカ系のスタンダード・オイル・オブ・ニューヨーク）43％，ライジングサン（イギリス・オランダ系のロイヤル・ダッチ・シェルグループに属するアジアチックの日本子会社）22％，宝田石油21％，日本石油14％と決定された[5]ことに，端的に示されている。

日本石油は，その後1921年10月に宝田石油を合併し，水平統合戦略を強化して，外国石油会社に対抗した。日本石油が展開した垂直統合戦略や水平統合戦略は，日本石油産業におけるナショナル・フラッグ・オイル・カンパニー創設をめざす動きとみなすことができる。しかし，日本石油は，結局，ナショナル・フラッグ・オイル・カンパニーとなることはできなかった。本書の第3章で詳述するように，1932年8月に成立した日本市場におけるガソリンのカルテル協定である「6社協定」においても，販売シェアは，ライジングサン32％，日本石油24％，ソコニー・ヴァキューム21％，小倉石油13％，三菱石油7％，その他3％と決定されたのである（後掲の表3-6参照）[6]。

日本石油は，外国石油会社に対し優位に立つことができず，日本石油産業の水平統合に関して，十分な成果をあげることができなかった。それだけでなく同社は，1920年代半ばから，外国石油会社への対抗策として，原油供給を輸入に依存する消費地精製方式を採用するようになり，垂直統合戦略も後退させた。このように，国内石油会社のリーディング・カンパニーであった日本石油が展開した垂直・水平統合戦略には限界があったのであり，同社のナショナル・フラッグ・オイル・カンパニーを創設するという企図は，結局のところ，実現を見なかった[7]。

3. 石油業界におけるタイプの異なる3人の経営者

1）問題の所在

　本章の以下の部分では，日本の石油産業の発展過程で重要な役割をはたしたタイプの異なる3人の経営者に光を当て，彼らと政府との関係を比較検討する。このような作業を行うのは，石油産業が，日本において，政府の介入が著しかった代表的な産業だからである。本書では，国内石油会社の動向を検討する際に，しばしばその経営者の行動に焦点を合わせるが，そのような方法が適切なものだと主張するためには，国内石油会社の経営者の政府からの自立性，換言すれば意思決定における主体性，を確認しておく必要がある。以下で3人の経営者の行動を検証するのは，このためである。

　本節で検討対象として取り上げるのは，日本石油の橋本圭三郎（1865-1959），東亜燃料工業の中原延平（1890-1977），出光商会・出光興産の出光佐三（1885-1981）の3名である。橋本，中原，および出光は，日本の石油業界で活躍した，タイプの異なる代表的な経営者であった。

　森川英正は，日本の経営者を図1-1のようにタイプ分けしている[8]。宝田石油の社長を経て日本石油の社長となった橋本圭三郎は，大蔵省と農商務省（現在の経済産業省の前身）の次官を歴任した人物であり，典型的な「天下り」経営者（タイプB-1）とみなすことができる。東京帝国大学を卒業して小倉石油に入社し，取締役にまで昇進したのち，出資先の東亜燃料工業に移って，やがて同社社長に就任した中原延平は，タイプB-3の内部昇進型経営者に相当す

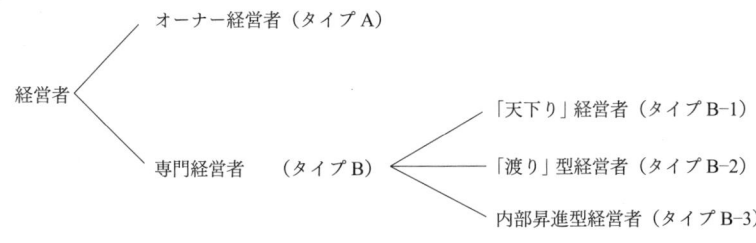

図1-1　森川英正による日本の経営者のタイプ分け

る[9]。出光商会を単身で設立し，それを出光興産に発展させて，同社の社長，会長として活躍した出光佐三は，日本を代表するオーナー経営者（タイプA）である。これら3名がトップマネジメントをつとめた石油会社は，いずれも業界国内最大手（日本石油）か，それに準じる存在（宝田石油，小倉石油，東亜燃料工業，出光興産）かであった。

したがって，橋本，中原，出光を取り上げることは，日本の石油業界で活躍した，タイプの異なる代表的な経営者に光を当てることになるのである。なお，タイプB-2の「渡り」型経営者を取り上げないのは，そのようなタイプの経営者が日本の石油業界で活躍した適切な事例を見出せないからである。

以下では，橋本，中原，出光の石油業経営者としての足跡を，順次検討する。その際とくに注目するのは，彼らが政府の石油政策に対していかなる姿勢をとったかという点である。

2) 日本石油の橋本圭三郎――「天下り」経営者の事例

表1-1は，橋本圭三郎の足跡をまとめたものである。1865年に長岡藩士の長男として生まれた橋本は，1890年に帝国大学法科大学を卒業すると同時に官界入りし，1911年には大蔵次官，1913年には農商務次官を歴任した。その後1916年に同郷の大橋新太郎が取締役をつとめる宝田石油に社長として天下りした橋本は，業界国内第2位の同社と業界トップの日本石油との合併を実現するため力をつくした。1921年の両社合併により日本石油副社長となった彼は，1926年には前任者の内藤久寛に代わって日本石油社長に就任した。橋本は，1944年に日本石油会長に転任し，同年その職を退いたのち，1959年に死去した。

以上のような足跡をたどった典型的な「天下り」経営者である橋本圭三郎は，日本政府の石油政策に対していかなる姿勢をとったのであろうか。この点については，あい反する2つの側面に目を向ける必要がある。

第1は，日本の政府や軍部が石油にかかわる国策を遂行するにあたって，石油業界内部での橋本の影響力を利用しようとしたことである。橋本は，1920年に蘭印（オランダ領東インド，現在のインドネシア）の石油会社コロニアルを

表1-1　橋本圭三郎関連年表

年	事項
1865	生誕
1890	帝国大学法科大学卒業
1911	大蔵次官
1913	農商務次官
1916	宝田石油社長
1920	コロニアル買収に関して日本石油内藤社長と覚書締結
1921	日本石油と宝田石油の合併により日本石油副社長
1926	日本石油社長，減価償却を拡充
1933	松方幸次郎に消費地精製方式を推奨
1934	第1次石油業法に微妙な姿勢
1935	朝鮮石油設立を推進
1939	東亜燃料工業会長
1941	日本石油と小倉石油の合併を推進，帝国石油総裁
1944	日本石油会長，その後退任
1959	死去

買収するため積極的に活動したが，この行動は，日本の海軍や政府の意向を反映したものであった[10]。また，1935年の朝鮮石油設立の推進，1939年の東亜燃料工業会長への就任，1941年の帝国石油総裁への就任という一連の橋本の動きは，それぞれ，1934年施行の朝鮮における石油業法の具体的運用，航空揮発油・航空潤滑油の増産，国内主要石油鉱業の一本化による積極開発という，当時の石油国策と密接に関連していた[11]。さらに，橋本は，1921年の日本石油と宝田石油との合併，1941年の日本石油と小倉石油との合併においてリーダーシップを発揮したが，これらはいずれも業界国内第2位の石油会社（宝田石油，小倉石油）を業界のトップ企業（日本石油）に一体化させたものであり，ナショナル・フラッグ・オイル・カンパニーにつながる大規模なナショナル・チャンピオンをつくり出して外国石油会社と対抗させようという，日本政府の方針に沿うものであった[12]。

　橋本がいかに国策を重視して行動したかをもの語るのは，1920年に宝田石油が中外石油アスファルトを吸収合併した際に，社長である彼の鶴の一声で，石油事業とは直接的な関連性のうすい道路工事部門を継承，存続させたというエピソードである。これは，当時橋本が道路改良協会副会長の座にあり，道路

整備が国家的な重要事業であるとの認識をもっていたために，施された措置であった。宝田石油内の道路工事部門は，1921年の合併を経て，日本石油にも受け継がれることになった。道路事業の継承に対しては日本石油の内部に強い異論があったと伝えられているが，合併により同社副社長となった橋本の国策重視の信念を打ち破ることはできなかったのである[13]。

　国策を重視する橋本の姿勢は，外国石油会社やその関係者に，橋本と日本政府とは一心同体であるかのような印象を与えた。例えば，駐日アメリカ大使のジョセフ・グルー（Joseph C. Grew）とソコニー・ヴァキューム（Socony-Vacuum Corporation）日本支社の総支配人 J. C. グールド（J. C. Goold）は，石油業法制定の動きが表面化した1933年5月に，それぞれワシントンの国務省とニューヨークの本社に対して，日本政府が石油統制を急ぐ理由のひとつは経営が悪化した日本石油を救済することにある，という内容の報告を行った[14]。しかし，以下で述べるように，橋本と日本政府とが一体であるというこのような印象は，必ずしも正確なものではなかった。

　橋本と日本政府との関係について指摘すべき第2の側面は，橋本が，国策を重視しながらも，あくまで石油業経営者としての主体性，自主性を堅持して行動したことである。日本の政府や軍部の石油にかかわる国策は，彼らの構想どおりにそのままの形で実現することは，ほとんどなかった。それらは，橋本をはじめとする石油産業関係者の利害を反映した修正を受けたうえで実施されるか，あるいは実施されないか，のどちらかだったのである。

　1920年に宝田石油社長の橋本と日本石油社長の内藤が推進したコロニアルの買収は，結局実現しなかった。これは，原敬首相や海軍の支援にもかかわらず大蔵省がこの買収に反対したためであり，「当時の政府当局が石油政策の重要性を認識できなかった限界を明示している[15]」。

　1934年の石油業法も，外国石油会社やその関係者（例えば，グルーやグールド）の見方とは異なり，必ずしも，日本政府が日本石油と一体となって制定，施行したものではなかった。同法をめぐる一連のプロセスでは日本政府と日本石油の見解はしばしば齟齬をきたし，多くの場合，後者の修正要求を前者が受け入れる形で決着を見た。ここでは，2つの事例をあげておこう。

第1は，石油業法の制定過程の1928年の時点で政府が，輸入原油精製（別言すれば消費地精製）部門を既存の石油会社から分離し，新たな合同会社へ吸収するという原案をまとめたことである。この原案は，日本石油にとって，1924年に操業を開始したばかりの最新鋭プラントである鶴見製油所を失うことを意味し，到底賛成できるような内容ではなかった[16]。紆余曲折を経て政府は日本石油等の異議申し立てを了承し，最終的には石油業法の主旨は，既存の石油会社の消費地精製部門を保護，育成することにおかれるにいたった。

第2は，制定された石油業法にもとづき，石油会社に膨大な資金支出を強いる前年輸入量の6カ月分の貯油義務制が導入されたことである。日本石油社長の橋本は，貯油義務によって生じる資金負担は政府が負うべきであると，繰り返し主張した[17]。結局政府は，橋本の主張を受け入れ，1936年に，貯油義務履行に対して補助金を支給することを決めた。

日本の政府や軍部の石油に関する国策が，当初の構想どおりには実現せず，橋本ら石油業界関係者の修正意見を採用したうえで実施にいたることは，石油業法の施行後もしばしば見受けられた。

1939年の東亜燃料工業の設立に際して，政府と陸軍は当初，航空揮発油と航空潤滑油の増産のために既存の石油精製各社の大合同をめざした。しかし，この大合同案は，「各社の複雑な利害関係もあってまとまらず，〔中略〕代わって共同出資会社新設案が新たに浮上し，実現に向けて急速に具体化した[18]」。そして，日本石油社長の橋本と小倉石油社長の小倉房蔵が「新会社構想のまとめ役」，「業界のリーダーとして奔走し」た[19]結果，共同出資会社（つまり東亜燃料工業）の誕生を見たのである。

1941年の日本石油と小倉石油との合併，および帝国石油の設立に関しても，橋本は，政府の意向を一方的に受け入れたわけではなかった。日本石油の会社史は，小倉石油の合併について，「この合併は，抜本的な業界再編成を迫られた状況のもとで，国家総動員法に基づく政府強制に先立ち自主的に行動することにより，企業としての主体性を確保したものであった[20]」，と評価している。また，自社の鉱業部門を新設の帝国石油に譲渡する際にも橋本は，①日本石油の株主の利益を損なわないこと，②帝国石油の役員選任を日本石油に一任する

こと（既述のように，橋本自身も帝国石油総裁に就任した）などの条件を，政府に認めさせた[21]。

以上述べてきたように橋本は，日本政府との関係において，あくまで主体性や自主性を堅持して行動したが，それを可能にしたのは，石油業経営者としての彼の経験と実績であった。橋本は，宝田石油社長時代の1919年に，業界他社に先んじて従業員懇談会を設置した[22]。また，日本石油の社長に就任した直後の1926年には，減価償却を厚く行う利益金処分の改革を断行し，内部留保の充実に成果をあげた[23]。石油業法の内容が既存石油会社の消費地精製部門を保護，育成するものへと転換したのも，日本石油や小倉石油が消費地精製方式の推進の点で実績を重ねたからであった。1933年に橋本が，当時ソ連から石油製品を大量に輸入し，廉価で販売して業界の撹乱者的存在であった松方幸次郎に対して，強い調子で消費地精製方式の採用を勧めた[24]のも，この実績をふまえたものである。

なお，橋本は1934年に，会社の利益を自己の信条に優先させる形で，不採算部門である道路工事部門を日本石油本体から分離した[25]。

3）東亜燃料工業の中原延平——内部昇進型経営者の事例

表1-2は，中原延平の足跡をまとめたものである。1890年に生まれた中原は，東京帝国大学工科大学を卒業してから11年後の1927年に小倉石油に入社し，同社で取締役まで昇進した。その後1939年に小倉石油の出資先の東亜燃料工業に移って常務取締役となった彼は，1944年から1962年にかけて東亜燃料工業の社長をつとめた。1976年に東亜燃料工業の会長から退いた中原が死去したのは，それから1年後の1977年のことであった。

東亜燃料工業は，第2次世界大戦前夜の1939年7月に，航空揮発油や航空潤滑油の生産に携わる国策会社として設立された。のちに中原自身が回想しているように，同社の場合，工場「敷地の買収は，軍，政府の協力があったので，たいして苦労しなかった[26]」。これらの点から，中原延平の活躍の場が日本の政府や軍部によって与えられたこと自体は否定できないが，このことは，中原が政府や軍部の追随者だったことを決して意味しない。

表 1-2　中原延平関連年表

年	事 項
1890	生　誕
1916	東京帝国大学工科大学卒業
1927	小倉石油入社
1935	小倉石油取締役
1938	IHP からの技導導入に海軍の反対で失敗
1939	東亜燃料工業常務取締役
	フードリー法買付けに渡米（-1940）
1944	東亜燃料工業社長
1949	スタンヴァックと資本提携
1960	東燃石油化学の設立に際し東亜燃料工業に対する外資の出資比率を 50％に引下げ
1962	東亜燃料工業会長，第 2 次石油業法に条件付き賛成
1976	東亜燃料工業会長を退任
1977	死　去

　中原の日記は，東亜燃料工業の設立過程の舞台裏を赤裸々に記しているが，それを読めば，中原や橋本圭三郎らの石油業経営者が，日本曹達の資本参加を通じて東亜燃料工業を自己の影響下におこうとする陸軍の横槍に対して，いかに苦労して対決し，最終的にはその横槍を退けたかを知ることができる[27]。東亜燃料工業の工場の敷地についても，政府や陸軍は関西以西の 2 カ所を想定していたが，中原は独自の判断で東西 1 カ所ずつとの方針を固め，最終的には中原の構想どおりに清水（静岡県）と和歌山に決定したのである[28]。

　中原の日記が「全クノ乱軍ナリ[29]」と表現したように，日本の陸軍と海軍は，それぞれ航空揮発油メーカーに影響力を保持することのみに躍起で，同じ国家の軍隊として統制のとれた行動をとらなかったばかりではなく，技術的なリーダーとしての役割を十分にはたすこともなかった。これとは対照的に中原は，「陸海軍との航空揮発油製造技術にかんする折衝が完全に中原の独壇場であったこと」は「明瞭な事実」であると評価されている[30] ように，技術面でのリーダーシップを大いに発揮した。

　中原は，まず，小倉石油時代の 1938 年に，IHP（International Hydrogenation Patent Co.）から水素添加技術を導入しようと交渉を進めた[31]。次いで，東亜燃

料工業が発足した直後の1939年9月から1940年3月にかけて渡米し、フランス人技師 E. H. フードリー（Eugene H. Houdry）が考案しアメリカのサン・オイル社（Sun Oil Co.）が工業化に成功したフードリー式接触分解法の買付けを進めた[32]。結果的には、前者の技術導入は日本海軍の反対により、後者の買付けは1939年12月に発動されたアメリカ政府の対日モラル・エンバーゴー（道義的禁輸措置）により、いずれも実を結ぶことはなかったが、航空揮発油の製造技術として当時世界最高水準にあったIHP法とフードリー法に白羽の矢を立てたこと自体、技術者としての中原の目の確かさを証明するものであった。

中原が石油業界において技術的リーダーシップを発揮するという状況は、第2次大戦の終結後も継続した。ニュージャージー・スタンダード（Standard Oil Co. of New Jersey）の開発部門の子会社SOD（Standard Oil Development）が有する最新鋭の石油精製技術を利用できるようにするため、ニュージャージー・スタンダードとソコニー・ヴァキュームの共同子会社スタンヴァック（Standard-Vacuum Oil Co.）といち早く資本提携したことは、その端的な現れである。

表1-3は、1945年の終戦から1952年にかけての時期にあいついで締結された、日本の石油精製会社と欧米の石油会社とのあいだの主要な提携契約を一覧したものである。この表からわかるように、東亜燃料工業とスタンヴァックとの提携は、次の2つの特徴を有していた。

ひとつは、提携の時期がきわめて早かったことである。東亜燃料工業とスタンヴァックとの提携は、戦後の日本の石油業界で進行した一連の外資提携の先陣を切るものであった。外資と提携するにあたって、同業他社の場合には、提携開始から資本提携まで時日を要することが多かったのに対して、東亜燃料工業の場合には、いきなり資本提携契約を結んだことも注目に値する。

いまひとつは、スタンヴァックの持株比率が50％を超えたことである。これに対して、他社の資本提携の場合にはいずれも、外国石油会社の出資比率は50％にとどまった。

東亜燃料工業・スタンヴァック間の提携交渉がいち早く結実したこと、しかも当初から資本提携の形をとったこと、さらにスタンヴァックの持株比率が50％を上回ったことなどは、いずれも、東亜燃料工業社長の中原が、最先端を

表 1-3　終戦後1952年までの石油会社による主要な外資提携契約

提携会社	締結年月日	契約内容	外資側契約主体
東亜燃料工業 スタンヴァック	1949年2月11日 1951. 7. 1	資本提携契約〔51%〕 技術提携契約	スタンヴァック スタンヴァック
日本石油 カルテックス	1949. 3. 25 1950. 4. 21 1951. 5. 16	石油製品委託販売契約 原油委託精製契約 共同出資子会社（日本石油精製）設立契約〔50%〕	カルテックス・ジャパン カルテックス・ジャパン カルテックス・プロダクツ
三菱石油 タイドウォーター	1949. 3. 31	資本提携契約〔50%〕	タイドウォーター
昭和石油 シェル	1949. 6. 20 1951. 6. 28 1952. 12. 3	原油委託精製契約 資本提携契約〔26%〕 資本提携契約〔50%〕	シェル・ジャパン シェル・ジャパン シェル・ジャパン
興亜石油 カルテックス	1949. 7. 13 1950. 7. 20	原油委託精製契約 資本提携契約〔50%〕	カルテックス・ジャパン カルテックス・ジャパン
丸善石油 ユニオン	1949. 10. 21	原油供給及び石油製品委託販売契約	ユニオン
丸善石油 シェル	1951. 6. －	原油委託精製契約	シェル・ジャパン

注1）〔　〕内は，資本提携契約における外資側の出資比率。
2）－は，日付不明。
3）「契約内容」は，主要な内容のみ掲載。
4）カルテックス・ジャパンは，カルテックス・オイル（ジャパン）・リミテッド，カルテックス・プロダクツは，カルテックス・オイル・プロダクツ・カンパニー，シェル・ジャパンは，シェル・カンパニー・オブ・ジャパン・リミテッド。

行くSODの技術の導入に不退転の姿勢をとったことの必然的な帰結であった。優秀な石油精製技術を導入することに対する中原の熱意は，一連の日記や回想談の記述の中からも十分に読みとることができる[33]）。

　ここで興味深いのは，資本提携から11年を経た1960年に中原が，東燃石油化学の設立に際して，東亜燃料工業に対するスタンヴァックの出資比率を50％に引き下げさせた事実である。これは，直接的には，外資の出資比率が50％を超す石油会社には石油化学工業への進出を認めないという日本の通商産業省（通産省）の方針によるものであったが，より根本的には，中原の深謀遠慮が実を結んだものであった。SOD技術の吸収がある程度進んだ当時の状況下では，中原の関心は，スタンヴァック持株比率を50％におさえ，東亜燃料

工業に対するスタンヴァックの発言力を限定づけることに向かっていた。中原は，この課題を，通産省の方針を利用する形で達成したのである[34]。

中原が日本政府の政策を利用しようとしたのは，この時だけではなかった。1962年に制定された第2次石油業法に対して中原は条件付き賛成の態度をとったが，これも，当時日本の石油業界で急速にシェアを伸ばしつつあった出光興産を，同法を使って封じ込めようとしたものだと指摘されている[35]。

以上述べてきたように中原の場合には，日本政府との間の距離は，橋本圭三郎の場合よりは大きかった。しかし，次項で検討する出光佐三のように，政府と正面から対決するという姿勢を，中原がとることはほとんどなかった。政府との関係の緊密さという点で，中原は，橋本と出光との中間に位置していたとみなすことができよう。

4）出光興産の出光佐三――オーナー経営者の事例

表1-4は，出光佐三の足跡をまとめたものである[36]。1885年に生まれた出光は，神戸高等商業を卒業してから2年後の1911年に独立して，石油類の販売に携わる出光商会を創設した。出光商会は，東アジアの日本軍の勢力圏を中心に積極的な店舗展開を進めたが，1945年8月の第2次世界大戦での日本の敗北により，すべての在外支店を喪失するという大きな打撃を受けた。それでも出光商会は1947年に子会社の出光興産に事業を継承する形で再出発したが，その時点で出光佐三は，オーナー経営者として，出光興産の社長もつとめていた。その後彼は，1966年に出光興産会長となり，1972年に同職を退いたのち，1981年に死去した。

出光佐三は，日本で最も人気のある石油業経営者である。その理由は，2つの点に求めることができる。

第1は，出光が，メジャーズ（大手国際石油資本）に真っ向から挑戦した「民族系石油会社の雄」だったことである。1929年に出光は，メジャーズに有利に作用していた朝鮮の石油関税を改正するため運動を展開し，成果をあげた。第2次大戦の終結後も出光は，まず1946年に，占領下にある日本政府に対して，メジャーズによる石油市場の独占を規制するよう提言した。続いて

表 1-4 出光佐三関連年表

年	事　項
1885	生　誕
1909	神戸高等商業卒業
1911	出光商会創設し店主
1929	朝鮮での石油関税改正に尽力
1935	満洲での石油専売制に反対
1938	国策会社大華石油の設立に反対
1941	北支石油協会の設立に反対
1943	石油専売法に反対
1946	メジャーズの日本市場独占を規制することを提言
1947	出光商会，出光興産へ継承（出光佐三は出光興産社長）
1950	石油製品の輸入を主張
1953	イランから石油を輸入
1960	ソ連から石油を輸入
1962	第2次石油業法に反対
1963	出光興産石油連盟を一時脱退
1966	出光興産会長
1972	出光興産会長を退任
1981	死　去

　1953年には，アングロ・イラニアン（Anglo-Iranian Oil Co.）の国有化問題でイギリスと係争中であったイランに，出光興産の自社タンカー日章丸二世をさし向け，大量の石油を買い付けて国際的な注目を集めた。この「日章丸事件」は，イラン石油の不買運動を世界的規模で展開していたメジャーズに対して果敢に挑戦したものであり，日本における出光佐三の人気を一挙に高めたが，さらに彼は，1960年にソ連からの石油輸入を開始し，メジャーズとの対決姿勢を強めた。

　出光佐三の人気の第2の理由は，彼が日本政府による規制に終始抵抗したアントゥルプルヌアー（企業家）だった点に求めることができる。戦前の出光商会は，東アジアの日本軍の勢力圏を中心に店舗展開したが，このことは，出光佐三が軍部の追随者であることを意味するものでは決してなかった。それどころか彼は，政府や軍部の石油統制に抵抗する姿勢を一貫してとり続けた。出光佐三は，1935年の「満洲」（中国東北部）における石油専売制や1943年の日本国内での石油専売法に，強く反対した。また，1938年の国策会社大華石油の

設立や，1941年の北支における石油配給機構，北支石油協会の設立に対しても，激しく抵抗した。このような出光の行動は，「寄合世帯の国策会社，統制会社，組合等」が林立し，「法律・機構による軍部および官僚の運営がはじま」ると，「当然の結果として企業の真の経営活動は失われてい」くという，危機感にもとづくものであった[37]。

石油統制に反対する出光佐三の行動は，当初，日本軍の内部に強い反出光感情を引き起こした[38]。しかし，占領地での出光社員の効率的な働きぶりを目の当たりにするうちに，軍部の出光に対する評価は，徐々に変化していった。中支や南方では出光佐三の意見を入れて大規模な石油配給機構を設立しなかったこと，1943年に北支石油協会を大幅に簡素化して配給面を出光に一任したことなどは，最終的には軍部が，民間企業としての出光の活力を高く評価するようになったことを示している。

第2次大戦の終結後も出光佐三は，日本政府の石油産業に対する介入に抵抗する姿勢をとり続けた。中東原油の大幅増産を背景にメジャーズが消費地生産方式の採用へ方針転換したことを受けて，日本政府は戦後，石油製品の輸入を厳しく制限するようになったが，これに対して出光佐三は，1950年に強く抗議した。結局，この抗議は受け入れられず，出光興産は1957年に徳山製油所を新設して輸入原油の精製へ進出することになったが，今度は政府による石油精製業の統制に対して出光佐三が反発するにいたった。1962年の第2次石油業法の制定に最後まで反対したこと，通商産業省の行政指導の装置となっていた石油連盟（日本における石油精製・販売業の業界団体）から出光興産が1963年に一時的に脱退したことなどは，その端的な現れである。

以上述べてきたように出光佐三は，戦前，戦後を通じて，日本政府による石油統制に抵抗するアントゥルプルヌアーとして活動したのである。

小　　括

本章の課題は，次の2つの問いに一応の答えを導くことにあった。
①日本においては，石油産業の創始以来，ナショナル・フラッグ・オイル・

カンパニーの創設をめざす動きは，なかったのであろうか。もし，あったのだとすれば，それは，なぜ挫折したのだろうか。

②日本の国内石油会社の経営者は，はたして主体性を発揮しえたのか。換言すれば，政府から自立していたのか。

　まず，①の問いに対しては，近代的日本石油産業のパイオニアとなった日本石油が，会社設立に当たって上流部門から下流部門までを貫く垂直統合戦略を採用し，その後，国内石油会社として業界第2位の宝田石油や小倉石油を合併して水平統合戦略を展開したことから見て，日本にも，ナショナル・フラッグ・オイル・カンパニーの創設をめざす動きは存在したと言える。しかし，結局，第2次大戦以前の日本において，日本石油は，ナショナル・フラッグ・オイル・カンパニーになることができなかった。その最大の理由は，戦前日本の石油市場では外国石油会社が大きなシェアを占め，ナショナル・フラッグ・オイル・カンパニーとしての日本石油の成長を阻んだ点に求めることができる。また，もうひとつの理由としては，日本石油や小倉石油が，外国石油会社との競争において優位に立つことをねらって，1920年代半ばごろから消費地精製方式を推進し，事実上，垂直統合戦略を放棄した点を指摘すべきであろう。ここでナショナル・フラッグ・オイル・カンパニー創設をめざす動きが挫折した理由としてあげた2つの論点については，本書の第2章-第4章において，詳しく掘り下げる。

　次に，②の問いについては，本章の第3節で，日本の石油業界で活躍したタイプの異なる3人の経営者を取り上げ，彼らが政府の石油政策に対していかなる姿勢をとったかについて検討した。日本政府との間の距離を見れば，「天下り」経営者の橋本圭三郎が最も近く，内部昇進型経営者の中原延平がこれに続き，オーナー経営者の出光佐三が最も遠かったと言うことができる。

　ただし，ここで本章の結論として，むしろ強調しておきたい点は，タイプの異なる3人の石油業経営者の間に，次のような共通性が見られたことである。それは，日本の石油産業に対する政府の介入が著しかったにもかかわらず，3人の経営者がいずれも，基本的には主体性と自主性を堅持して行動したという共通性である。日本政府の石油統制に終始一貫して抵抗した出光佐三が，主体

性をもつアントゥルプルヌアーであったことは，言うまでもない。政府と正面から対立することを避けた中原延平も，技術的なリーダーシップを発揮してしばしば政府に対して優位にたち，むしろ政府を上手に利用したと言うことができよう。そして，重要な点は，国策に最も近かった橋本圭三郎でさえも，決断を迫られる重要場面では石油業経営者としての立場を貫いたということである。

　政府の介入が著しかった日本の石油産業において，「天下り」経営者である橋本圭三郎さえもが主体性と自主性を堅持して行動したという事実は，ステレオタイプ化された日本の政府・業界間関係についての理解に根本的な修正を迫る意味合いをもっている。ステレオタイプ化された「日本株式会社」論では，日本の経済発展の主要な担い手は，産業や企業ではなく，あくまで政府だとされてきた[39]。しかし，別の機会に発表した筆者の一連の研究[40]でも明らかにしたように，実態はむしろ逆である。本章での検討結果も，日本の経済発展の主役は民間企業やその経営者であったことを，強く示唆している。

［注］
1）日本石油と宝田石油の成長過程については，内藤隆夫の一連の研究がある。例えば，内藤隆夫「日本石油会社の成立と展開」（『土地制度史学』第158号，1998年），同「宝田石油の成長戦略」（『社会経済史学』第66巻第4号，2000年）など参照。
2）当初の名称は，「第二製油所」。のちに，尼瀬製油所の廃止にともない，「柏崎製油所」と改称した。
3）以上の点については，井口東輔『現代日本産業発達史Ⅱ 石油』交詢社，1963年，89頁参照。
4）1900年12月に設立された株式会社長岡製油所は，主として，宝田石油の製品を販売していた。長岡製油所は，1902年に宝田石油に合併された。
5）井口前掲書，146頁，阿部聖「近代日本石油産業の生成・発展と浅野総一郎」（中央大学『企業研究所年報』第9号，1988年）179頁参照。
6）「6社協定」に参加したもうひとつの会社である三井物産の販売シェアは，ソコニー・ヴァキュームの販売シェアのなかに含まれていた。このような取扱いが行われたのは，三井物産が，ソコニー・ヴァキューム製のガソリンを販売していたからである。
7）日本石油は，1941年6月には，小倉石油も合併した。しかし，この合併も，日本におけるナショナル・フラッグ・オイル・カンパニーの登場にはつながらなかった。

8) Hidemasa Morikawa, "The Development of the Managerial Enterprise in Modern Japan," A Paper in the First Franco-Japanese Business History Conference on Industorial Democracy (1): Recruitment and Careers of Business Leaders in Japan and France during the 20th Century, Paris, France, September 12 and 13, 1997, 参照。
9) 中原延平を内部昇進型の専門経営者とみなす点については, 森川英正「小倉石油と中原延平」(『経営史学』第22巻第2号, 1987年) 1-4, 25-26頁参照。
10) 日本石油株式会社・日本石油精製株式会社社史編さん室編『日本石油百年史』1988年, 186頁参照。
11) 同前, 315-316, 333, 338-339頁参照。
12) 同前, 217-218, 349-351頁参照。
13) 以上の点については, 同前, 254頁参照。
14) グルーのアメリカ国務長官あて1933年5月8日付電報 (アメリカ・ワシントンD. C. のナショナル・アーカイブズ所蔵のレコード・グループ・ナンバー59, アメリカ国務省文書, ファイル・ナンバー894.6363/33。以下では, RG59, 894.6363/33のように略記する), F. S. フェイルズ (F. S. Fales, ソコニー= Standard Oil Company of New York 社長) のアメリカ国務長官あて1933年5月10日付書簡 (RG59, 894.6363/35), およびグルーのアメリカ国務長官あて1933年5月11日付書簡 (RG59, 894.6363/37) 参照。
15) 石井寛治「産業・市場構造」(大石嘉一郎編『日本帝国主義史I』東京大学出版会, 1985年) 131頁。
16) 橘川武郎「1934年の日本の石油業法とスタンダード・ヴァキューム・オイル・カンパニー(1)」(青山学院大学『青山経営論集』第23巻第4号, 1989年) 39頁参照。
17) 橋本圭三郎の1934年10月27日のスピーチの抜粋 (RG59, 894.6363/141), および1935年3月12日の会談に関するメモランダム (RG59, 894.6363/189) 参照。
18) 前掲『日本石油百年史』333頁。
19) 同前, 333頁。
20) 同前, 351頁。
21) 同前, 341頁参照。
22) 同前, 385頁参照。
23) 同前, 246-247, 270-271頁参照。
24) 同前, 302頁参照。
25) 同前, 254-256頁参照。
26)「中原会長談話(要旨)」(東亜燃料工業株式会社『東燃三十年史 下巻』1971年) 363頁。
27) 例えば,「中原延平日記」1939年5月24日付, および5月30日付 (奥田英雄編『中原延平日記 第一巻』石油評論社, 1994年, 159, 163-164頁) 参照。
28)「中原延平日記」1939年5月2日付, 5月9日付 (前掲『中原延平日記 第一巻』145-

146, 150-151 頁), および東燃株式会社編『東燃五十年史』1991 年, 21-23 頁参照。
29) 前掲「中原延平日記」1939 年 5 月 24 日付。
30) 森川前掲論文「小倉石油と中原延平」17 頁。
31) 前掲「中原会長談話（要旨）」355-356 頁参照。
32) 前掲『東燃五十年史』23-28 頁参照。
33) 例えば,「中原延平日記」1948 年 1 月 20 日付, 2 月 20 日付, 4 月 20 日付, 7 月 7 日付, 7 月 15 日付, 1949 年年頭所感（奥田英雄編『中原延平日記 第二巻』石油評論社, 1994 年, 251, 259, 275-276, 301-303, 306, 333 頁), および前掲「中原会長談話（要旨）」374-381 頁参照。
34) 以上の点については, 前掲『東燃五十年史』850-851 頁参照。
35) 日本経営史研究所編『脇村義太郎対談集』1990 年, 65 頁参照。
36) 出光佐三の企業者活動について詳しくは, 橘川武郎『シリーズ情熱の日本経営史①資源小国のエネルギー産業』芙蓉書房出版, 2009 年, 参照。
37) 出光興産株式会社『出光略史』1964 年, 23, 56 頁参照。
38) 同前, 26, 31 頁参照。
39) 例えば, The U. S. Department of Commerce, *Japan, the Government-Business Relationship*, 1972, 参照。
40) Takeo Kikkawa, "Do Japanese Corporations Derive Their Competitive Edge from the Intervention of Government, Corporate Groups, and Industrial Associations ?," University of Tokyo, *Annals of the Institute of Social Science*, No.36, 1994 ; Takeo Kikkawa, "Enterprise Groups, Industry Associations, and Government : The Case of the Petrochemical Industry in Japan," *Business History*, Vol. 37, No. 3, 1995, London : Frank Cass, および Takeo Kikkawa, "The Government-Business Relationship in Postwar Japan," *The Journal of Pacific Asia*, Vol. 3, 1996, など参照。

第2章　外国石油会社の日本進出と事業展開

　第2次世界大戦以前の日本においては，日本石油がナショナル・フラッグ・オイル・カンパニーの創設をめざしたが，結局，それを達成することができなかった。ナショナル・フラッグ・オイル・カンパニーが登場しえなかった最大の理由は，戦前日本の石油市場では外国石油会社が大きなシェアを占めたことに求めることができる。それでは，外国石油会社は，なぜ日本市場に進出し，どのように事業規模を拡大したのだろうか。本章では，戦前日本の石油市場で大きなシェアを占めた石油会社であるスタンダード・ヴァキューム・オイル（Standard-Vacuum Oil Co., 以下では，スタンヴァックと略す）を取り上げ，その事業活動を，次の7つの論点について，具体的に検討する。

①なぜ，スタンダード・オイル・カンパニー・オブ・ニューヨーク（Standard-Vacuum Oil Co. of New York, 以下では，ソコニーと略す）とヴァキューム・オイル（Vacuum Oil Co., 以下では，ヴァキュームと略す）は，日本に直接進出したか。

②なぜ，ソコニーとヴァキュームは，日本市場への浸透に成功したか。

③ソコニーは，日本での産油・精製になぜ進出し，なぜ撤退したか。

④なぜ，ソコニーは，1910-1920年代に日本市場での地位を低下させたか。

⑤ソコニーとヴァキュームの合併は，日本での事業活動にいかなる影響を及ぼしたか。

⑥スタンヴァックの成立は，日本での事業活動にいかなる影響を及ぼしたか。

⑦スタンヴァックは，1934年の石油業法施行以降の日本における石油産業に対する国家統制の強化に，いかに対応したか。

ここで，まず，第2次大戦以前の日本におけるスタンヴァックの沿革を，その前身各社を含めて概観することにしよう[1]。

　スタンヴァック日本支社の前身であるヴァキューム日本支店とソコニー日本支店があい前後して開設されたのは1892-93年のことであり，ヴァキュームは主として日本の機械油市場で，ソコニーは同じく灯油市場で，長期にわたって大きな販売シェアを占め続けた。日本支店開設当時，ソコニーは，ロックフェラー（John D. Rockefeller）が率いるスタンダード・オイル（Standard Oil）・グループ（以下では適宜，スダンダードと略す）の重要な構成企業であったし，ヴァキュームもロックフェラーの傘下にあった。しかし，1911年5月のアメリカ最高裁判所判決によるスタンダードの解体によって，ソコニーとヴァキュームは，それぞれ独立企業としての道を歩むことになった。この間にソコニーは，1900年11月にインターナショナル・オイル（International Oil Co.，以下では，インターと略す）を設立し，いったんは日本での産油・精製事業に進出した。しかし，ソコニーは，1907年6月と1911年2月にインターの資産を日本石油に売却して，産油・精製事業から撤退し，以後，日本では，石油製品の販売活動にのみ専心することになった。

　日本支店開設から40年近くたった1931年7月にソコニーとヴァキュームが合併しソコニー・ヴァキューム・コーポレーション（Socony-Vacuum Corporation, 以下では，ソコニー・ヴァキュームと略す）が成立した[2]ことを受けて，1932年8月にはソコニー・ヴァキューム日本支社（ソコニー日本支店とヴァキューム日本支店が合体したもの）が新発足したが，同支社は，さらに翌1933年9月にスタンヴァック日本支社へ改組された。これは，1933年9月にソコニー・ヴァキュームとスタンダード・オイル・カンパニー〔ニュージャージー〕（Standard Oil Co. of New Jersey，以下では，ニュージャージー・スタンダードと略す）が折半出資でスタンヴァックを設立し，主としてスエズ以東の前者の海外販売機構と後者の海外生産施設とを統合したことの結果であった。その後スタンヴァックは，1934年の石油業法（3月公布，7月施行）によって開始された石油産業に対する国家統制のもとで不利な扱いを受けながらも，太平洋戦争の開始にともない1941年12月に日本支社の閉鎖を余儀なくされるまで，日本での

事業活動を続けた。

　ところで，第2次大戦以前のスタンヴァック日本支社やその前身の事業活動に対しては，これまで，必ずしも十分な光が当てられてきたわけではなかった[3]。本章のねらいのひとつはこの研究史の間隙を少しでも埋めることにあるが，このような間隙が生じた背景にはそれなりの事情が存在した。それは，関東大震災によるソコニー日本支店の社屋（横浜）の倒壊，太平洋戦争によるスタンヴァック日本支社の事業活動の中断，1962年のスタンヴァック日本支社そのものの解体[4]などの影響で，スタンヴァックおよびその前身各社の戦前期日本での事業活動の実態を伝える内部資料が，ほとんど散逸してしまったという事情である。

　したがって，本章のテーマについての資料上の制約は大きいと言わざるをえないが，それでも，このテーマに関連する先行業績が皆無なわけではない。代表的な先行業績としては，アンダーソン（Irvine H. Anderson, Jr.）の *The Standard-Vacuum Oil Company and United States East Asian Policy, 1933-1941*, (Princeton University Press, 1975) と，田中敬一『石油ものがたり——モービル石油小史』（モービル石油株式会社広報部，1984年）の，2冊の著作をあげるべきであろう[5]。

　このうちアンダーソンの著作は，内部資料の使用が困難な状況のもとで，アメリカ国務省関係資料などの周辺資料を丹念に渉猟し，それらが物語る断片的な史実を結合してまとめあげた，文字通りの労作である。しかし，スタンヴァック日本支社およびその前身についての経営史的検討という本章の問題視角から見ると，氏の著作には物足りなさが残ることも，また事実である。アンダーソンの著作は，あくまで1933-41年のアメリカ政府の東アジア政策（端的には対日石油禁輸政策）の立案，決定，遂行過程におけるスタンヴァックの役割の究明に主眼をおいたものであり，スタンヴァック日本支社の事業活動自体の分析に力点をおいたものではなかった。そのため，同書では，氏自身が集めたデータの中に盛り込まれたスタンヴァック日本支社の活動状況を伝えるせっかくの貴重な情報も，そのいくつかは等閑視されたし，そもそも，スタンヴァック設立以前の前身各社の日本での事業展開は，検討の対象とはならな

かった。

　一方，田中の著作の場合には，スタンヴァック設立以前の前身各社の日本での事業展開も，記述の対象とされた。モービル石油の創業90周年関連事業の一環として刊行された氏の著作の最大の特徴は，スタンヴァック日本支社の事業活動をその前身および後身（ただし，エッソ・スタンダード石油ないしエッソ石油[6]は除く）も含めて通観した貴重な書物である点にある。反面，同書は，田中自身が「あとがき」の中で，「昭和五十八年の創業九十周年は社史編さんの好機であった。しかし，あまりにも資料不足のため準備が整わず，結局は本格的な社史の編さんを百周年にゆずり，今回はいわばその叩き台をつくって，多くの先輩や伝統ある代理店，あるいは識者に，さらに資料や証言を提供していただくことを目的に執筆した[7]」と述べていることからもわかるように，資料の発掘による新事実の提示や，個々の論点に関する立ち入った議論の展開などの点で，不十分性を残した。

　本章では，以上のような研究史の状況をふまえて，スタンヴァック日本支社の前身をも検討対象とし，できるだけ新事実を提示することと，経営史的に見て重要だと思われる前掲の7つの論点に関する考察を深化させることに力点をおいて，議論を進めてゆく[8]。

1. 日本への直接進出

　まず，なぜソコニーとヴァキュームは日本に直接進出したかという，第1の論点を検討する。

　通例，日本への直接進出については，スタンダード・オイル・グループの中で新たにアジア向け輸出を担当するようになったソコニーが，アジア市場で台頭しつつあったロシア灯油と対抗するために，従来の委託販売方式に代えて直接販売方式を採用し，日本にも支店を開設した，と説明されている[9]。この説明自体は間違いではないが，看過しがたい問題点が2つある。

　ひとつは，当然のことながら，ソコニーの日本支店開設は説明しえても，ヴァキュームの日本支店開設は説明しえないことである。1989年7月のモー

ビル石油社史編纂室長田中敬一(当時)からのヒアリングによれば,ヴァキュームは,ソコニーより一足早く1892年には日本支店(ないし日本出張所)を開設していた可能性が強く,その際神戸に支店を設置したのは,大阪周辺の近代的紡績工場を重要な需要先としていたからだそうである[10]。つまり,ロシア灯油との競争という供給サイドの事情に促されたソコニーの日本支店開設の場合とは異なり,ヴァキュームの日本支店開設の場合には,近代的紡績業の勃興という需要サイドの事情が大きく作用したことになる[11]。そして,ヴァキュームが支店を開設する条件は,中国よりも日本の方が整っていたと言うこともできよう。

従来の説明のいまひとつの問題点は,ソコニーによる一連のアジア支店開設を事実上一括視し,同社が支店開設に当たって一定の手順をふんだことを等閑視していることである。ニューヨークにあったモービル・コーポレーション[12](Mobil Corporation,ソコニー・ヴァキュームの後身。以下では,モービルと略す)本社で1988年に発掘した内部資料から作成した表2-1からわかるように,ソコニーは,アジア支店をいっせいに開設したわけではなく,一定の手順をふんで開設した。つまり,まず中国支店を開設し,次にインド支店と日本支店を設置したのち,その他のアジア各国に支店網を広げていくというやり方である[13]。この支店開設順は,当時のソコニーが,アジア市場の中でどの国の市場を重視していたかを忠実に反映したものと考えられる。ヴァキュームの場合とは対照的に,ソコニーの場合には,アジア市場の中心は日本でははなく,中国であったわけである[14]。

以上を要するに,サミュエル商会が1893年に日本向けのロシア灯油のバラ積み輸送を開始したからただちにソコニーも日本支店を開設したというよう

表 2-1 アジアにおけるソコニーの支店開設

年	支 店
1892	中 国
1893	インド
	日 本
1894	香 港
	ジャワ
1896	英領マレイ
1897	フィリピン
1901	台 湾
1905	仏 印
1909	トルコ

出所) File : Standard-Vacuum Oil Co.
注) TFR-500 Original Reports, Series A II, Folder : Standard-Vacuum Oil Co. (RG256, Foreign Funds Control Papers, B556)によれば,上記のほかに,1894年にタイ支店,1906年にビルマ支店,1909年にセイロン支店,がそれぞれ開設されている。ただし,それらが,ソコニーの支店であるか,ヴァキュームの支店であるかは特定できない。

な，日本市場の動向のみに目を向けた議論[15]ではなく，アジア市場全体を視野に入れた議論を展開しなければならないことは明らかである。

2. 日本市場への浸透

次に，なぜソコニーとヴァキュームは日本市場への浸透に成功したかという，第2の論点をとりあげる。

ヴァキュームが日本市場へ浸透した理由は，きわめて明快である。それは，同社製品の品質の優秀性という点に求めることができる。この点については，すでに指摘されている[16]ので，ここでは立ち入らない。

一方，ソコニーの日本市場での成功に関しては，現存するアメリカ国務省文書の中で，2つの点が指摘されている。

ひとつは，1928年の時点でソコニー日本支店の総支配人グールド（J. C. Goold）が表明した，ソコニーは国内石油会社（内油）よりも効率的な精製設備を有しているので，製造コストが低く，運賃を加算しても強い競争力をもっている，という点である[17]。この点は，1905年の時点で国産原油から製造した灯油が輸入灯油に対する関税賦課によってかろうじて競争力を保っていたこと[18]（このような状況は，1904年の関税改正[19]以降現出したものと考えられる），その後国産原油の輸入原油に対する相対価格が上昇し内油の中で輸入原油精製に取り組む企業が出始めたこと，1909年の関税改正[20]以降1926年の関税改正[21]までは原油輸入関税と石油製品輸入関税とのあいだの格差は基本的には存在しなかったこと[22]，などの諸点を考え合せれば，少なくとも1926年までは妥当性をもっていたと言うことができよう。

いまひとつは，1933年の時点で駐日アメリカ大使のグルー（Joseph C. Grew）が指摘した，1931年まではソコニーのもつ強力な配給システムが内油各社に対する優位の根拠となっていた，という点である[23]。表2-2[24]はこの点を検討するために作成したものであるが，ここで油槽所の建設に注目しているのは，それが，従来の灯油罐入り箱詰め輸入からより低コストの灯油バラ積み輸入への転換と密接不可分の関係にあり，この転換なくしては，ソコニーは，ラ

イジングサン・ペトロリアム（Rising Sun Petroleum Co., 以下では，ライジングサンと略す）との日本国内での競争に勝つことはできなかったからである。

表2-2では，資料の制約上，各油槽所の設置年次をただちに特定することは不可能であるため，次善の策として，各油槽所の資産台帳にのっている最古の資産に注目して，その取得年次と所在地にもとづいて，太平洋戦争開始時にスタンヴァックが所有していた各油槽所を分類するという方法をとった。この表から明らかなように，ソコニーは，日露戦後期から第1次世界大戦にかけての時期に，日本全国に油槽所網を張りめぐらした。なかでも，1909年は，この油槽所網形成の重大な画期となった。ソコニーは，日本国内において強力な配給システムを，日露戦後期から第1次大戦にかけての時期に築きあげたと言うことができよう。

3. 産油・精製への進出と撤退

第3の論点は，ソコニーは，日本での産油・精製になぜ進出し，なぜ撤退したかというものである。別言すれば，ここでは，1900年のインターナショナル・オイルの設立と，1907，1911年の同社資産の売却の経緯を検討することになる。ただし，本章でとりあげる7つの論点のうちこの論点に関する資料発掘は最も遅れており，従来展開されてきた議論につけ加えるべき内容は，いまのところあまりない。

インターの設立に関しては，アメリカ東海岸から罐入り箱詰め灯油を東洋へ運ぶソコニーは，スエズ運河を経てロシア灯油をバラ積み輸送するサミュエル商会等に比べて輸送距離と輸送手段の両面で不利だったこと，この不利な要素を克服するため1890年代を通じてスタンダードは，太平洋沿岸諸地区で産油・精製拠点の確保につとめたが成功しなかったこと，そしてようやく1900年になってスタンダードは，カリフォルニアと日本で産油・精製の一貫操業に着手するようになったこと，それが日本においてはソコニーによるインターの設立という形をとったこと，1900年に日本で鉱業条例が改正され外国人が日本籍の鉱業会社を設立することが認められたことも，インター設立の促進要因

表 2-2 太平洋戦争開始時にスタンヴァック

判明する最古の資産の取得年次	北海道・東北	関 東	中 部
1893-1904 年		八王子 GO（東京, 1903）	松重町 I（愛知, 1902）
1905-1913 年	福島 P（福島, 1909） 郡山 P（福島, 1909） 水沢 GO（岩手, 1909） 盛岡 P（岩手, 1909） 仙台 P（宮城, 1909） 平 GO（福島, 1909） 若松 GO（福島, 1909） 山形 P（山形, 1909） 函館 GO（北海道, 1910） 小樽 GO（北海道, 1910） 釧路 GO（北海道, 1911） 野内 P（青森, 1912）	水戸 P（茨城, 1909） 小山 P（栃木, 1909） 高崎 P（群馬, 1909） 館林 P（群馬, 1910） 石原 G（埼玉, 1912） 佐野 GO（栃木, 1912）	岐阜 P（岐阜, 1909） 甲府 P（山梨, 1909） 則武 I（愛知, 1909） 沼津 G（静岡, 1909） 焼津 P（静岡, 1909） 浜松 G（静岡, 1910） 金沢 P（石川, 1913）
1914-1918 年	長町 P（宮城, 1918）	木更津 P（千葉, 1915） 所沢 P（埼玉, 1915） 佐原 GO（千葉, 1917） 水海道 G（茨城, 1918）	袋井 P（静岡, 1914） 小諸 GO（長野, 1915） 七尾 GO（石川, 1915） 福井 P（福井, 1917）
1919-1929 年	女川 GO（宮城, 1923） 秋田 P（秋田, 1929）		新居町 GO（静岡, 1920）
1930-1941 年		深川 P（東京, 1930） 小田原 G（神奈川, 1930） 東金 G（千葉, 1931）	新潟 P（新潟, 1930） 戸出 P（富山, 1930） 津幡 GO（石川, 1930） 松本 GO（長野, 1931） 長野 P（長野, 1931）
不 明	水沢 P（岩手, ?）	鶴見 I（神奈川, ?）	

出所）SCAP, Civil Property Custodian, Foreign Property Division, United Nations Property Unit, "Claims-American
注 1)（ ）内は，所在都道府県と判明する最古の資産（ただし，明らかに他の事業所から移転したものを除く）
2) G は，Godown。GO は，Godown Office。I は，Installation。P は，Plant。

第2章　外国石油会社の日本進出と事業展開　43

が所有していた油槽所

近　畿	中国・四国	九　州
	彦島 P　　（山口，1904）	浦上 P　　（長崎，1896） 古河町 G　（長崎，1902） 大里 G　　（福岡，1903）
安治川 P　　（大阪，1909） 姫路 G　　　（兵庫，1909） 小野浜 G　　（兵庫，1909） 京都七条 P　（京都，1909） 和歌山 P　（和歌山，1909） 大津 P　　　（滋賀，1912）	広島 P　　（広島，1908） 高知 P　　（高知，1908） 糸崎 I　　（広島，1909） 三田尻 P　（山口，1909） 岡山 P　　（岡山，1909） 境 P　　　（鳥取，1909） 高松 P　　（香川，1909） 徳島 P　　（徳島，1909） 津山 P　　（岡山，1910）	鹿児島 P （鹿児島，1909） 木鉢 I　　（長崎，1909） 熊本 P　　（熊本，1909） 佐賀 P　　（佐賀，1909） 大分 P　　（大分，1910） 博多 P　　（福岡，1911） 直方 P　　（福岡，1911） 外浜 G　　（福岡，1913）
		久留米 P　（福岡，1915） 宮崎 P　　（宮崎，1917）
京都二条 P　（京都，1920） 幸町 G　　　（大阪，1920） 四日市 GO　（三重，1922） 桜井 P　　　（奈良，1933）		
	大三島 I　　（愛媛，？）	

Properties in Japan, 1946-1952" (RG331, B3813, 3822-3825, Folder: SVOC27-160).
の取得年次。？は，取得年次不明。

となったこと，などを指摘する従来の議論[25]は，基本的には正鵠を得ている。ただし，それでも，ソコニー本社が，なぜ十分な見通しもないまま，当時日本最大の石油会社であった日本石油を公称資本金の点で8.3倍も上回る大規模会社（当時，日本石油の公称資本金は120万円であったが，インターの公称資本金は1,000万円に達した）の設立に安易に同調したのか，という問題が残る。元駐日アメリカ公使ダン（Edwin Dun）が持ち込んだ新潟原油に関する楽観的な見通しを友人のソコニー日本支店総支配人コップマン（Julius W. Copmann）が信用し，そのコップマンのインター設立提案にソコニー本社がとびついた[26]背景には，日本の石油問題についての情報を収集し審査する能力がソコニーには十分に備わっていなかったという事情が存在したように思われる。のちに，石油業法の運用をめぐって外国石油会社（外油）と交渉した外務省の来栖三郎通商局長は，1935年に，スタンヴァックとライジングサンは日本の石油事情に精通しておらず，必要な情報収集を怠っていると批判した[27]が，このような状況はかなり早い時期から一貫していたようである[28]。

　一方，インターの解散の要因としては，新潟等日本国内における原油生産が十分な成果をあげなかったこと，これとは対照的にカリフォルニアにおける産油・精製が順調に進展したこと，の2点をあげれば足りるであろう。井口東輔『現代日本産業発達史II 石油』は，インターの解散を1909年の原油輸入関税増徴と結びつけて論じている[29]が，この点は，インターが原油輸入精製に転じなかったことを説明しえても，もともと国産原油精製をめざして建設された直江津製油所等のインターの生産施設をソコニーが売却したことを，直接的に説明しうるものではない。また，そもそも，ソコニーが日本石油に対してインター資産の第1次売却を行ったのは原油関税増徴運動が始まってからわずか数カ月後のことであり[30]，その時点では，同運動が奏功する見通しはまだたっていなかったと思われる。

　650万円の資金を投入したインターの全資産をわずか175万円で日本石油に売却した[31]ことによって，ソコニーの日本での事業活動は，当然のことながら大きな打撃を受けた。インター資産の第1次売却が行われた1907年にコップマンは責任をとる形で日本を去り，代わりにソコニー日本支店の第2代総支

配人としてコール(H. E. Cole)が着任した[32]。第2次大戦以前に就任したソコニー日本支店ないしソコニー・ヴァキューム日本支社ないしスタンヴァック日本支社の5人の総支配人[33]のなかで,コールは破格の大物であり,その後ソコニー本社の副社長に昇進した人物である[34]。コールの派遣は,日本支店の立て直しをめざすソコニーの並々ならぬ決意の現れとみなすことができる。コールは,日本における事業の再建策として,従来のアメリカ東海岸からの罐入り箱詰め灯油の輸入に代えて,より低コストのカリフォルニアからの灯油バラ積み輸入を推進することに力を注いだ。すでに,表2-2にもとづいて確認したように,ソコニーが1909年を画期に日本全国に油槽所網を形成したのは,このコールの方針に対応したものであった[35]。

ここで注目する必要があるのは,ソコニーがインターの資産の第1次売却を行ってから2年後の1909年に,それとは対照的にライジングサンが,輸入原油を精製する製油所を福岡県西戸崎に建設したことである。ライジングサンは,1900年にサミュエル商会の石油部門が独立したものであり,その後まもなく成立したロイヤル・ダッチ・シェル(Royal Dutch Shell)・グループ[36](以下では,シェルと略す)に所属するアジアチック・ペトロリアム[37](Asiatic Petroleum Co., 以下では,アジアチックと略す)の傘下の一企業として,当時は,ロシア灯油の輸入から蘭印灯油の輸入へ重点を移しつつあった。西戸崎製油所の建設は,1908年に来日したシェルの総帥デターディング(Henri Deterding)の鶴の一声によるものと言われているが,関税面での石油製品輸入に対する原油輸入の有利性が原油関税増徴により失われつつあった当時の状況を考え合わせると,いかにもまずい意思決定だったと言わざるをえない。ライジングサンの幹部は,デターディングの方針に抵抗したようであるが,逆に,デターディングによって,1904年以降存在した原油輸入関税が石油製品輸入関税より軽課であるという条件を活用しなかった点を論難されたと伝えられている。1909年に完成したライジングサンの西戸崎製油所は,輸入原油の手当てが行き詰まったこともあって,結局,1915年に操業を停止した[38]。ライジングサンの場合も,ソコニーの場合と同様に,日本国内での製油所建設に関して判断ミスを犯したと言わざるをえない。

1900年代にソコニーとライジングサンがあいついで建設した日本国内の製油所がいずれも失敗に終わったことは，その後の両社の経営行動に「負の遺産」を残したと考えられる。1926年の関税改正によって原油関税が石油製品関税より軽課であるという状況が再び現出したにもかかわらず，ソコニーとライジングサンが，アソシエーテッド・オイル（Associated Oil Co., 以下では，アソシエーテッドと略す）と異なり，日本国内での製油所建設に1931年まで関心を払わなかったことの一因は，両社が共有する1900年代の製油所建設の失敗の経験に求めることができよう。

4. 1910-1920年代における地位低下

次に，なぜソコニーは1910-1920年代に日本市場での地位を低下させたかという，第4の論点を取り上げる。この論点に関しては，ソコニーの地位低下という事実それ自体が従来の研究史ではほとんど等閑視されてきたので，まず，事実関係を確認する必要がある。

1900年代には，ライジングサンがロシア灯油の輸入から蘭印灯油の輸入に切り替え，ソコニーがアメリカ東海岸からの罐入り箱詰め灯油輸入をカリフォルニアからのバラ積み灯油輸入に転換させるという状況のもとで，外油2社間の競争は激化した。それでも，日本において1910年2月に成立した4社協定[39]で，ソコニーとライジングサンの灯油販売シェアがそれぞれ43％と22％と決められたこと[40]からわかるように，1900年代末の時点では，ソコニーが日本市場における地位の点でライジングサンを凌駕していたことは明らかである。

ところが，アメリカ国務省文書[41]によってソコニーとライジングサンの日本市場における石油製品別販売シェアが判明する1930年代初頭になると，両社の立場は逆転する。1930年の日本市場において，灯油の販売量という点ではひき続きソコニー（灯油販売シェア38％）がライジングサン（同20％）を上回っていたものの，当時灯油に代わってすでに主力石油製品となっていた肝心のガソリン販売に関しては，ソコニー（ガソリン販売シェア24％）はライジン

グサン(同35%)の後塵を拝する状態であった[42]。従来の研究史においては，1934年の石油業法施行まで日本の石油製品市場で外油2社が一本調子で優位を占めてきたかのような記述がなされてきた[43]が，じつは，1910-1920年代を通じて，ソコニーとライジングサンの地位が逆転するという重大な変化が生じたわけである。

1910-1920年代における日本市場でのソコニーの地位低下の要因としてまず思い当たるのは，1911年のスタンダード・オイル・グループの解体の影響である。というのは，スタンダードの解体によってスタンダード・オイル・カンパニー・オブ・カリフォルニア (Standard Oil Co. of California, 以下では，ソーカルと略す) とソコニーが互いに競争相手となったため，カリフォルニアの生産拠点に依拠していたソコニーの日本向け輸出に支障が生じた可能性があるからである[44]。しかし，ソーカルは日本に直接進出したわけではなくソコニーの日本向け輸出にただちに影響が及んだとは考えにくいこと，ソコニー自身が1926年にゼネラル・ペトロリアム・コーポレーション (General Petroleum Corporation) を買収しカリフォルニアの生産拠点を確保したこと[45]，そして何よりも1930年代初頭においても日本市場での灯油販売の点ではソコニーがライジングサンを凌駕していたこと，などから見て，その可能性は小さいと思われる。

むしろ，ここで注目する必要があるのは，ソコニーが，ライジングサンに対して，灯油販売では優位に立ちながら，ガソリン販売で遅れをとった点である。日本においては，1926年に初めてガソリン消費量が灯油消費量を上回り[46]，以後，短期間のうちに前者が後者を圧倒するようになった[47]。表2-3[48]は，ソコニーとヴァキュームの合併に関するアメリカでの裁判の記録から作成したものであるが，この表から，ソコニーの中心的な海外販売地域は東および南アジアであったこと，1929年時点の東および南アジアにおいて日本はガソリン需要が灯油需要を上回っていたという点で例外的な存在であったこと，を読みとることができる。

表2-3および同表と同じ原資料から作成した表2-4[49]に依拠すれば，1910-1920年代のソコニーの世界的な販売戦略に関して，次の2点が浮かび上がっ

表 2-3 ソコニーとヴァキュームの国別, 製品別販売量 (1929 年)

(単位：千バーレル)

国または地域	ガソリン ソコニー	ガソリン ヴァキューム	灯油 ソコニー	灯油 ヴァキューム	機械油 ソコニー	機械油 ヴァキューム	重・軽油 ソコニー	重・軽油 ヴァキューム	その他 ソコニー	その他 ヴァキューム
米　国	26,050	2,498	2,451	101	1,222	1,303	25,684	900	1,973	82
中国北部（満洲を含む）	157	0	1,799	0	103	17	345	0	95	0
中国南部	49	0	461	0	14		425	0	26	
インドシナ	28	0	178	0	7		0	0	19	
タイ	13	0	53	0	5	87	0	0	4	0
フィリピン	222	0	216	0	18		0	0	27	
蘭　印	165	0	328	0	18		10	0	88	
海峡植民地	88	0	85	0	17		90	0	18	
日本（朝鮮・台湾を含む）	538	0	426	0	90	81	581	0	47	0
インド(アラビア・ペルシャを含む)	7	0	1,647	0	245		0	0	27	
ビルマ	0	0	24	0	7	84	0	0	10	0
セイロン	0	0	58	0	2		0	0	44	
ブルガリア	21	0	62	0	11	0	41	0	0	0
シリア・キプロス	54	64	57	58	5	4	12	0	0	0
ギリシャ	153	0	109	0	20	6	213	0	3	0
トルコ	112	0	143	0	19	2	559	0	2	0
ユーゴスラビア	84	29	116	43	58	10	82	2	15	0
南アフリカ	0	575	0	301	18	91	0	1	26	4
オーストラリア	0	2,109	0	463	33	169	0	0	1	59
エジプト・スーダン・パレスチナ	0	180	0	591	0	35	553	68	0	0
ルーマニア	0	0	0	0	0	10	0	0	0	0
ポルトガル	0	555	0	384	0	33	0	19	0	0
スペイン	0	0	0	0	0	32	0	0	0	0
フィンランド	0	0	0	0	0	12	0	0	0	0
イタリア	0	0	0	0	0	96	0	0	0	1
フランス	0	0	0	0	0	332	0	0	0	1

第2章　外国石油会社の日本進出と事業展開　49

	1	2	3	4	5	6	7	8	9	10
デンマーク	0	0	0	0	0	0	30	0	0	0
ノルウェイ	0	0	0	0	0	0	20	0	0	0
スヴェーデン	0	0	0	0	0	0	42	0	0	0
ドイツ	0	0	0	0	0	0	160	0	0	4
英国	0	0	0	0	0	0	344	0	0	9
ハンガリー	0	117	0	143	0	0	34	0	34	17
ポーランド	0	42	0	62	0	0	32	0	65	3
オーストリア	0	218	0	96	0	0	17	0	24	9
チェコスロバキア	0	383	0	168	0	0	49	0	38	0
ジブラルタル	0	3	0	1	0	0	1	0	0	0
カナリア諸島	0	32	0	18	0	0	0	0	0	0
南米諸国	0	0	0	0	0	0	3	2	0	0
メキシコ	0	0	0	0	0	0	160	0	0	0
パナマ海峡地域	0	0	2	0	0	0	5	0	0	0
カナダ	33	0	0	0	0	1	0	4	0	1
アラスカ	0	0	0	0	0	0	91	24	4	0
ハワイ	0	0	0	0	0	0	0	105	0	0
その他	0	0	0	0	0	0	2	0	0	0
(米国以外合計)	(1,723)	(4,310)	(5,764)	(2,328)	(691)	(2,088)	(3,335)	(256)	(451)	(109)
合　計	27,773	6,808	8,215	2,429	1,913	3,390	29,018	1,155	2,424	191

出所）District Court of the United States for the Eastern District of Missouri, *United States of America (Petitioner), vs. Standard Oil Company of New Jersey et al. (Defendants)*; *United States of America (Petitioner), vs. Standard Oil Company of New York and Vacuum Oil Company (Defendants)*, Volume III, 1931, Government's Exhibit 1A, 2A.

注1）両社間の取引については、売手の側の販売量を減らして、二重計算を避けている。
　2）ヴァキュームのユーゴスラビアには、ブルガリアの分も含む。
　3）ヴァキュームのポルトガルには、モロッコとアフリカ西海岸の分も含む。
　4）ヴァキュームのフランスには、ベルギー、オランダ、スイスの分も含む。
　5）米国には、アラスカとハワイの分は含まれていない。

表 2-4　ソコニーの販売量の内外別構成

(単位：%)

内外別	ガソリン	灯　油	機械油	重・軽油	その他	石油製品全体
国内販売	91.2	28.8	61.4	87.1	81.4	80.8
海外販売	8.8	71.2	38.6	12.9	18.6	19.2

出所）表 2-3 と同じ資料の Volume IV, Defendants' Exhibit 140。
注 1 ）海外販売には，他社勘定の輸出を含む。
　　2 ）機械油には，グリースを含む。

てくる。それは，①アメリカでガソリン需要が灯油需要を上回った 1910 年代半ば[50]以降，ソコニーの営業活動の中心となったのはアメリカ本土におけるガソリン販売であったこと，②ただし，アメリカ国内でのガソリン販売を順調に拡大するためには同国本土の製油所でガソリンと同時に生産される灯油の販路を確保する必要があり，ソコニーは，あいかわらず灯油需要がガソリン需要を上回っていたアジア地域での営業活動にも力を入れたこと，の 2 点である。つまり，1929 年当時のソコニーの海外販売拠点の中で，灯油販売量がガソリン販売量を圧倒する中国やインドは戦略的な意味合いが明確な市場であり，逆に灯油販売量がガソリン販売量を下回る日本は戦略的な意味合いが不明確な市場だったことになる。

　1910-1920 年代に日本市場におけるソコニーの地位が低下した最大の原因は，世界的な販売戦略の中での位置づけが不明確だったために，日本で中心的な製品として急速に消費量が増大しつつあったガソリンの販売に関して，ソコニーが十分な対応をとらなかったことに求めることができる。この点を端的に示しているのが，ガソリンスタンドの開設の立ち遅れである。ソコニーがアメリカ国内で近代的なスタイルのガソリンスタンドであるサービス・ステーションを初めてオープンしたのは，1910 年前後のことだと言われている[51]。しかし，表 2-5 にあるように，日本でのソコニーによるサービス・ステーション開設は，それから 20 年近くも遅れて，ようやく 1920 年代末葉に実現した[52]。1928 年の商工省調査によれば，東京市内のガソリンスタンドの会社別所有数の点で圧倒的優位を占めたのは，日本石油とライジングサンであった[53]。ソコニーの場合とは対照的に，蘭印に生産拠点をもちアジア・太平洋地域で営業活

表 2-5 太平洋戦争開始時にスタンヴァックが所有していたサービス・ステーション数
(単位：カ所)

判明する最古の資産の取得年次	東 京	大 阪	名古屋	京 都	横 浜	神 戸	その他	合 計
1927年	1	1	0	0	0	0	0	2
1928	1	3	0	0	1	0	2	7
1929	14	3	1	3	0	1	4	26
1930	2	2	2	1	0	2	7	16
1931	3	1	0	1	0	1	7	13
1932	3	0	0	0	0	0	7	10
1933	0	0	1	0	0	0	2	3
1934	0	0	0	0	0	1	3	4
1935	0	1	0	2	1	0	4	8
1936	0	0	0	0	1	0	0	1
不 明	0	4	0	0	0	0	2	6
合 計	24	15	4	7	3	5	38	96

出所) 表2-2と同じ資料 (RG331, B3822-3824, Folder：SVOC22, 29, 31, 35-36, 42, 44, 53, 59, 61, 69, 73, 76-78, 89, 94, 97, 100, 102, 110, 113-114, 120, 123-124, 126-127, 129, 132, 135-136, 138, 145, 158, 171)。

注1) 所在都市と判明する最古の資産の取得年次とによって，分類した。
 2) 貸与したサービス・ステーションも含む。

動を展開するアジアチックにとっては，営業地域中で数少ないガソリン多消費国である日本でガソリンを大量に販売することの戦略的意味は，きわめて明確だった。ライジングサンが，ガソリン販売に早くから力を入れ，1910-1920年代を経て，ソコニーを上回る日本市場における最大のガソリン販売会社となった[54]のはこのためであった。

5. ソコニーとヴァキュームの合併

ここでは，ソコニーとヴァキュームの合併は日本での事業活動にいかなる影響を及ぼしたかという，第5の論点を検討する。結論を先取りして言えば，次に取り上げるスタンヴァックの成立の影響に比べて，ソコニーとヴァキュームの合併の影響はそれほど大きくなかった，ということになる。

ソコニーとヴァキュームの合併については，従来，両社の事業が「お互いに補足し合う立場にあった[55]」ことが強調されてきた[56]。このこと自体は，間違

表 2-6 日本におけるソコニーとヴァキュームの油種別機械油販売量（1929年）

(単位：バーレル)

油　種	ソコニー	ヴァキューム
Premium Motor Oils	1,228	14,069
Other Motor Oils	8,533	1,223
Grease	4,529	3,099
Transformer Oils	2,708	25,072
Marine Oils	130	10,807
Tanners Oil	0	264
Process Oil	4,406	0
Mineral Seal, Absorb, Torch, & Signal Oil	2,600	0
Base Oils	23,600	0
Ⓐ Gargoyle Special Cylinder Oils	0	1,666
Ⓑ Other Cylinder Oils	3,381	1,245
Ⓒ High Grade Specialty Machine Engine Oils	3,301	11,258
Ⓓ Other Machine & Engine Oils	21,980	10,463
Sundries	14,029	1,533
合　計	90,425	80,699

出所）表2-3と同じ資料の Volume III, Government's Exhibit 2B。
注1）米国国内における1929年当時のガロン当たり市価は，Ⓐが87-107セント，Ⓑが25-77セント，Ⓒが50-107セント，Ⓓが15-49セント。
2）表2-3の注1参照。

いではない。前掲の表2-3を見れば，ソコニーとヴァキュームが，販売地域別，製品別にかなり明確な相互補完の関係にあったことがわかる。やや気になるのはいくつかの国の機械油販売に関して両社が競合していたことであるが，これについても，1929年の日本における両社の品種別機械油販売量を示した表2-6にあるように，高級品はヴァキューム，汎用品はソコニーという補完関係が成立していたと考えられる。

しかし，従来の議論は，もともと相互補完的関係にあったソコニーとヴァキュームが，なぜ1931年という時点で合併にふみきったかを説明するものではない。この問いに対する答えは，世界恐慌で打撃を受けた両社が，組織を統合することによって人員削減等を進め，経費節減を図ったことに求めることができよう。1988年時点でニューヨークのモービル本社に存在した帳簿から作成した図2-1からわかるように，1922年以降比較的安定していたソコニーの輸出向け灯油積出し価格[57]は，世界恐慌下の1930-31年に大きく落ち込んだ。

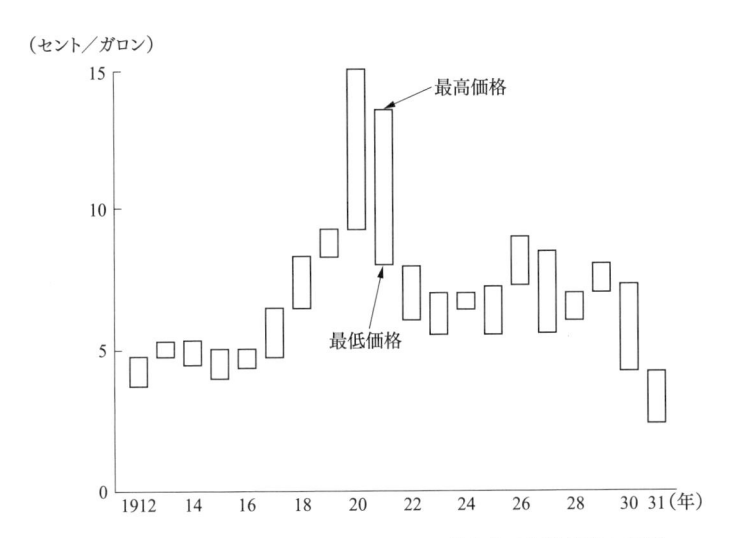

図 2-1 ソコニーのニューヨークにおける輸出向け灯油積出し価格

出所）SOCONY, *Refinery Prices*.
注1）油種は S.W. 110°/150°。
　2）バラ積み用価格。

　ニューヨーク近郊のノース・ターリータウンにあるロックフェラー・アーカイブ・センターが所蔵する書状によれば，ソコニー・ヴァキュームは，合併によって，1932年に前年比16.4％の経費節減を達成した[58]。また，表2-7[59]に表示したように，同じ書状は，合併後わずかのあいだに海外部門で両社合計4,316名の人員削減が進んだ（日本での人員削減数は，判明するソコニー分だけで113名）ことを伝えている。

　ソコニーとヴァキュームの合併に関連していまひとつ興味深いのは，ヴァキュームが大きな力をもっていた海外部門を含めて，合併が全体としてソコニーのペースで進行したことである。この点は，資料2-1として掲げた，ロックフェラー・アーカイブ・センター所蔵の別の書状の文面から読みとることができる。この書状にある通り，1932年8月に新発足したソコニー・ヴァキューム日本支社の総支配人にも，前ソコニー日本支店総支配人のグールドが就任した[60]。

6. スタンヴァックの成立

続いて，スタンヴァックの成立は日本での事業活動にいかなる影響を及ぼしたかという，第6の論点をとりあげる。ソコニーとヴァキュームの合併とは違って，1933年9月のスタンヴァックの成立は，日本での事業活動にきわめて大きな影響を与えた。

スタンヴァックの成立に際してイニシアチブを握ったのは，ソコニー・ヴァキュームではなく，ニュージャージー・スタンダードの方であった[61]。資料2-2[62]として掲げたニュージャージー・スタンダードの幹部サドラー（Everlt J. Sadler[63]）の回想によれば，蘭印の油田・製油所の生産拡張を受けてニュージャージー・スタンダードが，東洋市場への新規参入をちらつかせながらソコニー・ヴァキュームに対して共同子会社の設立を迫り，ソコニー・ヴァキュームがこれを受け入れてスタンヴァックが誕生した，とのことである。

スタンヴァックの成立は，日本市場の意味を量質両面で大きく変えるものであった。はじめに，量的な意味での日本市場の位置づけの変化について。前掲の表2-3から窺い知ることができるように，アメリカ本土を主要な営業地域とするソコニーないしソコニー・ヴァキュームや，アメリカとヨーロッパを主要な営業地域とするヴァキュームにとっては，日本市場はさして大きなウエートを占めてはいなかった。これに対して，スエズ以東の海外地域で営業活動を行い，アメリカ本土やヨーロッパを営業地域としないスタンヴァックにとっては，日本市場のウエートは相当に大きかったと言うことができる。表2-8[64]は，1941年のスタンヴァックの国別売上高を示したもの

表2-7　合併後18カ月間のソコニー・ヴァキューム海外部門の減員数
（単位：人）

会社（支店）	減員数
ソコニー	2,434
（日本）	(113)
（中国北部）	(816)
（中国南部）	(86)
（インド）	(1,300)
（シリア・キプロス・トルコ）	(103)
（ギリシャ）	(16)
ヴァキューム	1,882
合　計	4,316

出所）Letter, C. E. Arnott to Thomas M. Debevoise, May 13, 1933 (Rockefeller Family Archives, RG2, Business Interests, B138, Folder: Socony-Vacuum Corporation).
注）（　）内は，内数。

第2章　外国石油会社の日本進出と事業展開　55

資料 2-1　ソコニー・ヴァキューム発足から約1年後の状況

> 3. Abroad, Socony investment has been almost entirely confined to China, Japan and India, whereas Vacuum has had extensive business investment in every foreign country. I have not figures before me, but believe Vacuum business and investment abroad is substantially the larger. However this may be, the point is that in all foreign territory where Socony and Vacuum have both been operating esparately, plans for unification have been fully consummated, and the unified business headed in every division thereof by a general manager chosen from Socony ranks.
> 4. In the U. S., where Socony marketing facilities and investment is substantially the larger, unification has been consummated in every territory where both companies have maintained duplicate forces and facilities, by the Socony local organization absorbing what the Vacuum had.

出所) Letter, G. P. Whaley to Debevoise, June 14, 1932 (Family RG2, B138, Folder : Socony-Vacuum Corporation).

資料 2-2　Everlt J. Sadler のスタンヴァック誕生についての回想

> Mr. Sadler stressed the Orient. He himself discovered a great well in the Dutch East Indies about 1923. The field had been tried by the Dutch without success after which Standard and Sadler drilled and found a remarkable flow of oil. This became a great field. It resulted in a substantial production and a building of a refinery (Palembang). Standard then had production and refining but no market. Standard Oil of New York, which was the marketing end of the business at the time of the Dissolution, had large marketing facilities in the Orient. Standard (N. J.) went to Standard Oil of New York and said "that we had to develop marketing in the Orient, if you won't go with us on a decent basis. If we go in, you will lose." The New York company appointed W. Walker and a merger was arranged on a fifty-fifty basis. Thus Standard (N. J.) became the producer and refiner in the Orient and Socony Vacuum the marketers.

出所) Interviews/S. O. Co. (N. J.), Volume I, 1944-1945, pp. 3-4.
注) 文中で単に Standard と言う場合には，ニュージャージー・スタンダードをさしている。

である[65]が，この表を見るにあたっては，この年の6, 8月にアメリカ政府が対日石油禁輸を実施したという事情を考慮に入れる必要がある。この点を斟酌すれば，スタンヴァックにとって日本市場のウエートは，かなり大きかったとみなすことができよう。さらに，アンダーソンの著作に掲載された表によれば，1937年ないし1939年の東アジアおよび東南アジアにおけるスタンヴァックの国別販売量の点で，中国をおさえて第1位を占めたのは，ほかならぬ日本であった[66]。

次に，質的な意味での日本市場の位置づけの変化について。先述したように，ソコニーないしソコニー・ヴァキュームにとって日本は，戦略的な意味合いが必ずしも明確でない市場であった。しかし，スタンヴァックの成立によって，この点は一変した。アジア・太平洋地域を主要な営業地域とするスタン

表 2-8 スタンヴァックの国別売上高（1941 年）
(単位：千ドル)

国または地域	売上高
日本（朝鮮・台湾・満洲を含む）	12,928
中国（日本軍占領地域）	14,366
中国（日本軍非占領地域）	2,580
香　港	6,729
仏　印	2,237
フィリピン	14,893
英領マラヤ（タイを含む）	6,541
ビルマ	778
インド	42,735
セイロン	2,339
南アフリカ	40,440
オーストラリア	64,582
蘭　印	12,465
合　計	223,613

出所）Op. cit., TFR-500 Original Reports, Series A II, Folder: Standard-Vacuum Oil Co. (RG265, B556)

注１）石油製品の販売に携わった支店，子会社の売上高のみ掲げた。
　２）このほか 1941 年現在でスタンヴァックは，原油生産・精製に携わる子会社を蘭印に，石油探鉱に携わる子会社をポルトガルに，部品製造・エンジニアリングに携わる子会社をオーストラリアに，石油卸売に携わる子会社を香港に，石油輸送に携わる子会社を蘭印・カナダ・パナマにもっていた。このうちポルトガル・カナダ・パナマの子会社は，それぞれ，1939 年，1940 年，1938 年に設立された。

ヴァックは，ソコニーないしソコニー・ヴァキュームが灯油の販路確保に苦慮したのとは対照的に，ガソリンの販路確保に苦慮することになった。そのスタンヴァックが，アジア地域の中で例外的に大きなガソリン需要が存在する日本市場を戦略的に重視したのは，いわば当然のことであった。

さらに，スタンヴァックの成立は，日本市場に対する石油製品供給ルートの変更をもたらした。ソコニーないしヴァキュームないしソコニー・ヴァキュームは，主としてアメリカ国内の製油所で生産した製品を日本市場へ供給したが，これに対してスタンヴァックは，主として蘭印の製油所で生産した製品を日本に送った。つまり，スタンヴァック日本支社は，蘭印から石油製品を輸入して日本で販売するという点で，ライジングサンと同様の立場に立つことになったわけである[67]。

スタンヴァックの成立による製品供給ルートの変更は，日本の石油統制問題に対応する同社の経営戦略に重大な影響を及ぼした。この点を論じるためには，話を少しさかのぼる必要がある。

1926 年の関税改正によって，再び原油輸入関税が石油製品輸入関税より軽課となり，日本においては，石油製品輸入方式より原油輸入精製方式の方が有利となる状況が現出した[68]。アメリカの石油会社アソシエーテッドは，このような条件をいかして，1929 年に三菱と日本国内で原油輸入精製に携わる共同子会社を折半出資で創設する契約を締結し，1931 年に三菱石油を設立した。

表 2-9 日本における石油製品の小売価格と輸入関税（1933 年）

(単位：銭/ガロン)

品　種			7月10日の価格	10月10日の価格	輸入関税
ガソリン	1st grade	罐入り	65	57	10.8
		バラ積み	57	49	10.8
	2nd grade	罐入り	57	46	10.8
		バラ積み	49	38	10.8
灯　油	1st grade	罐入り	61	58	10.8
		バラ積み	53	50	10.8
	2nd grade	罐入り	56	51	10.8
		バラ積み	48	43	10.8
	Power kerosene	罐入り	50	45	10.8
		バラ積み	42	37	10.8
自動車用機械油	Premium quality		460	300	10.8
	Ordinary quality		250	180	10.8
	Subordinary quality		100	120	12.96

出所）Letters, S. V. Davis (Osaka District Sales Manager, Standard-Vacuum Oil Co.) to Howard Donovan (American Consul, Kobe), July 12, October 20, 1933 (RG 84, U. S. Consulate General Correspondence, Volume 19).

　これに対してソコニーとライジングサンは，1931年まで，日本における原油輸入精製の活発化を過小評価し，日本国内での製油所建設に関心を示さなかった[69]。これは，両社が原油生産地精製に拘泥していたこと，1900年代に日本国内で建設した製油所が失敗に終わったことの「後遺症」が残っていたこと，両社が石油関税をめぐる日本政府の動きに十分に通じていなかったこと[70]などによるものであろう。

　ところが，1932年にはいると，6月にまたも石油関税が改正されたこと[71]によって，原油輸入精製方式の石油製品輸入方式に対する有利性は決定的なものとなったので，ソコニー・ヴァキュームとライジングサンは，真剣に日本国内に製油所を建設することを検討し始めた[72]（表2-9[73]は，1933年時点での石油製品の小売価格[74]と輸入関税額を比較したものである）。もし，この当時，ソコニー・ヴァキュームとライジングサンが日本国内に製油所を建設していれば，1934年に制定された石油業法によって，国内精製優先の原則のもと，石油製品販売数量割当面で不利な扱いを受けることはなかったかもしれないし，あっ

たとしてもその度合は縮小したことであろう。現に，アソシエーテッドが50％出資した三菱石油は，他の国内精製に携わる石油会社とまったく同一の待遇を受け，石油業法の施行後販売シェアを伸ばした[75]。

しかし，ソコニー・ヴァキュームとライジングサンは，結局は日本国内に製油所を建設しなかった。日本政府から十分な将来保証を得ることができなかったという両社共通の要因も存在した[76]が，ソコニー・ヴァキュームの場合には，スタンヴァックの成立がこの意思決定に大きな影響を与えた。というのは，スタンヴァックの成立によって新たに蘭印が石油製品の供給源となったことは，日本国内に製油所を建設することの合理性を低下させたからである。もし，スタンヴァックが蘭印と重複して日本にも製油所をもつことになれば，同社がガソリンの販路確保で苦境に立つことは避けられなかったであろう。スタンヴァックの蘭印の生産施設をもともと所有していたニュージャージー・スタンダードの社長ティーグル（Walter C. Teagle）の意向を受けて，スタンヴァックは，1934年に，日本国内に製油所を建設する方針を撤回した[77]。同じ1934年には，三井物産とライジングサンが，それぞれ別々にスタンヴァックに対して，共同で日本国内に製油所を建設するプランを持ち込んだが，スタンヴァックの方針撤回のために，いずれも実現にいたらなかった[78]。

ここで問題となるのは，スタンヴァックと同様に蘭印に生産拠点をおくアジアチック（およびその子会社のライジングサン）が，スタンヴァックと比べて，日本国内での製油所建設により積極的な姿勢をとったのはなぜか，という点である。資料上の制約があり，この問いに対して満足のゆく回答を与えることは今のところ不可能であるが，アジアチックは，スタンヴァックとは違って，蘭印から原油を日本へ向けて輸出する余力をもっていた[79]という事情が，影響したのかもしれない。

ここまで述べてきたように，スタンヴァックの成立が日本の事業活動に及ぼした影響はきわめて大きかった，と考えることができる。ところが，日本石油産業史に関する従来の諸研究において，スタンヴァック成立の意義については，ほとんど論じられてこなかった。ソコニーからソコニー・ヴァキュームを経てスタンヴァックへという組織変更が存在したにもかかわらず，多くの研究

業績が「スタンダード」という統一名称を使用してきたこと[80]は，このことを端的に物語っている。

7. 石油業法施行以降の対応

　最後に，スタンヴァックは1934年の石油業法施行以降の日本における石油産業に対する国家統制の強化にいかに対応したかという，第7の論点をとりあげる。ただし，この論点については，青山学院大学経営学部の紀要『青山経営論集』により詳細な論文を連載した[81]ので，それを参照していただくことにして，ここでは，ごく要点のみを指摘するにとどめたい。

　石油業法下のスタンヴァックの事業活動については，次の2点に注目する必要がある。第1は，スタンヴァックとライジングサンが強く抵抗したにもかかわらず，不利な石油製品販売数量割当によって，両社の販売シェアが低下したことである[82]。そして第2は，スタンヴァックとライジングサンが，貯油義務を結局はたさないまま[83]，太平洋戦争が始まった1941年12月まで日本での事業活動を継続したことである。

　従来の研究史において，日本人の研究者は総じて第1の点に注目し，石油業法下での外油2社（スタンヴァックとライジングサン）の後退を強調してきた[84]。これに対して，外国人の研究者は第2の点を重視し，外油2社の石油業法に対する抵抗の有効性を主張してきた[85]。日本人の諸研究は，吉野信次商工次官と来栖外務省通商局長による1935年1-4月の外油代表との集中的な交渉や，同交渉の成果である「5点メモランダム（Five-Point Memorandum）」の成立に端的に示される，日本政府内部の外油2社との妥協をめざす動きを等閑視した点で，難点を残した[86]。一方，外国人の諸研究は，日本に存在する商工省資料[87]を利用しなかったために，石油業法下で生じた外油2社の販売シェアの低下について，具体的に立ち入ることはなかった。

　石油業法下で日本政府は，外油2社の圧迫につながる国内石油精製業者のシェアの拡大を図りながらも，海軍向け重油の重要な供給者でもある外油2社[88]による石油製品輸入を継続させるという，二面的な課題を追求した。日

本政府は，この難しい課題を，場合によっては対日原油禁輸策に訴えてでも日本向け石油製品輸出の既得の陣地を守ろうとするスタンヴァックと，あくまで日本向け原油輸出を継続，拡張しようとするカリフォルニア系石油会社（ソーカル，アソシエーテッド，ユニオン・オイル [Union Oil Co.] など[89]）との矛盾をたくみに利用しながら，ともかくも達成したと考えられる。石油業法下での外油2社の後退を強調する日本人研究者の議論と，外油2社の石油業法に対する抵抗の有効性を主張する外国人研究者の議論は，いずれも一面の真実をついたものであるが，本当の真実は，その両面にあったと言うべきであろう。

なお，ここで言及した第7の論点ついては，本書の第5章で，さらに詳しく検討する。

小　括

本章の検討結果から導かれるインプリケーションとしては，次の2点が重要である。

第1点は，ある意味では当然のことであるが，日本国内の事情に目を向けるだけでなく，当該外国石油会社の世界戦略ないしアジア戦略を視野に入れることである。本章との関係で言えば，なぜソコニーは1893年に日本に直接進出したか，なぜソコニーは1900年にあのように大規模なインターナショナル・オイルを設立したか，なぜソコニーは1909年以降油槽所網の形成に全力をあげたか，なぜソコニーは1910-1920年代に日本市場での地位を低下させたか，なぜソコニー・ヴァキュームないしスタンヴァックは1932年に検討し始めた日本国内に製油所を建設するプランを1934年に撤回したか，なぜスタンヴァックは1934年以降石油業法下でのガソリン販売シェアの低下に強く抵抗したか，などの諸論点は，このような視角を導入しなければ解き明かすことは不可能である。

第2点は，その一方で，日本の特殊性にきちんと注目することである。本章に関連する限りでは，注目すべき日本の特殊性として，2つのことがらが浮かび上がる。

ひとつは，経済発展面で後進地域のアジアの中では先進性を示すという，いわば日本の「中進性」とでも呼ぶべき内容である。この「中進性」は，欧米よりは遅いが他のアジア諸国よりは早い機械油需要やガソリン需要の増大，フランスに続いての原油輸入精製方式の台頭[90]，などの形をとって現れた。ヴァキュームがソコニーより一足早く日本支店を開設したのは，紡績工場用スピンドル・オイル等の機械油の需要に対応したものであった。一方，ソコニーは，日本の「中進性」に必ずしもうまく対応できなかった。ガソリン需要の増大に対する戦略的対応に立ち遅れ，1910-1920年代に日本市場での地位を低下させたこと，1926年の関税改正以降も日本における原油輸入精製の活発化を過小評価し，1932年になってあわてて日本国内での製油所建設を検討したものの結局実現にいたらなかったことなどは，そのことを端的に示している。

　日本の特殊性としていまひとつ指摘すべきことがらは，排外的な産業政策の問題である。本章では論及することができなかったが，1934年の日本の石油業法は，モデルとしたと言われるフランスの石油業法と比べて，制定過程で外国石油会社との意見調整を行わなかったこと，外油が国内に建設する製油所に対する将来保証が不十分だったこと，ストックの政府買取価格を設定する場合に外油のコストを必ずしも考慮するわけではなかったこと，などの点で，排外的な性格をもっていた[91]。また，石油業法の実際の運用によって，スタンヴァックとライジングサンの外油2社が販売シェアの後退を余儀なくされたことは，紛れもない事実であった。これらの点については，本書の第4章と第5章で，さらに詳しく掘り下げる。

[注]

1) ここでのスタンヴァックとその前身各社の沿革に関する記述は，基本的には，田中敬一『石油ものがたり——モービル石油小史』（モービル石油株式会社広報部，1984年）によるものである。

2) この合併の成立後も，アメリカ国内ではソコニーとヴァキュームは，操業会社として事業を継続した。アメリカ国内でソコニーとヴァキュームが最終的に合同し，持株会社のソコニー・ヴァキューム・オイル・カンパニー・インコーポレーテッド（Socony-Vacuum Oil Co. Inc., ソコニー・ヴァキューム・コーポレーションが1934年5月に改称

したもの）に吸収されたのは，1934年6月のことであった。この点については，田中前掲書，126，149頁参照。
3）第2次世界大戦以降の時期について見ても，スタンヴァック日本支社やその後身の事業活動に対して，これまで，十分な光が当てられてきたとは言えない。
4）1960年11月にニュージャージー・スタンダードは，1953年以来アメリカで審理中であった独禁法違反訴訟に関し，スタンヴァックの事実上の解体という内容を含む同意判決を受諾した。これが契機となってスタンヴァックの解体が進むなかで，1961年12月には，ニュージャージー・スタンダード系のエッソ・スタンダード石油とソコニー・モービル・オイル（Socony-Mobil Oil Co.，ソコニー・ヴァキューム・オイルが1955年に改称したもの）系のモービル石油が，いずれも日本法人として設立された。そして，翌1962年3月にスタンヴァック日本支社の清算事務は完了し，同支社の資産および事業は，エッソ・スタンダード石油とモービル石油の2社に分割して継承されることになった。
5）このほか，スタンヴァック日本支社ないしその前身に論及した業績として，井口東輔『現代日本産業発達史II 石油』交詢社，1963年，マイラ・ウィルキンズ（Mira Wilkins）「アメリカ経済界と極東問題」（細谷千博他編『日米関係史3 議会・政党と民間団体』東京大学出版会，1971年，所収。日本語訳は蠟山道雄），Mira Wilkins, "The Role of U. S. Business," in D. Borg and S. Okamoto eds., *Pearl Harbor as History : Japanese-American Relations, 1931-1941*, Columbia University Press, 1973，武田晴人「資料研究──燃料局石油行政前史」（産業政策史研究所『産業政策史研究資料』1979年），阿部聖「第2次大戦前における日本石油産業と米英石油資本──日本の石油政策に関する一考察」（中央大学『商学論纂』第23巻第4号，1981年），野田富男「戦前期燃料国策と英・米石油資本──石油業法の成立過程における外資との交渉について」（西南学院大学『経営学研究論集』第5号，1985年），宇田川勝「戦前日本の企業経営と外資系企業（上）（下）」（法政大学『経営志林』第24巻第1号，同第2号，1987年）などをあげることができる。また，スタンヴァックのアジア戦略をとりあげた，済藤友明「スタンダード石油のアジア戦略──戦前と戦後」（工学院大学『研究論叢』第26号，1988年）もある。ただし，これらの業績は，課題設定の相違や紙幅上の制約等によって，スタンヴァック日本支社とその前身に関して，ここで指摘した2冊の著作ほどには濃密な記述を展開していない。
6）エッソ・スタンダード石油は，1982年にエッソ石油と改称した。
7）田中前掲書，349頁。なお，1993年にモービル石油株式会社編『100年のありがとう──モービル石油の歴史』が刊行されたが，同書は，重要な論点について，田中の所説に言及していない。
8）ただし，本章の記述も，資料不足という基本的な制約を免れうるものではない。
9）例えば，井口前掲書，92頁参照。

10) この点について詳しくは，田中敬一「モービル石油外史⑦　古くから縁の深いモービルと三井」（モービル石油株式会社広報部『モービル日本』1989年2-3月号），26頁参照。ここで田中が論拠としてあげているのは，三井物産の「明治二十五年上半季総勘定書」および「明治二十六年上半季総勘定書」の記述である。
11) 田中前掲書，57頁には，「ヴァキュームは，その需要家の要請に見合った特別な潤滑油を供給するのに特に積極的」だった，と記述されている。
12) モービル・コーポレーションは，1999年11月，エクソン・コーポレーション（ニュージャージー・スタンダードが1972年11月に社名変更したもの）と合併し，エクソンモービル・コーポレーション（ExxonMobil Corporation）として，新発足した。現在，エクソンモービルの本社は，アメリカ・テキサス州アービングに所在する。
13) 阿部聖は，「近代日本石油産業の生成・発展と浅野総一郎」（中央大学『企業研究所年報』第9号，1988年）149-150頁で，日本側資料（1899年9月27日付『横浜貿易新聞』および「明治二七年度日本銀行統計年報」）にもとづいて，ソコニー日本支店は1894年3月に開設されたという，有力な新説を提唱している。本章では，ソコニーの内部資料（表2-1参照）およびスタンヴァック作成の資料（調査を行った1988年時点でアメリカ・メリーランド州スートランドのWashington National Records Centerに所蔵されていたRG256, Foreign Funds Control Papers, B556所収のTFR-500 Original Reports, Series AII, Folder : Standard-Vacuum Oil Co. なお，RGはレコード・グループ・ナンバー，Bはボックス・ナンバーを，それぞれ示す。この点は，以下同様）にもとづき，1893年にソコニー日本支店が開設されたという説を採用するが，かりに阿部説が正しかったとしても，ここで指摘した内容の妥当性は変わらないであろう。
14) ソコニーのアジア市場への浸透にとって，中国市場で獲得した好評が重要な意味をもったことは，これまで，しばしば指摘されてきた。この点については，例えば，ニュージャージー・スタンダードの社内報 The Lamp の1934年2月号の21-22頁に掲載された"A Merger in Orient"，およびモービル石油株式会社『モービル小史――あるフロンティア・スピリットの物語』1976年，16-20頁参照。
15) 例えば，日本石油株式会社・日本石油精製株式会社社史編さん室編『日本石油百年史』1988年，94-95頁参照。
16) 田中前掲書，65, 67頁参照。
17) Letter, Edwin L. Neville (U. S. Chargè d'Affaires as interim, Tokyo) to the Secretary of State, June 21, 1928（アメリカ・ワシントンD. C.のNational Archives所蔵のRG59, General Records of the Department of State, 894.6363/29. なお，894.6363/29は，ファイルナンバーを示す。この点は以下同様）。
18) 前掲『日本石油百年史』167頁参照。
19) 1904年の関税改正によって，灯油の輸入関税は従価4割，原油の輸入関税は従価2割となり，両者のあいだに格差が生じた。さらに，翌1905年には，灯油の輸入関税だ

けが従価5割に引き上げられ，両者間の格差は拡大した。
20)「石油関税ノ沿革」(燃料局『礦油関税改正ニ関スル資料』1937年，所収)によれば，1909年の石油関税改正の要旨は，「従来礦油関税中原油ニ付テハ考慮スル所ナク他ノ油脂及蠟トシテ従価二割ヲ課セラレ居タルカ燈油トノ税率著シク権衡ヲ失セル為其ノ税率ヲ引上クル」ことにあった。なお，引用に際して，旧字体を新字体に改めた。
21) 1926年の関税改正は，「原油関税を引き下げ，石油製品関税を全体として引き上げ」(橘川武郎「1934年の日本の石油業法とスタンダード・ヴァキューム・オイル・カンパニー(1)」青山学院大学『青山経営論集』第23巻第4号，1989年［以下，本章では，拙稿(1)と略す]，36頁）るものであった。この点について詳しくは，拙稿(1)，35-38頁参照。
22) 前掲拙稿(1)，38頁の第2表参照。
23) Letter, Joseph C. Grew to the Secretary of State, April 21, 1933 (RG59, 894.6363/32).
24) 表2-2の原資料は，1988年の時点では，前出のWashington National Records Centerに所蔵されていた。
25) 例えば，井口前掲書，95-105頁，田中前掲書，74-77頁参照。
26) 田中前掲書，75，86-87頁参照。
27) E. R. Dickover (U. S. Embassy, Tokyo), Memorandum, February 20, 1935 (RG59, 894.6363/181).
28) ソコニーは，1920年代後半にも，日本における石油関税の動向に関して，不正確な認識にたっていた。この点については，前掲拙稿(1)，35-41頁参照。
29) 井口前掲書，131-132頁参照。
30) 前掲『日本石油百年史』169-170頁参照。
31) 田中前掲書，83頁参照。
32) 田中前掲書，102頁参照。
33) ソコニー日本支店の総支配人をつとめたのは，1893-1907年はコップマン（ただし，1905年以前の肩書は「代理人」)，1907-14年はコール，1914-26年はエンズオース（H. A. Ensworth)，1926-32年はグールドであった。グールドは，1932-33年にはソコニー・ヴァキューム日本支社の，1933-36年にはスタンヴァック日本支社の，それぞれの総支配人もつとめた。グールドのあとを受けて1936-41年にスタンヴァック日本支社の総支配人をつとめたのは，マイヤー（C. E. Meyer）であった。以上の点については，田中前掲書61，83，102，117-118，137，160頁参照。
34) Letter, H. A. Ensworth to H. E. Cole, June 3, 1927 (アメリカ・ニューヨーク州ノース・ターリータウンのRockefeller Archive Center所蔵のRockefeller Family Archives, RG2 [OMR], Friends and Services, B59).
35) コールによるこの時期のソコニー日本支店の販売機構の改革については，田中前掲書，102-105頁参照。

36）いわゆる「英蘭協定」が成立したのは1901年のことであり，ロイヤル・ダッチ（Royal Dutch）とシェル・トランスポート・アンド・トレイディング（Shell Transport and Trading）が完全合併したのは1907年のことであった。
37）アジアチックは，1903年に設立された。
38）以上の西戸崎製油所をめぐる経緯については，シェル石油株式会社編『シェル石油60年の歩み』1960年，5-6頁，井口前掲書，137，141頁，および前掲『日本石油百年史』172頁参照。
39）1909年の4社協定に参加したのは，ソコニー，ライジングサン，日本石油，および宝田石油であった。
40）阿部前掲論文「近代日本石油産業の生成・発展と浅野総一郎」179頁参照。
41）Walter C. Teagle, Memorandum, August 21, 1934（RG59, 894.6363/84）.
42）橘川武郎「1934年の日本の石油業法とスタンダード・ヴァキューム・オイル・カンパニー(2)」（青山学院大学『青山経営論集』第24巻第2号，1989年。以下，本章では，拙稿(2)と略す）64-65頁の第4表参照。なお，1930年の日本市場におけるソコニーの重油販売シェアは11％，ライジングサンの重油販売シェアは25％であった（日本海軍向けの重油販売量を含む）。
43）従来の研究史は，1910-1920年代の日本市場で生じたソコニーとライジングサンの地位の逆転について，ほとんど等閑視してきた。わずかに，井口前掲書が，「灯油の販売量では，スタンダードにはるかに遅れていたライジングサンは，蘭領東インドの良質の原油を基盤として揮発油の販売では頭角をあらわしていた」（246頁）と指摘した程度である。
44）1911年当時，スタンダード・オイル・グループの中で，アメリカ西部における全操業を担当していたのはソーカルであった。
45）田中前掲書，109頁参照。
46）武田前掲論文，180頁参照。
47）燃料局「内地石油需給表」（『石油業法関係資料』1937年，所収）参照。
48）筆者は，表2-3の原資料を，アメリカ・マサチューセッツ州ボストンのHarvard University Baker Libraryで閲覧した。
49）表2-3と表2-4とでは，集計方法が若干異なる。
50）田中前掲書，93頁参照。
51）田中前掲書，122頁参照。
52）田中前掲書，122頁によれば，ソコニー日本支店の最初のサービス・ステーション（東京の大森給油所）がオープンしたのは，1928年のことであった。
53）前掲『日本石油百年史』266-267頁参照。
54）前掲拙稿(1)，23-24頁参照。
55）田中前掲書，135頁。

56）例えば，前掲『モービル小史――あるフロンティア・スピリットの物語』32-33 頁参照。
57）残念ながら，資料が現存しないため，ソコニーの輸出向けガソリン積出し価格やカリフォルニアからの輸出向け灯油積出し価格を，図 2-1 のように長期にわたって把握することは不可能である。
58）Letter, C. E. Arnott to Thomas M. Debevoise, May 13, 1933 (Rockefeller Family Archives, RG2, Business Interests, B138, Folder : Socony-Vacuum Corporation).
59）表 2-7 の原資料の所蔵機関は，前出の Rockefeller Archive Center である。
60）田中前掲書，137 頁参照。
61）スタンヴァック成立直後の 1934 年 8-11 月に，日本の石油業法に対する対応をめぐってアメリカ国務省と頻繁に連絡をとったのは，ほかならぬニュージャージー・スタンダード社長のティーグル（Walter C. Teagle）自身であった。この点については，橘川武郎「1934 年の日本の石油業法とスタンダード・ヴァキューム・オイル・カンパニー(3)」（青山学院大学『青山経営論集』第 24 巻第 3 号，1989 年。以下，本章では，拙稿(3)と略す）参照。
62）資料 2-2 の原資料の所蔵機関は，前出の Harvard University Baker Library である。
63）ニュージャージー・スタンダードで生産部門のトップの地位にあったサドラーは，ソコニーのウォーカー（William B. Walker）とともに，スタンヴァックの設立に際して，最終的な組織づくりの任に当たった。この点については，cf. Irvine H. Anderson, Jr., *op. cit.*, p. 37.
64）表 2-8 の原資料は，1988 年の時点では，前出の Washington National Records Center に所蔵されていた。
65）残念ながら，資料が現存しないため，1940 年以前のスタンヴァックの国別売上高を把握することはできない。
66）Irvine H. Anderson, Jr., *op. cit.*, p. 220, Table B-1.
67）Memorandum, S. P. Coleman to E. J. Sadler, August 6, 1940（アメリカ・ニューヨーク州ハイドパークの Franklin D. Roosevelt Library 所蔵の Henry J. Morgenthau, Jr.'s Diary, Volume 292, pp. 268-270）. 前掲拙稿(2)，70-71 頁の第 8 表参照。
68）前掲拙稿(1)，35-38 頁（とくに 38 頁の第 2 表）参照。
69）前掲拙稿(1)，39-43 頁参照。
70）前掲拙稿(1)，35-41 頁参照。
71）1932 年の関税改正は，「外油が営む石油製品輸入方式をより不利なものにし，内油が営む原油輸入精製方式をより有利なものにした」（前掲拙稿(2)，78 頁）。この点について詳しくは，前掲拙稿(2)，78-79 頁参照。
72）Letter, H. W. Malcolm (The Rising Sun Petroleum Co.) and J. C. Goold (The Socony-Vacuum Corporation) to K. Nakajima (Minister of Commerce and Industry), November 29, 1932 (RG59, 894.6363/37).

73) 表2-9の原資料の所蔵機関は，前出の National Archives である。
74) 表2-9で1933年7月から10月にかけて石油製品の小売価格が総じて低落しているのは，同年9月の松方日ソ石油の新規参入による競争激化を反映したものである。
75) 武田前掲論文，227頁参照。
76) Op. cit., Letter, Grew to the Secretary of State, April 21, 1933.
77) Letter, Edwin L. Neville to the Secretary of State, September 21, 1934 (RG59, 894.6363/81)。
78) 前掲拙稿(3)，44-50頁，橘川武郎「1934年の日本の石油業法とスタンダード・ヴァキューム・オイル・カンパニー(4)」（青山学院大学『青山経営論集』第24巻第4号，1990年。以下，本章では，拙稿(4)と略す）参照。
79) 前掲拙稿(2)，70-71頁の第8表参照。
80) 井口前掲書，武田前掲論文，野田前掲論文，宇田川前掲論文参照。
81) 前掲拙稿(1)(2)(3)(4)，および橘川武郎「1934年の日本の石油業法とスタンダード・ヴァキューム・オイル・カンパニー(5)(6)(7)(8)(9)」（青山学院大学『青山経営論集』第27巻第3号，同第4号，第29巻第2号，同第3号，同第4号，1992-95年）参照。この論文をまとめたうえで，加筆補正したものが，橘川武郎『戦前日本の石油攻防戦』（ミネルヴァ書房，2012年）である。
82) 武田前掲論文，232-233頁参照。
83) 武田前掲論文，231-232頁参照。
84) 井口前掲書，256頁，武田前掲論文，232-234頁，阿部前掲論文「第2次大戦前における日本石油産業と米英石油資本」201，215-216頁，田中前掲書，158-160頁，野田前掲論文，16-29頁，宇田川前掲論文（下），34-35頁参照。
85) ウィルキンズ前掲論文，217，220頁参照。Mira Wijkins, op. cit., pp. 365-366, and Irvine H. Anderson, Jr., *op. cit.*, pp. 78-79, 102, and 198。
86) ここでは，日本人の諸研究のうち井口前掲書をのぞく諸業績が，1935年1-4月の交渉や「5点メモランダム」に論及したアンダーソン前掲書よりあとに発表された，という事情を想起する必要がある。
87) 例えば，前掲『石油業法関係資料』。
88) 1933年の日本市場におけるスタンヴァックの重油販売シェアは12％，ライジングサンの重油販売シェアは31％であった（日本海軍向けの重油販売量を含む）。この点については，前掲拙稿(2)，64-65頁の第4表参照。
89) 前掲拙稿(2)，70-71頁の第8表参照。
90) 井口前掲書，254-257頁参照。
91) Letter, Kersey F. Coe (The Standard-Vacuum Oil Co.) to J. C. Goold, November 19, 1934 (RG59, 894.6363/139), and Memorandum of Conversation at Tokyo Club, January 9, 1935（イギリス・サリー州リッチモンドの The National Archives 所蔵の F. O. 262, British Embassy and Consular Archives, ファイル・ナンバー269 [1935], Part 4）。

第3章　外国石油会社と国内石油会社との関係

　前章でスタンヴァック[1]の事例に即して確認したように，第2次世界大戦以前の日本の石油市場においては，外国石油会社が活発に事業を展開し，高いシェアを獲得した。その結果，外国石油会社と国内石油会社とのあいだの対立は，深刻化した。

　そこで本章では，戦前日本における外国石油会社と国内石油会社との関係に光を当てる。具体的には，1932年の石油カルテルを題材として取り上げ，国際カルテルと日本の国内カルテルとの関係に考察を加える。検討対象となる外国石油会社は，イギリス・オランダ系のロイヤル・ダッチ・シェル・グループに所属するライジングサン[2]とアメリカ系のソコニー・ヴァキューム[3]日本支社[4]であり，国内石油会社は，日本石油や小倉石油などである[5]。

　ところで，このテーマにかかわる従来の研究水準を代表する井口東輔『現代日本産業発達史Ⅱ　石油[6]』は，1932年に日本で成立したガソリンに関するカルテル協定について，外油2社（ライジングサンとソコニー・ヴァキューム）の主導性と，国際カルテルの国内カルテルに対する優位性を強調している。確認のため，該当箇所を引用すれば，以下の通りである。

　〔1932年のカルテル協定による〕販売数量割当は，当時国内業者に不利と考えられていたようであるが，当時，不況の切抜け策として普及していた各産業のカルテル化も，石油産業においては，外国二社の協調なくしては，これを達成することは困難な状態であった。当時，わが国の石油市場はほとんどライジングサンとスタンダード[7]の圧倒的支配下にあり，両社以外のアメリカの国際大石油会社さえもわが国市場への進出は，国際カルテル体制のも

第 3 章　外国石油会社と国内石油会社との関係　69

表 3-1　1931 年の事業者別ガソリン販売量または同生産量

業態別	事業者名	販売量または生産量（千函）	シェアA（%）	シェアB（%）
輸入業者	ソコニー	約 4,600	22.7	23.6
	ライジングサン	約 7,000	34.5	35.9
	三菱商事	353	1.7	1.8
	日　商	3	0.0	—
	（小　計）	(11,957)	(58.9)	(61.3)
精製業者	日本石油	5,211	25.7	26.7
	小倉石油	2,292	11.3	11.7
	三菱石油	59	0.3	0.3
	新津恒吉	725	3.6	—
	早山与三郎	48	0.2	—
	小林友太郎	3	0.0	—
	その他	4	0.0	—
	（小　計）	(8,342)	(41.1)	(38.7)
合　計		20,299	100	100

出所）通商産業省編『商工政策史 第9巻 産業合理化』1961 年，435 頁。
注 1 ）「シェアA」は，全体に対するシェア。「シェアB」は，1932 年の「6 社協定」に参加した企業（ソコニー，ライジングサン，日本石油，小倉石油，三菱石油，三井物産）の合計値に対するシェア。
　 2 ）「ソコニー」には，三井物産の分も含む。
　 3 ）三菱商事は，三菱石油が操業を開始した 1931 年 12 月以降，ガソリンの輸入販売を中止した。
　 4 ）日本内地のみで朝鮮，台湾を含まず。

とで，抑制されていた。わが国石油精製会社も米英二大石油会社の販売政策に追随せざるをえない状態であったことに思いをはせねばならないだろう。同時にこの協定成立の背後には，国際石油会社の世界政策があった。時あたかも地方的カルテル結成への基盤となった「ヨーロッパ市場に関する覚書[8]」から，一歩前進して，地方的カルテルないし地方的協定に関する指針となった一九三二年の「販売に関する項目協定[9]」が採択される直前でもあったし，ニューヨーク会議[10] 失敗後のソビエト石油の世界市場進出の脅威にさらされている時期でもあって外油二社が協定締結に関し，かれらの世界政策のうえから，積極的な態度をとる気運にあったことを看過してはなるまい[11]。

しかし，ここで見落とすことができない事実は，表 3-1 の「シェアB」と表

表 3-2　1932 年の「6 社協定」による会社別ガソリン販売数量割当（1932 年 7 月-1933 年 6 月分）

業態別	会社名	販売数量割当（千函）	シェア（％）
輸入業者	ソコニー・ヴァキューム	5,260	23.8
	ライジングサン	7,000	31.7
	（小　計）	(12,260)	(55.5)
精製業者	日本石油	5,800	26.3
	小倉石油	2,520	11.4
	三菱石油	1,500	6.8
	（小　計）	(9,820)	(44.5)
合　計		22,080	100

出所）北沢新次郎・宇井丑之助『石油経済論』千倉書房，1941 年，380 頁。
注 1 ）「ソコニー・ヴァキューム」には，三井物産の分も含む。
　 2 ）日本内地のみで，朝鮮，台湾を含まず。

3-2 を比べれば明らかなように，外油 2 社のガソリン販売シェアの合計値は，1932 年のガソリンに関するカルテル協定である「6 社（ライジングサン，ソコニー・ヴァキューム，日本石油，小倉石油，三菱石油，三井物産）協定」の成立によって，むしろ相当に低下したことである[12]。そうであるとすれば，国際カルテルの国内カルテルに対する優位性を強調する井口の所説は，はたして妥当なものと言えるだろうか。われわれは，本章での検討を通じて，国際カルテルと日本の国内カルテルとの関係に，改めて光を当て直さなければならない。

1. アジアをめぐる国際カルテル

シェル[13]のロンドン本社に現存する日本関連資料[14]の中には，ロイヤル・ダッチ・シェルとソコニーが 1929 年 9 月に締結したものと思われる，アジア市場に関するカルテル協定の内容を記した文書が残されている[15]。この協定については，従来，その存在は指摘されてきたものの，実態は不明のままだった[16]ので，ここに資料 3-1 として，全文を紹介しておこう。

この 1929 年の協定では，日本におけるガソリン販売について，ロイヤル・ダッチ・シェル（厳密には，ロイヤル・ダッチ・シェル・グループに所属するアジアチックの日本子会社であるライジングサン）とソコニーの販売量を同一にすることがめざされた（資料 3-1 の 2 の B 参照）。しかし，1932 年までに，日本市場に関する両社の協定の内容は，ガソリンについても他の石油製品の場合と同

資料 3-1 日本, 朝鮮, 北支, 南支, 台湾, インドシナ, タイの各市場に関するメモランダム

Memorandum Covering the Markets of Japan, Korea, North China, South China Proper, Formosa, Indo-China and Siam

1. Arrangement to cover crude oil and all of its derivatives.
2. A. Arrangement to be predicated upon the combined deliveries into consumption of the two interests in each area. Preliminary figures to be verified by independent chartered accountants. This clause has for its object that each interest is entitled to maintain for its benefit the percentage of the total trade in each product (except Gasoline as modified by paragraph B) which it did during the qualifying period as per clause 3.
   B. Royal Dutch-Shell interest to freeze its Gasoline volume as of 12 months ending June 30th, 1929 until such time as Socony Gasoline volume shall be equivalent to Royal Dutch-Shell in Japan, Korea, North China, South China Proper and Formosa, and until such time as Socony shall have secured in Gasoline in Indo-China and Siam the same participation as Socony enjoyed in Kerosene for the 12 months ending June 30th, 1929. In conjunction with this arrangement Socony to purchase from Royal Dutch-Shell on a fair and equitable basis, consistent always with prevailing selling prices and quality required in each of the markets named, the following approximate quantities of Gasoline :

North China	130,000 units
Japan	509,000 〃
Korea	21,000 〃
South China Proper	56,500 〃
Formosa	19,000 〃
Indo-China	270,000 〃
Siam	66,000 〃

   each of 10 American gallons.
   These quantities to be purchased by Socony from Royal Dutch-Shell in fairly average quarterly amounts each year as long as this arrangement exists,
   C. As soon as Socony's participation in each of the markets enumerated in paragraph B of this clause has reached the basis provided for therein, then each interest will be entitled to maintain for its benefit the percentage of the total trade thus established.
   D. The following general principles shall govern the routine handling of each interest's participation in the various markets :
      a) If one of the interests loses its percentage of the total trade and the other interest maintains its own, then the loser is not entitled to adjustment from the one that has maintained its quota.
      b) If one interest loses its percentage of the total trade and the other gains, then the gain is given to the loser to the extent necessary to reestablish the status quo as between the two interests.
      c) If one interest maintains its position in the total trade and the other interest gains in the total trade, then the gain remains the property of the party in excess.
3. Qualifying period to be 12 months ending June 30th, 1929.
4. It is to be expected that a stabilisation of trade as between the two interests will avoid destructive competition and result in operating economies. Therefore it is understood that coincidental with the establishment of quotas in each market the local representatives will be instructed, in addition to their local detail arrangements, to come to a definite arrangement in respect to the following points :
   a) Total remuneration to commision agents, commission merchants and other intermediate media.

> b) Stabilized weight and/or volume units for all products.
> c) Establishment of a local code of Ethics in each market.
> d) With due respect to the usual differentials, selling prices in each of the markets will be placed on a uniform basis which both parties agree to maintain. Unless there are convincing reasons why it should not be done, these selling prices, where they are below the equivalent of the stabilized prices at the Gulf, should be advanced to the Gulf basis.
> e) It should be understood that the principles outlined in Article 6 of the so-called Group Memorandum will govern correspondingly the relations between the interests.
> 5. The arrangement to be for 12 months with 6 months' previous notice of cancellation, otherwise the arrangement to run on indefinitely.
>
> September 1929

様に，既存の販売シェアを相互に保証することに変更された。例えば，1932年6月13にロイヤル・ダッチ・シェルは，日本を含むアジア，アフリカ，オーストラリアの各関係会社へ向けて，ソコニー[17]，テキサコ[18]，ガルフ[19]，シンクレア[20]，アトランティック[21] などの石油会社とのあいだに，販売シェアの現状維持協定（1931年基準）が成立したことを伝える電報を打った[22]。このうち，日本に関する現状維持協定の相手は，ソコニー1社であった[23]。

問題となるのは，ロイヤル・ダッチ・シェルとソコニーとのあいだに締結された日本に関する国際カルテル協定が，現実に日本市場において効力を発揮しえたか否かである。以下では，本章の中心論点であるこの問題を，1932年の「6社協定」の事例に即して，検討してゆく。

2.「6社協定」の成立まで

日本におけるガソリン販売についてのカルテル協定である「6社協定」が正式に調印されたのは，1932年10月25日のことである[24]。本節では，それまでの時期について取り扱う。

結論を先取りして言えば，ロイヤル・ダッチ・シェルとソコニーとのあいだに結ばれた国際カルテル協定は，日本市場においては効力を十分に発揮することはなかった。この点は，表3-1～表3-6の6つの表から確認することができる。

第3章 外国石油会社と国内石油会社との関係 73

表 3-3 日本における事業者別ガソリン販売量

事業者名	1931 年 1-12 月			1932 年 1-7 月		
	販売量 (千ユニット)	シェア A (%)	シェア B (%)	販売量 (千ユニット)	シェア A (%)	シェア B (%)
ライジングサン	6,077	33.0	34.5	4,005	33.8	35.1
ソコニー	3,990	21.6	22.6	2,074	17.5	18.2
日本石油	4,700	25.5	26.7	2,905	24.5	25.5
小倉石油	2,350	12.7	13.3	1,866	15.7	16.4
三 菱	499	2.7	2.8	551	4.6	4.8
早 山	40	0.2	−	71	0.6	−
その他	776	4.2	−	383	3.2	−
合 計	18,432	100	100	11,855	100	100

出所) Letter, The Rising Sun Petroleum Co. to The Asiatic Petroleum Co., September 13, 1932 (SC 7/A13/1, 1 of 5).
注) 表 3-1 の注 1-4 参照。

表 3-4 ロイヤル・ダッチ・シェルの「6 社協定」に
対する目標値 (1932 年 7 月上旬現在)

会社名	販売数量割当 (ユニット)	シェア (%)
ライジングサン	7,399,600	33.6
ソコニー・ヴァキューム	4,845,000	22.0
日本石油	5,483,300	24.9
小倉石油	2,218,400	10.1
三菱石油	1,250,000	5.7
その他	803,700	3.7
合 計	22,000,000	100

出所) Telegram, Yokohama to London, July 1, 1932 (SC 7/A13/2, 1 of 16).
注1) 1932 年 7 月-1933 年 6 月分の数値である。
　2) 表 3-2 の注 1-2 参照。

　表 3-3 には，シェル・ロンドン本社所蔵の日本関連資料の中に記載された，日本における事業者別ガソリン販売量が示してある[25]。日本に存在する資料にもとづく表 3-1 とこの表 3-3 とでは，1931 年に関する数値が食い違うが（表 3-1 および表 3-2 の「1 函」は，表 3-3，表 3-4 および表 3-6 の「1 ユニット」に相当するものと思われる），これは主として，表 3-1 では外油の数値を，表 3-3 では内油の数値を[26]，それぞれ推計によって求めているからであろう。従って，内

表 3-5 1932 年 7 月 23 日時点の「6 社協定」の原案

(単位：％)

会社名	シェア
ライジングサン	32.93
ソコニー・ヴァキューム	21.62
日本石油および小倉石油	36.36
三菱石油	5.68
その他	3.41
合　計	100

出所) Telegram, Yokohama to London, July 23, 1932 (SC 7/A13/2, 1 of 16).
注 1) 販売数量割当の総計は，2,200 万ユニットである。
　 2) 表 3-4 の注 1-2 参照。

表 3-6 1932 年 8 月 3 日時点の「6 社協定」の内定値

会社名	販売数量割当（ユニット）	シェア（％）
ライジングサン	7,093,475	32.2
ソコニー・ヴァキューム	4,656,525	21.2
日本石油	5,250,000	23.9
小倉石油	2,750,000	12.5
三菱石油	1,500,000	6.8
その他	750,000	3.4
合　計	22,000,000	100

出所) Telegram, Yokohama to London, August 3, 1932 (SC 7/A 13/2, 1 of 16).
注) 表 3-4 の注 1-2 参照。

油については表 3-1 の方が，外油については表 3-3 の方が，各々信憑性が高いと言える。

表 3-4 は，1932 年 7 月 1 日にライジングサンが提案し[27]，同日中に親会社のアジアチックがオーソライズした[28]，ロイヤル・ダッチ・シェルとしての，日本の「6 社協定」にのぞむ目標値を示したものである。ロイヤル・ダッチ・シェルは，この目標値をアメリカのソコニーに伝え[29]，ソコニーの了承を得た[30]。つまり，表 3-4 の数値は，ロイヤル・ダッチ・シェルとソコニーの双方にとっての，「6 社協定」に対する目標値とみなすことができる。なお，協定に参加した 6 社の一角を占める三井物産の数値が一貫してソコニー（ないしソコニー・ヴァキューム）の数値の中に含まれているのは，三井物産がソコニー（ないしソコニー・ヴァキューム）の石油製品を販売していたからである。

表 3-5 には，1932 年 7 月 23 日時点の「6 社協定」の原案が示してある[31]。この表と表 3-4 とを比べればわかるように，ライジングサンとソコニー・ヴァキュームの外油 2 社の割当シェアは，原案の段階で目標値よりも後退した（ラ社は 33.6％→32.9％，ソ社は 22.0％→21.6％）。これとは対照的に，内油の代表格である日本石油と小倉石油のシェアの合計値は，増大した（35.0％→36.4％）。

表3-6は，1932年8月3日にまとまった「6社協定」の内定値を示したものである[32]。この表と表3-5を比較すれば明らかなように，ライジングサンとソコニー・ヴァキュームの割当シェアは，原案の段階よりさらに減退した（ラ社は32.9%→32.2%，ソ社は21.6%→21.2%）。一方，三菱石油のシェアは原案に比べて著しく上昇し（5.7%→6.8%），同社に対する販売数量割当は125万ユニットから150万ユニットへ増加した。

このように，表3-6の内定値においては，ライジングサンとソコニー・ヴァキュームの割当シェアは，両社がめざした表3-4の目標値を，それぞれ1.4%ないし0.8%下回った（ラ社は33.6%→32.2%，ソ社は22.0%→21.2%，両社合計では55.6%から53.4%へ2.2%の低下）。また，先にふれた1932年6月13日付のロイヤル・ダッチ・シェルの電報が伝えた，日本のガソリン市場における1931年の販売シェアの維持という課題も，ライジングサンおよびソコニー・ヴァキュームの両社は，達成することができなかった（表3-3の1931年の「シェアA」と表3-6とを比べれば，ラ社は33.0%から32.2%へ0.8%，ソ社は21.6%から21.2%へ0.4%，両社合計では54.6%から53.4%へ1.2%，それぞれ減退したことがわかる）。

以上の経緯から明らかなように，ガソリンに関する1932年の日本での「6社協定」は，国際カルテルを結んでいたライジングサンとソコニーにとって，不本意なものであった。このことは，とくにライジングサンの場合にあてはまった。というのは，ソコニー（ないしソコニー・ヴァキューム）に限ってみれば，「6社協定」は必ずしも不利とは言い切れない側面をもっていたからである。

表3-3から明らかなように，日本のガソリン市場におけるソコニーの販売シェアは，1932年にはいって大きく減退した。これは，主として，1931年12月の金輸出再禁止に端を発した円為替の著しい下落により，ソコニー日本支店のガソリン輸入コストが上昇し，ガソリンの値下げ競争[33]に対応できなかったことによるものであった。円為替の下落はもちろんライジングサンのガソリン輸入コストも押し上げたが，1932年中は対米為替相場の落込みの方が対英為替相場の落込みよりも甚大であった[34]ため，受けた打撃はソコニーの方が

大きかった[35]。そして，表 3-3 と表 3-6 を照合すればわかるように，「6 社協定」にもとづくガソリン販売数量の割当は，ソコニー（ないしソコニー・ヴァキューム）が 1932 年の前半に失ったシェアを相当程度回復することを保証するものであった[36]（もし，「6 社協定」の内容が最終的には表 3-2 のように修正されたのだとするならば[37]，回復の程度はいっそう大きくなる[38]）。

しかし，ライジングサンにとっては，「6 社協定」の内容は，明らかに不利であった。協定が事実上成立してからのちも，ライジングサンと親会社のアジアチックは，「6 社協定」に対して不満をもち続けた[39]。表 3-1 のシェア B と表 3-2 を比べても，表 3-3 のシェア A と表 3-6 を比較しても，ライジングサンのガソリン販売シェアが減退したことは，間違いない事実である[40]。「6 社協定」の締結にのぞんで，国際カルテル協定を結んでいたロイヤル・ダッチ・シェルとソコニーは，日本市場における 1931 年のガソリン販売シェアを維持することを必死に追求した[41]が，主としてライジングサンのシェアが減退したため，結局，両社の合計値でこの目標を達成することはできなかった[42]。ロイヤル・ダッチ・シェルとソコニーの国際カルテルが日本市場で効力を十分に発揮しなかった，と結論づけるゆえんである。

表 3-1 と表 3-2，および表 3-3 と表 3-6 からわかるように，「6 社協定」によってライジングサンの販売シェアが 1931 年に比べて減退したのは，直接的には，三菱石油のシェアが増大したことによるものであった。じつは，ロイヤル・ダッチ・シェルとソコニーは，このような事態が発生するのを回避するため，現状維持協定の精神にのっとって，協調的な行動を展開した。しかし，結果的には，両社の協調行動は功を奏さなかった。

三菱石油は，日本の三菱とアメリカのアソシエーテッド[43]との折半出資により 1931 年 2 月に誕生した合弁会社であり，同年 12 月に操業を開始した[44]。そこでソコニーは，三菱石油のガソリン販売シェアが翌 1932 年に急伸するのを阻むため，アメリカにおいてアソシエーテッドに圧力をかけた。1932 年 7 月-1933 年 6 月の時期の日本における三菱石油のガソリン販売量について，交渉が始まった当初は，ソコニーが 120 万ユニット（1,200 万ガロン）を，アソシエーテッドが 130 万ユニット（1,300 万ガロン）を，それぞれ主張した[45]。そし

て，1932年6月20日に，それを125万ユニットとすることで，ソコニーとアソシエーテッドとのあいだに妥協が成立した[46]。

　一方，ロイヤル・ダッチ・シェルは，ソコニーと緊密な連絡をとりながら，アメリカにおけるソコニーとアソシエーテッドとの交渉がまとまるように側面から支援した。例えば，アソシエーテッドは，ソコニーとの交渉の決着がつくまで，ライジングサンとソコニー日本支店が「6社協定」の締結について内油各社と折衝しないように強く要望した[47]が，ロイヤル・ダッチ・シェルは，このアソシエーテッドの要望を受け入れた[48]。

　アソシエーテッドが，1932年7月-1933年6月の三菱石油のガソリン販売量を125万ユニットとすることに同意した[49]にもかかわらず，三菱石油の日本側出資者（三菱）は，これに激しく反発した[50]。そして，既述のように，「6社協定」においては，三菱石油のガソリン販売数量割当は，150万ユニットと決定された。三菱石油のシェアの急伸の阻止をめざしたソコニーとロイヤル・ダッチ・シェルとの協調的行動は，結局，失敗に終わったのである。

　ここまで述べてきたことから明らかなように，ロイヤル・ダッチ・シェルとソコニーの国際カルテルは，日本市場において，効力を十分に発揮しなかった。では，このような事態が生じたのはなぜだろうか。以下では，その原因について考察を加えることにしよう。

　第一の，そして最大の原因は，日本の場合には，他のアジア諸国とは異なり，有力な国内石油会社がいくつか存在し，ロイヤル・ダッチ・シェルとソコニーの市場支配力に限界があったことである。例えば，先にふれた，ソコニーとの現状維持協定が成立した旨を伝えるロイヤル・ダッチ・シェルの1932年6月13日の電報を受け取ったライジングサンは，2日後の6月15日に，日本では，国内石油会社の動きが活発であるために，ソコニーとの協定は直接的な効果をあげないだろうという趣旨の返答を行った[51]。1932年の春から夏にかけての激しいガソリン値下げ競争と，1931年12月以来の円為替の下落によるガソリン輸入コストの上昇という二重の打撃に直面したライジングサンとソコニー日本支店は，ガソリン市価の回復をめざして全力を注いだが，この課題を達成するためには国内石油会社とのあいだにカルテル協定を成立させること

が，是非とも必要であった[52]。ライジングサンが，シェアの低下を承知のうえで，あえて「6社協定」に参加した基本的な理由は，この点に求めることができる。

　1932年の時点で，日本石油や小倉石油，三菱石油が，ライジングサンやソコニー日本支店（ないしソコニー・ヴァキューム日本支社）に対してある程度の競争力をもつことができたのは，①3社とも，早い時期から，原油を輸入し日本で精製する消費地精製方式をとり入れたこと，②日本政府が，1926年3月や1932年6月の関税改正を通じて，消費地精製方式を保護したこと（原油の輸入関税に比べて石油製品の輸入関税を重課とした[53]），などによるものであった[54]。日本で消費地精製方式が台頭したのは1920年代半ばのことであった[55]が，そのころ，同方式が一定程度の進展を示していたのは，世界全体の中でもフランスぐらいなものであった[56]。当時の主流である生産地精製方式を採用していたロイヤル・ダッチ・シェルとソコニーは，国際的に見て異例な消費地精製方式が日本で発展し始めたことに対して，十分な対応をとることができなかった。ライジングサンとソコニー日本支店は，1932年6月の時点で，消費地精製方式に対抗するため，日本向けの原油輸出を規制することを提案した[57]が，対日原油輸出の主要な担い手であるアメリカのカリフォルニア系石油会社が反対したことなどによって，結局，この提案は実現するにいたらなかった[58]。

　ロイヤル・ダッチ・シェルとソコニーの国際カルテルが日本市場で効力を十分に発揮できなかった第2の原因としては，ロンドンやニューヨークの本社と，横浜の現地機関（日本法人であったライジングサンや，ソコニー日本支店ないしソコニー・ヴァキューム日本支社）とのあいだの意志疎通が，必ずしも順調ではなかったことをあげることができる。この点を端的に示したのは，1932年の春から夏にかけて，日本におけるガソリンの販売価格をめぐり，本社と現地機関の意見が対立したことである。ロンドンやニューヨークの本社筋は，円為替下落による収支悪化を回避するため，ガソリン価格の引上げを即刻実施するよう，再三にわたって慫慂した[59]。しかし，この本社の主張は激しい値下げ競争が展開されていた日本のガソリン市場の実情を無視したものであり，ライジ

第3章　外国石油会社と国内石油会社との関係　79

表 3-7　日本における事業者別灯油販売量

事業者名	1931 年 1-12 月		1932 年 1-7 月	
	販売量（千ユニット）	シェア（％）	販売量（千ユニット）	シェア（％）
ライジングサン	620	17.9	319	17.7
ソコニー	1,010	29.1	327	18.1
日本石油	991	28.6	528	29.2
小倉石油	543	15.6	424	23.4
三　菱	35	1.0	89	4.9
その他	272	7.8	122	6.7
合　計	3,471	100	1,808	100

出所）表 3-3 と同じ。
注）表 3-1 の注 2-4 参照。

ングサンやソコニー日本支店は，内油各社の競争圧力の存在を理由に，価格引上げを拒否した[60]。

　ロンドンのシェル本社が所蔵する日本関連資料を見る限りでは，1932 年当時，ロイヤル・ダッチ・シェルはライジングサンに十分なスタッフを派遣しておらず[61]，日本市場に関する重要な意思決定はロンドンの本社で行っていた[62]。このようなシステムのもとでは，国際的にも異例な消費地精製方式が台頭した日本の石油業界において，適切で機敏な対応行動をとることは，そもそも不可能であった。

　第 3 の原因は，ロイヤル・ダッチ・シェルとソコニーという本社レベルでは基本的に協調が保たれながらも，肝心の日本市場においては，競争当事者であるライジングサンとソコニー日本支店（ないしソコニー・ヴァキューム日本支社）とのあいだで，しばしば軋轢が生じたことである。すでに表 3-3 を使って述べたように，1932 年にはいると，日本におけるガソリン販売の面で，ソコニーのシェアは大きく後退した。そして，表 3-7 から明らかなように，このような傾向は，灯油販売面ではいっそう顕著であった。焦燥感を強めたソコニー日本支店（ないしソコニー・ヴァキューム日本支社）は，不当な価格引下げを行っているという非難の矛先を，内油各社だけでなくライジングサンにも向けた[63]。これに対してライジングサンは，強い調子で反論を加えた[64]。

シェル・ロンドン本社所蔵の日本関連資料には明記されていないが，1932年前半に失ったガソリン販売シェアの相当程度の回復を意味する「6社協定」を，ソコニー日本支店（ないしソコニー・ヴァキューム日本支社）が実質的には支持した可能性が，十分にある。もしそうだったとすれば，カルテル協定の締結交渉の過程でライジングサンは，四面楚歌の状況に陥ったことであろう。ライジングサンが，「6社協定」においてシェアの低下を受け入れざるをえなかったいまひとつの理由は，この点にあったように思われる。

3.「6社協定」の成立以後

　本節では，「6社協定」が正式に調印された1932年10月25日から，商工省鉱山局が石油産業に対する国家統制策として2つの原案（「石油国家管理案」と「許可主義統制案」[65]）を発表した1933年5月4日までの時期を取り扱う。商工省鉱山局による2案発表は1934年3月の石油業法制定をもたらす直接の契機となったが，そのプロセスで日本政府と外国石油会社とのあいだでどのようなやりとりが重ねられたかについては，本書の第4章で詳述する。

　外国石油会社と国内石油会社との関係の解明という本章の検討課題に照らせば，1932年10月-1933年5月の時期については，2つの事実に注目すべきである。それは，①国際カルテルを結成したロイヤル・ダッチ・シェルとソコニーの日本市場に対する影響力が引き続き限定されていたことと，②この時期に日本政府が商工省鉱山局を中心にして石油産業に対する介入を強めたことである。

　まず，①について見れば，円為替下落や関税改正の影響もあって，表3-8からわかるように，ソコニー・ヴァキュームやライジングサンは，1932年11月の時点の価格競争力の点で，国内石油会社（日本石油）より劣位にあった。この傾向はとくにソコニー・ヴァキュームの場合に著しく，ソコニー日本支店やその後身のソコニー・ヴァキューム日本支社が1932年に深刻な営業不振に陥った[66]基本的な要因は，ここに求めることができる。価格競争力で比較劣位にあるソコニー・ヴァキュームとライジングサンは，日本でのガソリンの販

表 3-8　1932 年 11 月時点の会社別ガソリン販売原価

(単位：円/ユニット)

会社名	製油所渡しないし油槽所渡し原価	営業費	販売手数料	合　計
日本石油	3.58	0.65	0.5	4.73
ライジングサン	3.85	0.815	0.5	5.165
ソコニー・ヴァキューム	3.83	1.16	0.5	5.49

出所）Telegram, Yokohama to London, November 11, 1932 (SC 7/A13/2, 2 of 16).
注）為替変動の影響は、「製油所渡しないし油槽所渡し原価」だけでなく、「営業費」にも及ぶ。

売数量と販売価格をめぐる交渉において，主導権を握ることができなかった[67]。また，ソ連製石油製品の輸入によって内油各社以上の安値攻勢をめざす，松方日ソ石油の新規参入の動きが着々と進展したことも，外油2社にとって，大きな脅威であった[68]。

　このような事情をふまえれば，価格競争力の点で内油より劣位にあった外油2社は，「6社協定」によってガソリン販売シェアの低下に歯止めをかけえたと言えるかもしれない。事態の推移を事後的に見るならば，このような解釈もある程度可能であろう。ただし，ここで重要なポイントは，シェル・ロンドン本社所蔵の日本関連資料による限り，「6社協定」の成立過程で外油2社は，少なくとも1931年の販売シェアを確保することをめざしたのであり，シェア低下を前提としてそれに歯止めをかけることをねらったわけではなかった点である。価格競争力に劣る外油2社が，このような強気の姿勢をとったのは，(1)競争力劣位の原因となった為替変動や関税改正の影響を短期に緩和しうるという誤った判断を下したこと，(2)日本における消費地精製方式の進展を過小評価したこと，などによるものであろう。既述のように，「6社協定」の締結にあたって外油2社は，1931年のガソリン販売シェアの確保という最低限の獲得目標を達成することはできなかった。外油2社（とくにライジングサン）にとって「6社協定」の内容が不満足なものであったこと，別言すれば，外油2社がガソリンカルテルの締結に際して主導権を握れなかったことは，確実である。

　ソコニー・ヴァキューム日本支社とライジングサンが主導権を握れない状況

は，ガソリンだけでなく，灯油についても生じた。日本では，ガソリンに関する「6社協定」の成立を受けて，1932年11月に，灯油に関してもカルテル協定を締結しようという機運が，内外油各社のあいだで高まった[69]。しかし，国内石油会社と外国石油会社は現状のシェアを維持するという原則では一致したものの，現状の基準を1931年に求める外国石油会社と1932年に求める国内石油会社との意見が対立した[70]ため（意見対立の背景となった1931年から1932年にかけての灯油販売シェアの変化については，表3-7参照），交渉は難航した[71]。結局，この灯油に関するカルテル協定は成立しなかったものと思われる[72]が，いずれにせよ，国際カルテルを結んでいたロイヤル・ダッチ・シェルとソコニーが，日本市場においては，ガソリンに続いて灯油についても，1931年の販売シェアを維持するという基本方針[73]を堅持できなかったことは，間違いない[74]。

　次に，②について見れば，石油産業に対する日本政府の介入が強まる契機となったのは，「6社協定」を受けてガソリン価格が反騰した[75]ことに対して需要者が反発して生じた「第3次ガソリン争議」の際に，警視庁が調停にあたったことである。この「警視庁の調停に際して『将来価格ノ変更ニ際シテハ官庁竝ニ消費者ニ対シ予告ヲ為スコト』が合意決定された結果，揮発油[76]販売価格の変更には，事前に予め当局の了解を得ることが慣行となった[77]」（当時の石油行政の担当部局は，商工省鉱山局であった）。さらに1932年11月4日には商工省が，ガソリン製造業および同販売業を，重要産業統制法の適用対象とすることを決定した[78]。

　政府が石油産業への介入を強化したことは，当然のことながら，国際石油カルテルの日本市場への影響力をいっそう制限する意味合いをもった。ただし，一面で，ライジングサンとソコニー・ヴァキューム日本支社は，日本政府が松方日ソ石油の新規参入を抑制することも期待した[79]。しかし，日本政府は，1932年12月の時点で，松方日ソ石油に対して特別な措置を講じなかった[80]。

小　括

　以上の検討から明らかなように，ロイヤル・ダッチ・シェルとソコニーとのあいだに締結された国際カルテル協定は，1932年に成立した日本市場でのガソリン販売に関する「6社協定」をめぐって，効力を十分に発揮しなかった。したがって，「6社協定」に関連して，国際カルテルの国内カルテルに対する優位性を強調する従来の通説（井口東輔の所説）は，事実に即して修正されなければならない。

　本章で取り上げた1932年の「6社協定」のケースにおいては，外国石油会社の関与に対して，国内石油会社の対応が相当に強力であった。それを可能にした基本的な要因は，内油各社が第2次世界大戦後に世界的に普及する消費地精製方式を早期に採用した事実に求めることができる。この事実は，日本が，経済発展面で後進地域のアジアの中では相対的に先進性を示すという，いわば「中進国」であったことを如実に物語っている[81]。ロイヤル・ダッチ・シェルやソコニーが日本市場で必ずしも的確に行動しえなかった[82]のは，対後進国戦略としてのアジア戦略しかもちあわせておらず，「中進国」である日本に適合する精緻な海外戦略を有していなかったからだと言えよう[83]。

　一方で，看過すべきでない点は，国内石油会社が外国石油会社と対抗するために消費地精製方式を採用したことは，垂直統合戦略の放棄を意味し，日本石油産業における上流部門と下流部門の分断の出発点となったことである。第2次大戦以前の日本において日本石油がめざしたナショナル・フラッグ・オイル・カンパニーの創設は，外国石油会社の高い市場シェアの確保によってだけでなく，消費地精製方式採用による垂直統合戦略の放棄によっても，実現への途を絶たれたのである。

[注]

　1）正式名称は，スタンダード・ヴァキューム・オイル・カンパニー（Standard-Vacuum Oil Company）。

2）正式名称は，ライジングサン・ペトロリアム・カンパニー（Rising Sun Petroleum Company）。
3）正式名称は，ソコニー・ヴァキューム・コーポレーション（Socony-Vacuum Corporation）。1931年7月に，ともにアメリカの石油会社であるソコニー（正式名称は，スタンダード・オイル・カンパニー・オブ・ニューヨーク。Standard Oil Company of New York）とヴァキューム（正式名称は，ヴァキューム・オイル・カンパニー。Vacuum Oil Company）が合併して，誕生した。
4）アメリカ本国での1931年のソコニーとヴァキュームの合併によるソコニー・ヴァキュームの成立を受けて，日本でも，1932年8月にソコニー・ヴァキューム日本支社（従来のソコニー日本支店とヴァキューム日本支店が，合体したもの）が発足した。従って，本章で検討対象とするのは，厳密には，ソコニー日本支店およびソコニー・ヴァキューム日本支社ということになる。
5）同じく本章での検討対象となる三菱石油は，三菱とアメリカのアソシエーテッド（正式名称は，アソシエーテッド・オイル・カンパニー。Associated Oil Company）との折半出資により設立された合弁企業であるから，日本サイドと外国サイドとの中間に位置づけることができよう。
6）井口東輔『現代日本産業発達史Ⅱ 石油』交詢社，1963年。
7）ソコニー・ヴァキュームをさす。
8）この覚書については，井口前掲書，229-232頁参照。
9）この協定については，同前，234-238頁参照。
10）この会議については，同前，234頁参照。
11）同前，246頁。
12）厳密に言うと，ソコニー・ヴァキュームのシェアは微増したが，ライジングサンのシェアが大幅に減少した。内油の日本石油や小倉石油のシェアも微減したが，その減少幅は，ライジングサンのそれに比べれば，はるかに小さかった（以上の点については，表3-1の「シェアB」と表3-2参照）。
13）正式名称は，シェル・インターナショナル・ペトロリアム・カンパニー（Shell International Petroleum Company）。
14）管見の限りでは，シェルのロンドン本社には，32フォルダー分の日本関連資料が現存する。以下，本章の注では，各資料を含むフォルダーのナンバーを併記するが，そのフォルダーが初出の場合には，タイトルも付記する（ただし，表の出所欄には，フォルダー・ナンバーのみを併記した）。
　これらの資料の最大のメリットは，企業内部の一次資料だという点にある。このため，イギリス・オランダ系のロイヤル・ダッチ・シェル・グループに所属するアジアチック（正式名称は，アジアチック・ペトロリアム・カンパニー。Asiatic Petroleum Company）の日本子会社であったライジングサンの日本での事業活動について，広範囲

にわたり重要な情報を提供してくれる。筆者は,「1934年の日本の石油業法とスタンダード・ヴァキューム・オイル・カンパニー(1)～(9)」(青山学院大学『青山経営論集』第23巻第4号, 第24巻第2号, 同第3号, 同第4号, 第27巻第3号, 同第4号, 第29巻第2号, 同第3号, 同第4号, 1989-90年, 1992-95年) などで, ライジングサンと同様に日本へ進出した外国石油会社であるスタンヴァック(ソコニー・ヴァキュームの後身)とその前身各社の日本での事業活動を検討したことがあるが, 主として依拠した資料がアメリカ・ワシントンD. C.のナショナル・アーカイブズ (National Archives)所蔵のアメリカ国務省文書であったため, 日米間で政治問題化しなかった純然たる経営上の問題については, ほとんど情報を得ることができないという困難に直面した。例えば, 本章で取り上げる1932年の日本での石油カルテルに関しては, アメリカ国務省文書は, 有益な情報を何も与えてくれない。これに対して, シェル・ロンドン本社所蔵の日本関連資料は, 企業内の一次資料であるためより広範囲の情報を包含しており, その中には, 1932年の「6社協定」に関するものも含まれている。本章執筆の直接的な動機は, この点に求めることができる。

　ただし, シェル・ロンドン本社所蔵の日本関連資料には, ①情報量が豊富な時期が1930年代に限定される, ②利用に際してコピーをとることが許されず, 筆写にたよるしかないため, 調査がなかなか進展しない, などの問題もある。本章が検討対象を1932年の「6社協定」にしぼるのは, 主として②の要因によるものである。

　なお, シェル・ロンドン本社所蔵の日本関連資料について詳しくは, 橘川武郎「外国企業・外資系企業の日本進出に関する研究——国際カルテルと日本の国内カルテル・1932年の石油カルテルをめぐって」(青山学院大学総合研究所経営研究センター研究叢書第1号『国際環境の変動と企業の対応行動』1992年) 103-105頁, および橘川武郎「シェルのロンドン本社所蔵の日本関連資料について」(青山学院大学『青山経営論集』第28巻第1号, 1993年) 参照。

15) この文書は, SC 7/A13/1, Godber Papers-Agnew Papers-, Japan-Manchuria : General, 1 of 5, March 1932-May 1934, のフォルダーの中に含まれている。厳密に言えば, ここで紹介する文書通りにカルテル協定が締結されたという確証はない。また, この協定がどれくらいの期間にわたり有効であったかも, 不明である。しかし, 1932-34年の日本市場に関連する最重要書類を集めた上記のフォルダーの冒頭に挿入されていることから見て, ここで紹介する文書が, 1932年の時点でも, 日本をめぐる国際石油カルテルの基本的枠組を規定するものとして, 意味をもち続けていたことは間違いなかろう。

　なお, 原資料の大半はタイプで打たれているが, 最後のSeptember 1929の部分だけは鉛筆書きで記されている。

16) 例えば, 井口前掲書, 232頁参照。

17) ソコニーは, 1931年のソコニー・ヴァキュームの成立以降も, 1934年6月までアメリカ国内で操業会社として事業を継続した。

18）正式名称は，テキサス・コーポレーション（Texas Corporation）。
19）正式名称は，ガルフ・リファイニング・カンパニー（Gulf Refining Company）。
20）正式名称は，シンクレア・リファイニング・カンパニー（Sinclair Refining Company）。
21）正式名称は，アトランティック・リファイニング・カンパニー（Atlantic Refining Company）。
22）Telegram, to Cairo, Capetown, Yokohama, Sourabaya, Colombo, Melbourne, Nairobi, and Saigon, June 13, 1932（SC 7/A13/2, Godber Papers-Agnew Papers-, Japan-Manchuria : General Cables, 1 of 16, May-Aug. 1932）.
23）1932年当時，テキサコ，ガルフ，シンクレア，およびアトランティックは，いずれも日本市場に進出していなかった。
24）井口前掲書，246頁参照。
25）Letter, The Rising Sun Petroleum Co. to The Asiatic Petroleum Co., September 13, 1932（SC 7/A13/1, 1 of 5）.
26）Telegram, Yokohama to London, August 3, 1932（SC 7/A13/2, 1 of 16）.
27）Telegram, Yokohama to London, July 1, 1932（SC 7/A13/2, 1 of 16）.
28）Telegram, London to New York, July 1, 1932（SC 7/A13/2, 1 of 16）.
29）同前参照。
30）Telegram, New York to London, July 6, 1932（SC 7/A13/2, 1 of 16）.
31）Telegram, Yokohama to London, July 23, 1932（SC 7/A13/2, 1 of 16）.
32）Telegram, Yokohama to London, August 3, 1932（SC 7/A13/2, 1 of 16）.
33）日本におけるガソリンの市価は，石油会社間の激しい競争により，1932年3月の1ガロン当たり45銭の水準から，同年7-8月には1ガロン当たり32銭の水準まで低落した。この点については，前掲拙稿「1934年の日本の石油業法とスタンダード・ヴァキューム・オイル・カンパニー(2)」74-75頁参照。
34）同前，79頁参照。この点では，金本位制を停止した時期が異なった（イギリスは1931年9月，アメリカは1933年4月）ことが，大きな意味をもった。
35）Telegram, Yokohama to London, November 11, 1932（SC 7/A13/2, 2 of 16, Sept. 1932-June 1933）から明らかなように，ライジングサンによるガソリン輸入は，英貨によって決済されていた。
36）Op. cit., Telegram, Yokohama to London, August 3, 1932.
37）資料上の制約があるため，表3-2と表3-6との相違がなぜ生じたかを解明することは，いまのところ不可能である。ひとつの仮説としては，「6社協定」の内容がいったん表3-6のように内定したのち，最終的には表3-2のように修正されたという状況を，想定することができる。
38）このような修正が行われたとするならば，表3-6と比べて，ソコニー・ヴァキュームと日本石油の割当シェアは上昇し，ライジングサン，小倉石油，三菱石油の割当シェア

は低下したことになる（表 3-2 参照）。

39) Telegram, Yokohama to London, August 23, 1932 (SC 7/A13/2, 1 of 16), Telegram, London to Yokohama, August 23, 1932 (SC 7/A13/2, 1 of 16), and Letter, Andrew Agnew (Director of The Asiatic Petroleum Co.) to Richard Airey (New York), October 21, 1932 (SC 7/A13/1, 1 of 16).
40) ライジングサンのガソリン販売シェアは，表 3-1 の「シェア B」の 35.9％から，表 3-2 の 31.7％へ低下した。また，表 3-3 の「シェア A」の 33.0％（1931 年）ないし 33.8％（1932 年 1-7 月）から，表 3-6 の 32.2％へ減退した。
41) Telegram, New York to London, July 8, 1932 (SC 7/A13/2, 1 of 16), Letter, Agnew to Airey, July 11, 1932 (SC 7/A13/1, 1 of 5), and op. cit., Telegram, London to Yokohama, August 23, 1932.
42) ライジングサンとソコニー（ないしソコニー・ヴァキューム）のガソリン販売シェアの合計値は，表 3-1 の「シェア B」の 59.5％から，表 3-2 の 55.5％へ低下した。また，表 3-3 の「シェア A」の 54.6％（1931 年）から表 3-6 の 53.4％へ減退した。
43) 正式名称は，アソシエーテッド・オイル・カンパニー（Associated Oil Company）。
44) 従って，三菱石油については，ひとまず，国内石油会社と外国石油会社との中間に位置づけることができる。ただし，現実には，①アソシエーテッドの出資比率が，当時，日本政府が一応のガイドラインと考えていた 50％にとどまったこと，②日本政府が推奨していた原油輸入精製方式（消費地精製方式）を採用したことなどから，三菱石油は，他の国内精製に携わる国内石油各社と同一の待遇を受け，1934 年の石油業法の施行後も，日本のガソリン市場において販売シェアを伸ばした。なお，1931 年の三菱石油の操業開始にともない，三菱商事は，従来行っていたガソリンの輸入販売を中止した。この点については，表 3-1 と表 3-2 参照。
45) Telegram, New York to London, June 15, 1932 (SC 7/A13/2, 1 of 16), and Letter Airey to Agnew, June 21, 1932 (SC 7/A13/1, 1 of 5).
46) Telegram, New York to London, June 20, 1932 (SC 7/A13/2, 1 of 16), Telegram, London to Yokohama, June 21, 1932 (SC 7/A13/2, 1 of 16), and op. cit., Letter Airey to Agnew, June 21, 1932.
47) Op. cit., Telegram, New York to London, June 15, 1932.
48) Telegram, London to Yokohama, June 16, 1932 (SC 7/A13/2, 1 of 16).
49) 表 3-5 からわかるように，1932 年 7 月 23 日時点の「6 社協定」の原案において，三菱石油のガソリン販売数量割当が 125 万ユニット（2,200 万ユニットの 5.68％）とされたのは，この点を反映したものであろう。
50) Telegram, Yokohama to London, June 27, 1932 (SC 7/A13/2, 1 of 16), and Letter, Airey to Agnew, June 29, 1932 (SC 7/A13/1, 1 of 16).
51) Telegram, Yokohama to London, June 15, 1932 (SC 7/A13/2, 1of 16).

52）Letter, Agnew to Airey, June 1, 1932（SC 7/A13/1, 1of 5），and Telegram, London to New York, July 7, 1932（SC 7/A13/2, 1of 16）．
53）前掲拙稿「1934 年の日本の石油業法とスタンダード・ヴァキューム・オイル・カンパニー⑴」38 頁参照。
54）ここでは，もちろん，原油のみを輸入する日本石油，小倉石油，三菱石油に比べて，石油製品そのものを輸入するライジングサンやソコニー（ないしソコニー・ヴァキューム）の方が，円為替下落によってより大きな打撃を受けたという事情も，作用していた。
55）前掲拙稿「1934 年の日本の石油業法とスタンダード・ヴァキューム・オイル・カンパニー⑴」40-41 頁参照。
56）井口前掲書，254-257 頁参照。
57）Op. cit., Telegram, Yokohama to London, June 15, 1932. 前掲拙稿「1934 年の日本の石油業法とスタンダード・ヴァキューム・オイル・カンパニー⑵」95 頁では，アメリカ国務省文書にもとづき，スタンヴァック（ソコニー・ヴァキュームの後身）日本支社の関係者が最初に対日原油輸出規制を提案したのは 1933 年 10 月であると記したが，この点は，今回発見した上記資料をふまえて，1932 年 6 月に修正されなければならない。
58）この点については，本書の第 5 章で後述する。
59）Letter, Airey to Agnew, April 27, 1932（SC 7/A13/1, 1 of 5），Letter, Agnew to Airey, May 5, 1932（SC 7/A13/1, 1 of 5），op. cit., Letter, Agnew to Airey, June 1, 1932, Telegram, Yokohama to London, June 16, 1932（SC 7/A13/2, 1 of 16），Telegram, New York to London, June 28, 1932（SC 7/A13/2, 1 of 16），Letter, Airey to Agnew, June 29, 1932（SC 7/A13/1, 1 of 5），and Telegram, London to Yokohama, June 29, 1932（SC 7/A13/2, 1 of 16）．
60）Op. cit., Letter, Agnew to Airey, May 5, 1932, op. cit., Letter, Agnew to Airey, June 1, 1932, op. cit., Telegram, Yokohama to London, June 16, 1932, Telegram, London to New York, June 21, 1932（SC 7/A13/2, 1 of 16），op. cit., Telegram, Yokohama to London, July 1, 1932, and Telegram, Yokohama to London, July 2, 1932（SC 7/A13/2, 1 of 16）．
61）Letter, Agnew to H. W. Malcolm（Managing Director of The Rising Sun Petroleum Co.），May 9, 1932（SC 7/A13/1, 1 of 5）．
62）アメリカ国務省文書を見る限りでは，当時，ソコニー（ないしソコニー・ヴァキューム）も，日本市場に関する重要な意思決定をニューヨークの本社で行っていたようである。
63）Telegram, New York to London, July 6, 1932（SC 7/A13/2, 1 of 16），Letter, Agnew to Airey, July 8, 1932（SC 7/A13/1, 1 of 5），and Letter, Airey to Agnew, September 21, 1932（SC 7/A13/1, 1 of 5）．
64）Telegram, Yokohama to London, June 29, 1932（SC 7/A13/2, 1 of 16），op. cit., Telegram, London to New York, July 7, 1932, op. cit., Letter, Agnew to Airey, July 8, 1932, op. cit.,

Letter, Agnew to Airey, July 11, 1932, and Letter, Agnew to Airey, September 29, 1932（SC 7/A13/1, 1 of 5）．

65）この2案について詳しくは，北沢新次郎・宇井丑之助『石油経済論』千倉書房，1941年，492-494頁参照。

66）この点について詳しくは，前掲拙稿「1934年の日本の石油業法とスタンダード・ヴァキューム・オイル・カンパニー(2)」63-81頁参照。

67）Telegram, Yokohama to London, April 6, 1933,（SC 7/A13/2, 2 of 16），and Telegram, London to Yokohama, April 6, 1933,（SC 7/A13/2, 2 of 16）．

68）Telegram, Yokohama to London, December 3, 1932（SC 7/A13/2, 2 of 16）．

69）Telegram, Yokohama to London, November 16, 1932（SC 7/A13/2, 2 of 16）．

70）Op. cit., Telegram, Yokohama to London, November 16, 1932, and Telegram, London to Yokohama, November 17, 1932（SC 7/A13/2, 2 of 16）．

71）Op. cit., Telegram, Yokohama to London, December 3, 1932, and Letter, C. M. Howe（The Asiatic Petroleum Co.）and Agnew to The Rising Sun Petroleum Co., January 30, 1933（SC 7/A13/1, 1 of 5）．

72）管見の限りでは，シェル・ロンドン本社所蔵の日本関連資料の中には，この時期に灯油に関するカルテル協定が成立したことを伝えるデータは見当たらない。

73）Op. cit., Telegram to Cairo, Capetown, Yokohama, Sourabaya, Colombo, Melbourne, Nailobi, and Saigon, June 13, 1932.

74）Telegram, London to Yokohama, February 1, 1933（SC 7/A3/2, 2 of 16）．

75）日本におけるガソリンの市価は，「6社協定」の内定後，従来の1ガロン当たり32銭の水準から，1932年9月には42銭，同年12月には49銭の水準まで上昇した。この点については，前掲拙稿「1934年の日本の石油業法とスタンダード・ヴァキューム・オイル・カンパニー(2)」74-75頁参照。

76）ガソリンのことである。

77）武田晴人「資料研究――燃料局石油行政前史」（産業政策史研究所『産業政策史研究資料』1979年）215頁。

78）Telegram, Yokohama to London, November 8, 1932（SC 7/A13/2, 2 of 16）．

79）Op. cit., Telegram, Yokohama to London, December 3, 1932.

80）Op. cit., Telegram, Yokohama to London, December 3, 1932.

81）石油の消費地精製方式の採用の点で，日本は，先進工業国のフランスよりも立ち遅れた。一方，経済発展の後進地域では，消費地精製方式の展開自体が不可能であった。この時期に消費地精製方式が台頭したことをとらえて，日本の「中進性」の証左だと言うのは，以上のような点をふまえたものである。

82）例えば，アジアチックは，1933年1月になっても，日本における消費地精製方式に対して，否定的な評価を下していた。この点については，Op. cit., Letter, C. M. Howe and

Agnew to The Rising Sun Petroleum Co., January 30, 1933, 参照。
83) この点については，本書の第2章も参照。

第4章　日本政府と外国石油会社との関係

　イギリス・オランダ系のライジングサン（ライジングサン・ペトロリアム。今日の昭和シェル石油の前身）およびアメリカ系のスタンヴァック（スタンダード・ヴァキューム・オイル。今日のエクソンモービル有限会社の前身）という石油会社2社は，早い時期に日本へ直接進出し長期にわたって事業活動を展開した代表的な外国企業である。例えば，太平洋戦争前夜の1941年時点での資産額について見ると，当時日本に存在した外資比率50％以上の外資系企業全体のなかで，第1位を占めたのはライジングサンであり，第2位に続いたのはスタンヴァックであった[1]。

　代表的な外国会社として活動したライジングサンとスタンヴァックの2社の事業活動にとって，日本政府の石油政策は，しばしば大きな影響を及ぼした。その影響が本格化したのは，1934年の石油業法（1962年の「第2次石油業法」との対比で，「第1次石油業法」と呼ばれることもある）の制定過程においてであった。本章では，ライジングサンの親会社であるロイヤル・ダッチ・シェルを取り上げ，1934年の石油業法の制定過程に注目して，ロイヤル・ダッチ・シェルと日本政府との関係について，掘り下げる。

　このような課題に取り組むにあたっては，「なぜロイヤル・ダッチ・シェルを取り上げるのか」，「なぜ1934年の石油業法に目を向けるのか」という，2つの問いに答えることから始めなければならない。

　まず，「なぜロイヤル・ダッチ・シェルを取り上げるのか」について。本章がロイヤル・ダッチ・シェルに注目するのは，戦前の日本で最大の外資系企業であったライジングサンがロイヤル・ダッチ・シェル・グループに所属していたからである。ここで，やや複雑なライジングサンの沿革をふり返っておこ

う。

　ライジングサンは，輸入業者であるサミュエル商会の石油部門が独立したものであり，1900年に日本法人として設立された。設立後まもなく，1903年に誕生したアジアチック（アジアチック・ペトロリアム）の傘下にはいり，イギリス・オランダ系のロイヤル・ダッチ・シェル・グループに所属することになった。日本で石油業法が制定された年の前年にあたる1933年の時点で，ライジングサンは，当時の日本において灯油に代わり主要な石油製品となっていたガソリンの販売に関して，業界トップの32％のシェアを占めた（一方，スタンヴァック[2]は，同じ年に，日本のガソリン市場で業界第3位の地位にあり，その販売シェアは21％であった[3]）。

　ライジングサンとスタンヴァック日本支社は，太平洋戦争の開戦にともない，1941年12月に事業活動の停止を余儀なくされたが，終戦から4年弱を経た1949年4月に活動を再開した。日本での活動再開にあたりいずれも元売会社[4]に指定されたシェル石油（ライジングサンが1948年10月に改称したもの）とスタンヴァックは，24％という同率の石油製品元売割当を受けた[5]。

　これと前後して，スタンヴァックは1949年2月に東亜燃料工業と，シェル石油は1951年6月に昭和石油と，それぞれ資本提携契約を締結した[6]。その後，シェル石油は，1985年1月に昭和石油と合併し，新たに昭和シェル石油が発足した。

　次に，「なぜ1934年の石油業法に目を向けるのか」について。1934年に制定された石油業法[7]は，日本政府が導入した，本格的なものとしては最初の排外的な産業政策である。同法は，消費地精製（原油輸入精製）方式をとる内油（国内石油会社）に有利で，生産地精製（石油製品輸入）方式をとる外油（外国石油会社）に不利な，石油製品販売数量割当を制度化した。また，内外油の双方に，経営上重大な負担となる相当規模の貯油義務を課すものでもあった[8]。したがって，1934年の日本の石油業法は，ロイヤル・ダッチ・シェル・グループに所属するライジングサンが現実に遭遇した，自由な通商活動を制約する困難な条件だったとみなすことができる。本書が同法の制定過程に光をあてるのは，このためである。

以下では，1934年の日本の石油業法の制定過程におけるロイヤル・ダッチ・シェルの対応を，主として，シェル・ロンドン本社所蔵の日本関連資料にもとづき，検討してゆく。

1. 商工省の2案発表以前

1934年の石油業法制定につながる動きの直接のきっかけとなったのは，1933年5月4日に商工省鉱山局が，石油産業に対する国家統制策として，「石油国家管理案」と「許可主義統制案」の2案を発表したことであった[9]。ただし，日本政府の石油産業への介入それ自体は，1932年秋の「第3次ガソリン争議」の際に警視庁が調停にあたったころから強まっており[10]，同年11月4日には商工省が，ガソリン製造業および同販売業を，重要産業統制法の適用対象とすることを決定した[11]。

商工省の2案発表以前の時期には，ロイヤル・ダッチ・シェルおよびライジングサンは，日本政府の石油産業への介入に対して，それほど激しい反応を示さなかった。彼らが，一般論として政府介入に危惧の念を示し[12]，重要産業統制法の適用等に関して1932年11月29日に商工大臣に対して質問状を提出した[13]のは事実であるが，全体としては，事態を静観する姿勢を崩さなかった。

ロイヤル・ダッチ・シェルとライジングサンが日本政府の石油産業への介入を当面静観した背景には，日本政府が松方日ソ石油の新規参入を抑制することを期待したという事情が存在した。ソ連製ガソリンの日本市場での廉価販売をめざす松方日ソ石油の動きに対して，ロイヤル・ダッチ・シェルとライジングサンは，早い時期から警戒の色を強めていた[14]。そして彼らは，日本政府に，松方日ソ石油の新規参入を抑え込むことを要請したのである[15]。

2. 商工省の2案発表以降

既述のように，1933年5月4日，商工省鉱山局は，石油産業に対する国家統制策の原案として，「石油国家管理案」と「許可主義統制案」という2つの

案を発表した。「石油国家管理案」の趣旨は，「石油の生産（採油及製油），貿易，販売に関する権利は之を国家の独占とす」，「右の権利一切を委託する為め半官半民の合同石油会社を設立す」，「政府は外国石油会社の本邦にある資産（五大会社1億6000万円中ライ社，ス社の外国2社4000万円）を強制買収した合同会社を設立す」などの諸点にあり，「許可主義統制案」の趣旨は，「石油輸入については許可制を採用し，一定資格を有するものに限り許可す」，「製油所の建設拡張は国家の許可を要す」，「原油の輸入については無税又は低廉税を課し，製品の輸入に対しては高率関税を課す」，「許可会社には一定量の原油貯蔵の義務を負はしめ，原油供給難に準備せしむ」などの諸点にあった[16]。結果的に見て，1933年5月の商工省鉱山局の2案発表は，1934年の石油業法制定の直接的な契機となった。

ロイヤル・ダッチ・シェルとライジングサンは，この商工省鉱山局の2案発表に対して，敏感に反応した。ライジングサンは，親会社であるロンドンのアジアチックへ向けて，2案が発表された翌日の5月5日に，第一報を打電した[17]。そして，11日後の5月16日には，日本政府の石油統制の強化によって外国石油会社が不利な扱いを受けることがないよう，内・外油の代表が出席する直接交渉を日本以外の場所で行うことを提案した[18]。ロンドンの本社筋は，ライジングサンのこの提案を支持し[19]，ソコニー・ヴァキューム日本支社（スタンヴァック日本支社の前身）も，これに同調する姿勢を示した[20]。このような経緯をふまえて，外油関係者のあいだでは，日本における石油統制問題を解決するために，1933年6月に開催されるロンドン世界経済会議を活用するという方針が固まった[21]。

一方，ライジングサンからの情報で商工省鉱山局の2案発表を知ったアジアチック等のロイヤル・ダッチ・シェルのロンドン本社筋は，石油統制問題で日本政府に圧力をかけるため，イギリス，アメリカ，オランダの各国政府を動かすことを考えた[22]。そして，ニューヨークやハーグ，さらには地元ロンドンのイギリス政府などと，さかんに連絡をとった[23]。

しかし，結果的には，1933年6月のロンドン世界経済会議で，日本の石油統制問題は取り上げられなかった。また，イギリス，アメリカ，オランダの各

国政府が日本政府に圧力をかけることも，この時点では不発に終わった。

　商工省鉱山局の2案発表直後には敏感な反応を示したロイヤル・ダッチ・シェルやライジングサンが，まもなく2案への関心を後退させたのは，それなりの理由があった。

　ひとつの理由は，彼らが，石油産業に対する日本政府の全面的介入は実現困難と考えていたことである。1933年5月22日のロンドン向け電報[24]のなかで，ライジングサンは，ソコニー・ヴァキューム日本支社の見解とは異なるが，日本政府は，2案のうち，「石油国家管理案」に重点をおいているとの見通しを示した。そして，そのうえで，「石油国家管理案」に対しては，小倉石油，三井物産，独立系石油会社など，日本国内にも有力な反対勢力が存在すると報告した。一方，ロイヤル・ダッチ・シェルのロンドン本社筋は，1933年5月下旬の時点で，石油製品の輸入を継続するため，日本政府は外油2社（ライジングサンとソコニー・ヴァキューム）に対して無理な強硬策をとることはないだろうと判断していた[25]。さらに，ライジングサンは，日本政府が2案の実行を断念したという情報を，7月28日にロンドンへ伝えた[26]。

　いまひとつの理由は，ロイヤル・ダッチ・シェルとライジングサンが日本市場（とくにガソリン市場）においてすぐに対応しなければならない，喫緊の重要問題が生じたことである。「6社協定」の改定と，松方日ソ石油の新規参入の準備の進展とが，それである。

　ライジングサン，ソコニー・ヴァキューム，日本石油，小倉石油，三菱石油，三井物産の6社が1932年10月25日に調印した，日本市場におけるガソリン販売についてのカルテル協定である「6社協定[27]」の有効期間は，1933年6月末までであった。この協定の改定に当たって，ロイヤル・ダッチ・シェルとライジングサンは，当初，ソコニー・ヴァキュームとともに，従来の販売シェア割当の維持を主張した[28]。しかし，小倉石油と三菱石油がシェアの増大を強く主張したため，交渉は難航した。外国石油側は，「6社協定」の有効期間の1年延長に主張を修正したが，状況は打開されなかった[29]。

　交渉の難航を受けて商工省が調停に乗り出し，1933年6月から8月にかけて，外油2社の代表と商工次官との会談が数回にわたって行われた[30]。商工省

表 4-1 1933年8月にライジングサンが試算した,商工省の裁定案にもとづく改定後の「6社協定」の販売シェア

会社名	販売シェア(%)
ライジングサン	31.90
ソコニー・ヴァキューム	20.95
日本石油	23.60
小倉石油	12.79
三菱石油	7.35
その他	3.41
合　計	100

出所) Telegram, Yokohama to London, August 1st, 1933 (SC7/A13/2, 3 of 16).
注1) 1933年8月-1934年7月分の数値である。
　2)「ソコニー・ヴァキューム」には,三井物産の分も含む。
　3) 日本内地のみで,朝鮮,台湾を含まず。

が示した最終的な裁定案は,改定後の新たな「6社協定」では,需要増加分の販売数量割当に関して,「その5割を加盟社に均分割当てる事[31],残額5割を各社の販売比率に按分割当てる事[32]」とする,というものであった[33]。この方式は,前年の旧協定で53.4%の販売シェアを得ていた外油2社(前掲の表3-6参照)にとって,やや不利なものであった。表4-1は,商工省の裁定案にもとづいてライジングサンが改定後の「6社協定」におけるガソリンの販売シェア割当を試算したものであるが,この表と表3-6とを比べればわかるように,ライジングサン,ソコニー・ヴァキューム[34],日本石油の3社のシェアは減退し,小倉石油,三菱石油両社のシェアは増大することになっていた。

　商工省が示した最終的な裁定案に対して,ロイヤル・ダッチ・シェルのロンドン本社筋は,操業開始からまもない三菱石油はともかくとして,小倉石油がシェアをふやすのは許せないと,反発を示した。そして,松方日ソ石油の参入が近々予想される状況のもとでは「6社協定」自体が意味をもたなくなる可能性もあるので,協定からの離脱を検討すべきだと考えるにいたった[35]。

　これに対して,横浜のライジングサンは,次の3つの理由をあげて,商工省の裁定案を受け入れるべきだと主張した。その理由とは,
　①裁定案の有効期間が1年に限定されていること,
　②ライジングサンが反対した場合に,今後の営業活動に致命的な影響を与える可能性をもつ反英感情が生じるおそれがあること,
　③商工省が,もし「6社協定」の改定が実現すれば,松方日ソ石油も将来的にそのメンバーに加え,統制の対象とする意向を示したこと,
の諸点である[36]。これらのうち,ライジングサンがとくに重視したのは,③の

点であった[37]。

ロイヤル・ダッチ・シェルのロンドン本社筋と横浜のライジングサンとのあいだに何度か電報のやりとりがあったあと，前者は最終的に，後者に自由裁量権を与えた[38]。これをふまえて，ライジングサンは商工省の裁定案を受け入れ[39]，1933年8月に「6社協定」は，原案どおりに改定された。新協定の有効期間は，1933年8月-1934年7月であった[40]。

1933年8月に成立した新たな「6社協定」は，ガソリン販売価格については，従来よりも1ガロン当たり4銭引き下げ，ポンプ売り1ガロン45銭，サービス・ステーション売り46銭とした[41]。この値下げは，「米国金輸出禁止ニ依ル対米為替ノ昂騰露油輸入船ノ出帆等ニ依ル市況軟化セルニ依ル[42]」ものであった。この引用文や，先述した「6社協定」の改定交渉の過程におけるロイヤル・ダッチ・シェルやライジングサンの対応からわかるように，ソ連製ガソリンの日本国内での廉価販売をめざす松方日ソ石油の動きは，1933年の夏には，いよいよ現実性を増すにいたった。ロイヤル・ダッチ・シェルにとって，日本市場におけるこの時期の最大の課題は，もはや不可避となった松方日ソ石油の新規参入に対して，いかに対応するかという点にあった[43]。

3.「石油国策実施要綱」の発表以降

1933年9月11日は，ロイヤル・ダッチ・シェルの日本での事業活動にとって，二重の意味で重要な意味をもつ日となった。

まず，この日に，松方日ソ石油によるソ連製ガソリンの日本市場での廉価販売が開始された。1933年8月の新たな「6社協定」によって「もたらされた市場の平隠は，翌9月11日に入港した松方日ソ石油取扱のソビエト揮発油によって短期日のうちに破壊され，協定六社と松方日ソ石油間の激しい競争が展開することになった[44]」。この競争によって，日本におけるガソリン価格は，短期間のうちに著しく低落し，新「6社協定」の1ガロン当たり45-46銭の水準から32-33銭の水準となった[45]。ライジングサンも，ロイヤル・ダッチ・シェルのロンドン本社筋と連絡をとりながら，ガソリン価格の引下げに追随せ

ざるをえなかった[46]。この過程でロイヤル・ダッチ・シェルは，新「6 社協定」からの離脱を一時検討したが，ライジングサンの判断により[47]，それを断念した[48]。

　1933 年 9 月 11 日に生じたいまひとつの重要なできごとは，陸軍省，海軍省，大蔵省，商工省，外務省，拓務省，資源局の各担当官からなる液体燃料協議会[49]が決定した「石油国策実施要綱」の概要が，新聞発表されたことである。この「石油国策実施要綱」は，「有事ニ際シ石油ノ供給ヲ円滑ヲ期スル為原油，重油及揮発油ニ付前年度輸入数量ノ約五割ヲ標準トシテ之ヲ製油業者及輸入業者ニ保有セシムルコト」，「本邦製油業ノ確立振興ヲ図ル為石油ノ輸入及製油業ニ付許可制度を(ママ)実施スルコト」，「関税其ノ他ニ付適当ナル方策ヲ講ズルコト[50]」などを，主要な内容としていた[51]。同「要綱」は，1933 年 5 月に作成された商工省鉱山局の 2 案のうち「許可主義統制案」をとりいれたものであり，翌年の石油業法の土台となった[52]。

　この「石油国策実施要綱」の発表に対して，ロイヤル・ダッチ・シェルとライジングサンは，商工省鉱山局の 2 案が発表された際のような敏感な反応を示さなかった[53]。それは，基本的には，松方日ソ石油の新規参入がもたらした日本ガソリン市場の目前の混乱への対応に，目を奪われていたことによるものであろう。

　ただし，ロイヤル・ダッチ・シェルとライジングサンは，1933 年 10 月中旬に，商工大臣の中島久萬吉が非公式に国内・外国石油会社の大合同を打診した[54]際には，激しくこれに反発した。彼らが大合同に反対する理由としてあげたのは，①独占的な石油会社を作り出すこと自体が公共の利益に反する，②合同に当たって必要な被買収会社の資産評価はきわめて困難である，③大合同によって半官半民の石油会社ができあがると，かえって，有事の際の海外からの石油受入れを難しくする，④大合同は結局外国石油会社の排除につながる，⑤外油 2 社としては，事実上経営権を奪われ単なる原油供給者となるよりは日本からの撤退を選ぶことになるだろうが，このような状況が発生すると，石油の確保に不安が生じ，日本の国益にも反する，などの諸点である[55]。これらのうち最も重要なのは④であり，⑤は一種の脅迫とみなすことができる。ただ

し，商工省鉱山局の2案のうち「石油国家管理案」の復活を意味する1933年10月の大合同をめざす動きは，それほど長続きしなかった[56]。まもなく大合同案は立消えとなり，それ以後は，「許可主義統制案」にもとづいた「石油国策実施要綱」の線に沿って，石油業法立法化の準備が進められていった。

ところで，先にふれたように，ロイヤル・ダッチ・シェルとライジングサンが「許可主義統制案」の実現をめざす「石油国策実施要綱」に比較的冷静な対応を示したのは，新規参入をはたした松方日ソ石油の動きを抑え込むうえで，日本政府による「許可主義統制」を利用することができると考えたからである。このような考え方は，「6社協定」の改定の過程でライジングサンが打ち出した，松方日ソ石油を同協定に参加させることによって，その行動を封じ込めるという発想と同質のものであった。

ライジングサンと同じ発想をいだいていた日本石油などの内油各社は，1933年9月以降，松方日ソ石油に100万ユニット（1年分）のガソリン販売数量割当を与えて，カルテル協定に参加させるというプランを提案するようになった[57]。報告を受けたロイヤル・ダッチ・シェルのロンドン本社筋は，松方日ソ石油への譲歩が過大であるとして，このプランに強く反対した[58]。本社筋の意向を受けてライジングサンは，1934年3月になっても，国内石油各社のプランを受け入れなかった[59]。

ただし，ここで注目する必要があるのは，日本の現地法人であるライジングサンが，松方日ソ石油の動きに現実的な歯止めをかけるためには，日本政府の内諾を得ている上記の国内石油各社のプランを全面的に拒否するのは好ましくない，との判断に立っていた[60]ことである。ロンドン本社筋の反対の意向が強かったため，当該期にはライジングサンのこの判断が表面化することはなかったが，ライジングサンが松方日ソ石油の行動を封じ込めるうえで日本政府による「許可主義統制」を利用しようという考えを持ち続けていたことは，事実であった。しかも，ライジングサンは，1933年12月や1934年1月の時点でも，「石油国策実施要綱」をふまえて準備が進められている石油業法には，外油2社が主業とする石油製品輸入に対する許可制は含まれないかもしれないという，甘い見通しをもっていた[61]。ライジングサンが石油業法の準備過程で

あるこの時期に事態を静観した[62] 基本的な理由は，これらの事情に求めることができる。

4. 法案の国会審議時

「石油国策実施要綱」を骨子として作成された石油業法の法案は，1934年3月3日に衆議院に提出された。同法案は，衆議院と貴族院の両院で付帯決議[63]が付されたものの，同年3月26日に原案どおり成立した。1934年3月28日に公布された石油業法（施行期日は当時未定であった）の罰則規定（第11-17条）と付則を除く全文は，資料4-1のとおりであった。

ライジングサンは，1934年2月22日のロンドン向け電報のなかで，石油業法の法案の内容を詳しく報告した。ライジングサンが伝えたのは，
① 石油精製業および石油輸入業への許可制の導入[64]，
② 前年輸入実績の6カ月分に相当する貯油の義務づけ，
③ 石油販売価格や石油関連設備の新増設に関する政府規制の明確化，
④ 石油精製業および石油輸入業に対する政府の調査命令権の確立，
⑤ 勅令による石油業委員会の設置，
⑥ 既存の石油精製業者および石油輸入業者の認可，
⑦ 罰則の導入，
などの諸点であった[65]。

ライジングサンは，石油業法に関して，実際の運用のされ方が問題であるとして，同法の制定そのものには反対しない方針をとった（例えば，1934年2月26日にライジングサンの代表が商工次官と会談した際にも，同社代表はこのような態度をとった[66]）。石油業法の法案が国会で審議されていた時期にロイヤル・ダッチ・シェルやライジングサンが専心していたのは，松方日ソ石油のガソリン廉価販売攻勢に対する対応であった[67]。ライジングサンは，日本の石油業法が松方日ソ石油の動きを規制する機能をはたすことを，期待したのである[68]。

資料 4-1 石油業法（1934年3月28日法律第26号）

第一条　石油精製業又ハ石油輸入業ヲ営マントスル者ハ政府ノ許可ヲ受クベシ。前項ノ石油精製業及石油輸入業ノ範囲並ニ許可ニ関シ必要ナル事項ハ勅令ヲ以テ之ヲ定ム。

第二条　石油精製業者又ハ石油輸入業者ハ命令ノ定ムル所ニ依リ事業計画ヲ定メ政府ノ認可ヲ受クベシ。之ヲ変更セントスルトキ亦同ジ。

第三条　石油精製業者又ハ石油輸入業者其ノ事業ノ全部又ハ一部ヲ譲渡シ、廃止シ又ハ休止セントスルトキハ命令ノ定ムル所ニ依リ政府ノ許可ヲ受クベシ。石油精製業又ハ石油輸入業ヲ営ム会社合併ヲ為シ又ハ解散セントスルトキ亦同ジ。

第四条　石油ノ輸入ハ石油精製業者ガ其ノ精製ニ必要ナル石油ヲ輸入スル場合ヲ除クノ外石油輸入業者ニ非ザレバ之ヲ為スコトヲ得。但シ勅令ニ別段ノ規定アルトキハ此ノ限ニ在ラズ。
　　　前項ノ石油ノ種類ハ勅令ヲ以テ之ヲ定ム。

第五条　石油精製業者又ハ石油輸入業者ハ勅令ノ定ムル所ニ依リ其ノ者ノ輸入数量ヲ標準トシテ算定シタル数量ノ石油ヲ常時保有スベシ。

第六条　石油精製業者又ハ石油輸入業者ハ其ノ所有スル石油ヲ政府ガ命令ノ定ムル所ニ依リ時価ヲ標準トシテ購入セントスルトキハ之ヲ拒ムコトヲ得ズ。

第七条　政府ハ公益上必要アリト認ムルトキハ石油精製業者又ハ石油輸入業者ニ対シ石油ノ販売価格ノ変更、石油供給量ノ確保其ノ他石油ノ需給ヲ調節スル為必要ナル事項ヲ命ズルコトヲ得。
　　　政府ハ公益上必要アリト認ムルトキハ石油精製業者又ハ石油輸入業者ニ対シ其ノ設備ノ拡張又ハ改良ヲ命ズルコトヲ得。

第八条　政府ハ第一条ノ許可又ハ命令ヲ為サントスルトキハ勅令ニ別段ノ規定アル場合ヲ除クノ外石油業委員会ノ議ヲ経ベシ。石油業委員会ノ組織ハ勅令ヲ以テ之ヲ定ム。

第九条　石油精製業者又ハ石油輸入業者本法若クハ本法ニ基キテ発スル命令ニ違反シ、又ハ政府ノ命ジタル事項ヲ執行セザルトキハ政府ハ第一条ノ許可ヲ取消シ又ハ法人ノ役員ノ解任ヲ為スコトヲ得。

第十条　行政官庁ハ石油精製業者又ハ石油輸入業者ニ対シ其ノ業務ノ状況ニ関シ報告ヲ為サシメ、其ノ他監督上必要ナル命令ヲ発シ又ハ処分ヲ為スコトヲ得。行政官庁監督上必要アリト認ムルトキハ当該官吏ヲシテ石油精製業者又ハ石油輸入業者ノ事務所、営業所、工場、貯油所其ノ他ノ場所ニ臨検シ業務ノ状況又ハ帳簿書類其ノ他ノ物件ヲ検査セシムルコトヲ得。此ノ場合ニ於テハ其ノ身分ヲ示ス証票ヲ携帯セシム。

第十一条～第十七条および付則……省略。

出所）武田晴人「資料研究――燃料局石油行政前史」（産業政策史研究所『産業政策史研究資料』1979年）224-225頁。
注）旧字体を新字体に改めた。

小　括

　本章での検討をつうじて明らかになった最も重要な事実は、1934年の日本の石油業法が排外的な性格をもっていたにもかかわらず、ロイヤル・ダッチ・

シェルとライジングサンが，その制定過程で抵抗らしい抵抗を示さなかったことである。つまり，日本における本格的なものとしては最初の排外的な産業政策である石油業法は，当時最大の在日外国企業の表立った反対を受けないままに，制定されたわけである。

　ロイヤル・ダッチ・シェルとライジングサンが石油業法の制定に抵抗しなかったのは，同法が松方日ソ石油の動きを封じ込める業界安定機能をはたすことを期待したからである。本章が検討対象とした1932年終わりから1934年初めにかけての時期にロイヤル・ダッチ・シェルが日本で直面した最大の問題は，ガソリン市場に新規参入し，大きな撹乱要因となっていた松方日ソ石油の廉価販売攻勢に対していかに対応するかということにあった。ロイヤル・ダッチ・シェルとライジングサンは，石油業法が将来の事業活動にとっての重大な脅威となりうるという中長期的な問題ではなく，同法が松方日ソ石油の行動を抑え込むかもしれないという目先の問題に，目を奪われたのである。

　上記の本章の結論は，1934年の日本の石油業法の制定過程におけるスタンヴァックの対応を検討した筆者の別稿の結論と，ほぼ同一である[69]。当時の日本で活動していた代表的な外国石油会社であるライジングサンとスタンヴァックは，いずれも，排外的だという意味で不公正な側面をもつ石油業法の制定に対して，抵抗しなかった。そして，それは，両社が新興勢力である松方日ソ石油を抑え込むという目先の課題に追われて，中長期的展望を失ったことの帰結であった。

　同様のプロセスは，戦後の日本で新たに制定された1962年の石油業法（いわゆる「新石油業法」）の場合にも見受けられた。ここでも，日本で活動中の外資系石油会社の相当部分は，民族系石油会社育成の意味をもつ新石油業法に対して，賛成派ないし条件つき賛成派にまわった。その際の彼らの意図は，同法によって，新興勢力の出光興産を封じ込めることにあった[70]。

　このように，1934年の場合にも1962年の場合にも，日本で活動していた外資系石油会社は，排外的だという意味で不公正な側面をもつ石油業法の制定に対して，抵抗しなかった。いずれの場合にも彼らは，新興勢力への対応という短期的視点にとらわれて，中長期的展望をもちえなかったのである。

ところで，筆者は，すでに本書の第2章で，本章のテーマにもかかわるひとつの仮説を提示してきた。それは，日本は経済発展面で後進地域のアジアのなかでは先進性を示す「中進国」だったのであり，対後進国戦略としてのアジア戦略しかもちあわせない外国石油会社は日本市場の動向に的確に対応しえなかった，という仮説である。消費地精製方式の重視を打ち出した1934年の石油業法にしろ，民族系石油会社の育成をねらった1962年の石油業法にしろ，「中進国」に適合的な産業政策だと概括することができる。そうであるとすれば，本章で検討したケースは，上記の仮説をさらに裏づける新たな証左とみなすことができよう。

[注]

1) 宇田川勝「戦前日本の企業経営と外資系企業（上）」（法政大学『経営志林』第24巻第1号，1987年）17頁参照。
2) スタンヴァック日本支社の前身であるソコニー（スタンダード・オイル・カンパニー・オブ・ニューヨーク）日本支店とヴァキューム（ヴァキューム・オイル）日本支店があい前後して開設されたのは1892-93年のことであり，ソコニーは主として日本の灯油市場で，ヴァキュームは同じく潤滑油市場で，長期にわたって大きな販売シェアを占め続けた。1931年7月にアメリカ本国でソコニーとヴァキュームが合併しソコニー・ヴァキューム（ソコニー・ヴァキューム・コーポレーション）が成立したことを受けて，1932年8月にはソコニー・ヴァキューム日本支社（ソコニー日本支店とヴァキューム日本支店が合体したもの）が新発足したが，同支社は，さらに翌1933年9月にスタンヴァック日本支社へ改組された。これは，1933年9月にソコニー・ヴァキュームとニュージャージー・スタンダード（スタンダード・オイル・カンパニー〔ニュージャージー〕）が折半出資でスタンヴァックを設立し，主としてスエズ以東の前者の海外販売機構と後者の海外生産施設とを統合したことの結果であった。
3) ここでの1933年の日本のガソリン市場における販売シェアについての記述に関しては，ティーグル（Walter C. Teagle, ニュージャージー・スタンダード社長）作成の1934年8月21日付メモランダム（アメリカ・ワシントンD. C.のナショナル・アーカイブズ所蔵のレコード・グループ・ナンバー59，アメリカ国務省文書，ファイル・ナンバー894.6363/84）の付表1による。
4) 1949年4月から，同年3月末に解散した石油配給公団に代わって，政府により指定された民間の元売会社が，石油配給業務を遂行することになった。
5) 通商産業省編『通商産業政策史 第3巻 第1期戦後復興期(2)』1992年，420頁参照。

6) 同前, 429 頁参照。
7) 1934年の日本の石油業法の内容とその制定過程について詳しくは, 武田晴人「資料研究——燃料局石油行政前史」(産業政策史研究所『産業政策史研究資料』1979年) 参照。
8) ただし, ライジングサンとスタンヴァック日本支社は, 結局, この貯油義務を履行しなかった。この点については, 本書の第5章で詳述する。
9) この2案について詳しくは, 北沢新次郎・宇井丑之助『石油経済論』千倉書房, 1941年, 492-494 頁参照。
10) この点については, 武田前掲論文, 215 頁参照。
11) Telegram, Yokohama to London, November 8, 1932 (イギリス・ロンドンのシェル本社所蔵の日本関連資料, ファイル・ナンバー 7/A13/2, Godber Papers-Agnew Papers, Japan-Manchuria : General Cables, 2 of 16, Sept. 1932-June 1933).
12) Letter, Andrew Agnew (Director of The Asiatic Petroleum Co.) to Richard Airey (New York), September 29, 1932 (シェル・ロンドン本社所蔵の日本関連資料, SC7/A13/1, Godber Papers-Agnew Papers, Japan-Manchuria : General, 1 of 5, March 1932-May 1934).
13) Telegram, Yokohama to London, December 3, 1932 (SC7/A13/2, 2 of 16). ライジングサン専務取締役のマルカム (H. W. Malcolm) は, ソコニー・ヴァキューム日本支社総支配人のグールド (J. C. Goold) と連名で, 1932年11月29日に, 商工大臣中島久萬吉にあてて, 質問状を提出した。この質問状とそれに対する回答について詳しくは, 拙稿「1934年の日本の石油業法とスタンダード・ヴァキューム・オイル・カンパニー(2)」(青山学院大学『青山経営論集』第24巻第2号, 1989年) 82-83 頁参照。
14) Telegram, Yokohama to London, May 12, 1932 (SC7/A13/2, 1 of 16, May-Aug. 1932), Telegram, London to Yokohama, February 28, 1933 (SC7/A13/2, 2 of 16), and Telegram, Yokohama to London, March 20, 1933 (SC7/A13/2, 2 of 16).
15) Op. cit., Telegram, Yokohama to London, December 3, 1932, and op. cit., Telegram, London to Yokohama, February 28, 1933.
16) 武田前掲論文, 220-221 頁参照。
17) Telegram, Yokohama to London, May 5, 1933 (SC7/A13/2, 2 of 16).
18) Telegram, Yokohama to London, May 16, 1933 (SC7/A13/2, 2 of 16).
19) Telegram, London to Yokohama, May 17, 1933 (SC7/A13/2, 2 of 16).
20) Telegram, Yokohama to London, May 22, 1933 (SC7/A13/2, 2 of 16).
21) Op. cit., Telegram, Yokohama to London, May 22, 1933, and Letter, Agnew to J. E. F. de Kok (De Bataafshe Petroleum Mij., The Hague), June 7, 1933 (SC7/A13/1, 1 of 5).
22) Telegram, London to New York, May 23, 1933 (SC7/A13/2, 2 of 16).
23) Op. cit., Telegram, London to New York, May 23, 1933, Telegram, New York to London, May 29, 1933 (SC7/Al3/2, 2 of 16), Letter, Agnew to F. C. Starling (U. K. Petroleum

Department), May 30, 1933 (SC7/A13/1, 1 of 5), Letter, Agnew to de Kok, May 30, 1933 (SC7/A13/1, 1 of 5), Letter, de Kok to Agnew, June 6, 1933 (SC7/A13/1, 1 of 5), op. cit., Letter, Agnew to de Kok, June 7, 1933, Letter, de Kok to Agnew, June 8, 1933 (SC7/A13/1, 1 of 5), and Letter, Agnew to de Kok, June 21, 1933 (SC7/A13/1, 1 of 5).
24) Op. cit., Telegram, Yokohama to London, May 22, 1933.
25) Op. cit., Telegram, London to New York, May 23, 1933.
26) Telegram, Yokohama to London, July 28, 1933 (SC7/A13/2, 3 of 16, July 1933–Jan. 1934).
27)「6社協定」について詳しくは，本書の第3章参照。
28) Telegram, Yokohama to London, May 9, 1933 (SC7/A13/2, 2 of 16), and Telegram, London to Yokohama, May 9, 1933 (SC7/A13/2, 2 of 16).
29) Telegram, Yokohama to London, June 29, 1933 (SC7/A13/2, 2 of 16).
30) Op. cit., Telegram, Yokohama to London, June 29, 1933, Telegram, Yokohama to London, June 30, 1933 (SC7/A13/2, 2 of 16), op. cit., Telegram, Yokohama to London, July 28, 1933, Telegram, Yokohama to London, August 4, 1933 (SC7/A13/2, 3 of 16), and Telegram, Yokohama to London, August 9, 1933 (SC7/A13/2, 3 of 16).
31) ここでの均等配分は，6等分ではなく，5等分を意味した。というのは，三井物産の割当分は，ソコニー・ヴァキュームの割当分のなかに含まれていたからである。
32) 武田前掲論文，216頁。
33) Op. cit., Telegram, Yokohama to London, July 28, 1933.
34) 表4-1のソコニー・ヴァキュームの販売シェアは，三井物産のそれを含む。なぜなら，当時三井物産は，ソコニー・ヴァキュームの石油製品を販売していたからである。
35) 以上の点については，Telegram, London to Yokohama, July 31, 1933 (SC7/A13/2, 3 of 16), Telegram, London to Yokohama, August 2, 1933 (SC7/A13/2, 3 of 16) 参照。
36) 以上の点については，cf. op. cit., Telegram, Yokohama to London, August 4, 1933, and op. cit., Telegram, Yokohama to London, August 9, 1933.
37) Op. cit., Telegram, Yokohama to London, August 4, 1933.
38) Op. cit., Telegram, Yokohama to London, July 28, 1933, op. cit., Telegram, London to Yokohama, July 31, 1933, Telegram, Yokohama to London, August 1, 1933 (SC7/A13/2, 3 of 16), op. cit., Telegram, London to Yokohama, August 2, 1933, op. cit., Telegram, Yokohama to London, August 4, 1933, and Telegram, London to Yokohama, August 5, 1933 (SC7/A13/2, 3 of 16).
39) Op. cit., Telegram, Yokohama to London, August 9, 1933, and Telegram, London to Yokohama, August 9, 1933 (SC7/A13/2, 3 of16).
40)「ガソリン協定正式調印終る」(『神戸新聞』1933年8月15日付) 参照。
41) 同前「ガソリン協定正式調印終る」参照。
42) 商工省「揮発油市価の移推」(ママ)(『石油業法関係資料』1937年)。なお，表記に際して，

43）Op. cit., Telegram, Yokohama to London, July 28, 1933, op. cit., Telegram, London to Yokohama, July 31, 1933, op. cit., Telegram, Yokohama to London, August 4, 1933, and op. cit., Telegram, London to Yokohama, August 5, 1933.
44）武田前掲論文，216頁。
45）前掲「揮発油市価の移推(ママ)」参照。
46）Telegram, Yokohama to London, August 30, 1933（SC7/A13/2, 3 of 16）, Telegram, Yokohama to London, September 7, 1933（SC7/A13/2, 3 of 16）, Telegram, Yokohama to London, September 9, 1933（SC7/A13/2, 3 of 16）, and Telegram, Yokohama to London, September 19, 1933（SC7/A13/2, 3 of 16）.
47）Op. cit., Telegram, Yokohama to London, September 7, 1933.
48）Telegram, London to Yokohama, September 7, 1933（SC7/A13/2, 3 of 16）.
49）正式名称は，「液体燃料問題ニ関スル関係各省協議会」であった。
50）武田前掲論文，221-222頁。なお，引用に際して，旧字体を新字体に改めた。
51）このほか，「石油国策実施要綱」は，「石油資源ノ確保開発」や「代用燃料工業ノ振興」も取り上げた。
52）したがって，商工省鉱山局の2案のうち日本政府が重点をおいているのは「石油国家管理案」だという，既述の1933年5月時点でのライジングサンの見通しは，結果的にははずれたことになる。
53）Telegram, Yokohama to London, September 13, 1933（SC7/A13/2, 3 of 16）.
54）Telegram, Yokohama to London, October 16, 1933（SC7/A13/2, 3 of 16）.
55）以上の点については，Telegram, London to Yokohama, October 18, 1933（SC7/A13/2, 3 of 16）, *Petroleum Industry in Japan*, October 31, 1933（SC7/A13/1, 1 of 5）参照。
56）前掲拙稿「1934年の日本の石油業法とスタンダード・ヴァキューム・オイル・カンパニー(2)」93-94頁参照。
57）Op. cit., Telegram, Yokohama to London, September 13, 1933, Telegram, Yokohama to London, November 18, 1933（SC7/A13/2, 3 of 16）, Telegram, Yokohama to London, December 11, 1933（SC7/A13/2, 3 of l6）, and Telegram, Yokohama to London, January 31, 1934（SC7/A13/2, 3 of 16）.
58）Cf. Telegram, London to Yokohama, November 20, 1933（SC7/A13/2, 3 of 16）, Telegram, London to Yokohama, December 12, 1933（SC7/A13/2, 3 of 16）, Telegram, London to New York, January l, 1934（SC7/A13/2, 3 of 16）, Telegram, London to Yokohama, February l, 1934（SC7/A13/2, 4 of 16, Feb. -June 1934）, and Telegram, London to Yokohama, March 9, 1934（SC7/A13/2, 4 of 16）.
59）Telegram, Yokohama to London, March 8, 1934（SC7/A13/2, 4 of 16）.
60）Op. cit., Telegram, Yokohama to London, December 11, 1933, and Telegram, Yokohama to

London, December 14, 1933 (SC7/A13/2, 3 of 16).
61) Op. cit., Telegram, Yokohama to London, December 11, 1933, and op. cit., Telegram, Yokohama to London, January 31, 1934.
62) ここで特記する必要があるのは，日本において石油業法制定の準備が進む過程で，ロイヤル・ダッチ・シェルやライジングサンの関係者が，日本国内での石油精製事業への進出を検討したことである（op. cit., Telegram, London to Yokohama, October 18, 1933, Letter, Agnew to Airey, January 18, 1934 ［SC7/A13/1, 1 of 5］, and Letter, Henri W. A. Deterding to Agnew, February 2, 1934 ［SC7/A13/1, 1 of 5］)。ただし，この動きは，本書の第2章で説明したような事情（スタンヴァックの成立）で，具体的な進展をみせなかった。
63) 両院の付帯決議については，武田前掲論文，226頁参照。
64) したがって，石油業法には石油製品輸入業に対する許可制は含まれないかもしれないという，既述の1933年12月および1934年1月時点でのライジングサンの見通しは，結果的にはずれたことになる。
65) Telegram, Yokohama to London, February 22, 1934 (SC7/A13/2, 4 of 16).
66) Telegram, Yokohama to London, February 26, 1934 (SC7/A13/2, 4 of 16).
67) Op. cit., Telegram, Yokohamm to London, March 8, 1934, op. cit., Telegram, London to Yokohama, March 9, 1934, and Telegram, Yokohama to London, March 9, 1934 (SC7/A13/2, 4 of 16).
68) Telegram, Yokohama to London, March 28, 1934 (SC7/A13/2, 4 of 16).
69) 前掲拙稿「1934年の日本の石油業法とスタンダード・ヴァキューム・オイル・カンパニー(2)」99-100頁参照。
70) 以上の点については，橘川武郎「電気事業法と石油業法——政府と業界」(『年報近代日本研究13　経済政策と産業』山川出版社，1991年) 214-215頁参照。

第5章　戦時統制期の石油確保と外国石油会社との交渉

　本章の課題は，1934年に制定された石油業法の施行過程における日本政府と外国石油会社との交渉に光を当て，戦時統制期の石油確保にかかわる日本政府の企図について考察を加えることにある。この交渉に参加した外国石油会社は，イギリス・オランダ系のロイヤル・ダッチ・シェル・グループに属するライジングサン・ペトロリアム・カンパニー（以下では，ライジングサンないしラ社と略す）と，アメリカのニュージャージー・スタンダードおよびソコニー・ヴァキュームが折半出資で設立した共同子会社であるスタンダード・ヴァキューム・オイル・カンパニー（以下では，スタンヴァックないしス社と略す）との2社であった。

　従来の研究史においては，石油業法の運用をめぐる日本政府・外国石油会社（外油）間の交渉に関して，互いに対立する2つの見解が示されてきた。ひとつは，日本政府の外油2社に対する厳しい姿勢を強調し，外油2社が石油業法施行以降日本での石油製品販売シェアを低下させたことを重視する，日本人研究者による見解である[1]。いまひとつは，日本政府が外油2社に妥協を余儀無くされた点を強調し，石油業法に定められた貯油義務を果たさなかったにもかかわらず，外油2社が太平洋戦争開戦時まで日本での営業を継続しえたことを強調する，外国人研究者による見解である[2]。本章の課題との関連で言えば，日本人の諸研究は，吉野信次商工次官や来栖三郎外務省通商局長の行動に代表される，日本政府内部の外油2社との妥協をめざす動きを等閑視した点で，問題を残した[3]。一方，外国人の諸研究は，石油行政の担当部局である商工省鉱山局が，石油2社に対してほぼ一貫して強硬な姿勢を貫いたことを過小評価した[4]。本章では，従来の研究史への反省をふまえて，対外油強硬派の商工省鉱

山局と，柔軟派の吉野・来栖の双方の動向を視野に入れて，検討を進める。

残念ながら，管見の限りでは，石油業法の施行過程での日本政府・外国石油会社間の交渉をあとづける日本側の資料は，ほとんど現存しない。そこで，資料面で次善の策として，アメリカ・ワシントンD. C. のナショナル・アーカイブズ所蔵のレコード・グループ・ナンバー 59，アメリカ国務省文書[5]に，主として依存せざるをえない。

本章では，まず，当該交渉に関する事実経過を概観し（第1節），つづいて，交渉における商工省鉱山局（第2節）と吉野・来栖（第3節）の動向を検討する。そして，最後に，交渉にのぞんだ日本政府全体の企図とその達成具合について考察を加える（小括）。

1. 事実経過[6]

1）石油業法の制定

表5-1 は，石油業法の施行過程における日本政府と外国石油会社との間の交渉の経過を示したものである。本章の第1-3節では，この表をたてに読む形で，議論を進めてゆく。

石油業法は，1934年3月28日に公布され，同年7月1日に施行された。同法は，①石油の精製業と輸入業は政府の許可制とし，政府はそれぞれに対して製品販売数量の割当を行う，②石油の精製業者と輸入業者に一定量の石油保有義務を課する，③政府は，必要な場合に石油の需給を調節したり価格を変更したりする権限をもつ，などの諸点を主要な内容としていた。

やや意外なことに，石油業法の制定過程においては，ライジングサンとスタンヴァックは，積極的に抵抗する姿勢を示さなかった。このため，同法をめぐって，日本政府と外国石油会社が深刻な交渉を行うこともなかった。これは，ラ社とス社の外油2社が，1933年9月の松方日ソ石油の参入を契機とする激烈なガソリン販売競争を収束させるためには，石油業法が一面でもつ業界安定機能に期待した方が得策だと判断したことによるものであった。

ところが，1934年6-8月の時期になると，6月22日の「7社協定[7]」によっ

110 第Ⅰ部 第2次世界大戦以前

表 5-1 石油業法の施行過程における日本政府と外国石油会社との間の交渉

年	主要な関連事項	日本政府側の交渉主体		
		商工省燃料局	吉野信次	来栖三郎
1933	3月28日 石油業法公布			
1934	7.1 石油業法施行			
	8.20 1934年下期分ガソリン販売数量割当	2月2日 外油2社の質問状へ回答		
	8.31 大社等対満洲石油原油入札に不参加	2-3月 外油2社の質問状へ回答		
		8月31日 外油2社の質問状へ回答		
	9.30 外油2社に1935年分事業計画書の提出	10.13 外油2社に事業計画書提出を督促	9月18日 大社社員に助言	9月13日 ネヴィルと会談
	11.15 外油2社上記計画書の提出を再度拒否	11.5 外油2社に事業計画書提出を督促	10.8 大社代表と会談	9月13日 ディッカヴァーと会談
	11.30 外油2社上記計画書を提出	11.19-20 外油2社に事業計画書提出を督促		10.18 ディッカヴァーと会談
	12.29 1935年分石油製品販売数量割当		11月20日 外油2社代表と会談※	11.13-14 ネヴィルと会談
				11.30 英米大使館員から申し入れ
				12.27 英米大使館員に返答
				12.28 英米大使館員に返答
1935			1月9日-2月27日 外油幹部と予備折衝（13回）※	1.7-8 外油幹部と集中的会談
				2.6 サンソムと会談
				2.19 サンソム、ディッカヴァーと会談
				2.25 サンソム、ネヴィルと会談
				3.1 サンソム、ネヴィルと別々に会談
	4.1 3カ月分貯油義務達成期限	4.5-13 吉野、来栖と外油代表との会談に参加◎	4月5-13日 外油幹部と集中的会談（4回）	4.12 サンソムと会談
				4.16 ネヴィルと会談
				7.18 グルーと会談
	9.17 6カ月分貯油義務達成期限を延期	9.23 外油2社代表と会談	9.27 外油2社代表と会談※	8.20 ディッカヴァーと会談
	11.1 ガソリン価格2.5銭/ガロン値上げ	11.6 外油2社代表と会談◎、う社へ回答	11.6 外油2社代表と会談◎	
		11.15 外油2社代表と会談		
	11.— 石油関税改正の動きを表面化	11.30 外油2社代表と会談	11.21 外油2社代表と会談	12.18 ネヴィルと会談
	12.— 1936年1-3月分石油製品販売数量割当	12.3 外油2社代表と会談		12.22 ディッカヴァーと会談
		12.23 外油2社代表と会談		12.27 外油2社代表と会談

第5章　戦時統制期の石油確保と外国石油会社との交渉

1936	3月下旬	1936年4-6月分石油製品販売数量割当	3.11	外油2社代表と会談	1月8日	ディッカヴァーと会談
			3.23	外油2社代表と会談	1.11	外油2社代表と会談
	6月1日	石油関税改正	4月24日	外油2社代表と会談	1.18	外油2社代表と会談
			5.16	外油2社代表と会談	1.21	外油2社代表と会談
					2.8	外油2社代表と会談
					2.22	ディッカヴァーと会談
	6.29	外油2社貯油計画書を提出	6月9日	外油2社代表と会談	3.13	マクレー、ディッカヴァーと会談※
	7.1	6ヵ月分貯油義務達成期限	6.13	外油2社代表と会談	3.15	ディッカヴァーと会談※
	7. 上旬	1936年7-9月分石油製品販売数量割当	6.22	外油2社代表と会談	4.—	ベルギー駐在特命全権大使に転任（外務省通商局長を退任）
	7.13	石油保有補助金交付規則制定	6.23	サンソム、ディッカヴァーと会談	6.10	アメリカ国務省を訪問
			7. 4	外油2社代表と会談		
			7.15	外油2社代表と会談		
			8.11	外油2社代表と会談		
			8.17-9. 9	外油2社に三井物産との交渉促進を督促		
	9. 下旬	1936年10-12月分石油製品販売数量割当	9.11	外油2社代表と会談		
			9.19	外油2社、三井物産代表と会談		
	12.一	1936年下期分灯油販売数量割当修正	10. 7	商工次官を退任		
	12.一	石油関税改正の動きを表面化	11.21	外油2社の要望書へ回答		
	12. 下旬	1937年分石油製品販売数量割当	11. 下旬	外油2社代表と会談		
1937	1.—	朝鮮における1937年上期分石油製品販売数量割当で外油2社の割当分大量減少				
	1.15	外務省、外油2社の質問状へ回答				
	5.29	朝鮮における販売数量割当問題解決	6. 4	燃料局発足	6.10	商工大臣に就任
	8.11	石油関税改正				

出所）アメリカ・ナショナル・アーカイブズ所蔵のレコード・グループ・ナンバー59、米国国務省文書。

注1）一は、日付不明。
2）※は、吉野と米栖が同時に参加したもの。◎は、商工省鉱山局幹部と吉野、米栖が同時に参加したもの。グルーは、ディッカヴァー、グルー、ネヴィルは駐日アメリカ大使館、のそれぞれのメンバー。
3）サンソムとマクレーは駐日イギリス大使館、ネヴィルは駐日アメリカ大使館、のそれぞれのメンバー。

て激烈なガソリン販売競争に終止符が打たれる一方で，①石油製品販売数量割当が国内精製業者に有利で，製品輸入業者にとって不利なものであること（ラ社とス社は，いずれも，日本国内で石油精製を行わない製品輸入業者であった），②石油保有義務（貯油義務）が石油会社に膨大な負担を強いること，などの石油業法の問題点が明確化するにいたった。①について見れば，石油業法にもとづき8月20日に発表された1934年下期分のガソリン販売数量割当において，新規需要増加分はすべて国内精製業者に配分され，ラ社とス社が大宗を占める製品輸入業者[8]には全く配分されなかった（とくにスタンヴァックの場合には，商工省の事務上のミスも重なって，実績値を若干下回る販売数量の割当をおしつけられた[9]）。②に関して言えば，石油業法の施行を決定した6月22日の閣議で，日本政府は，直前12カ月間の石油輸入数量を基準にして，3カ月分を1935年4月1日までに，6カ月分を1935年10月1日までに保有することを義務づけることにした（外油2社の場合には，営業上必要な通常の貯油量は約2カ月であった）。

2）施行過程の時期区分

石油業法の問題点が明確化したことを反映して，1934年7月以降の同法の施行過程においては，制定過程とは対照的に，外油2社の抵抗が活発化した。このため，日本政府との間に頻繁に交渉がもたれた[10]が，その経過は以下の5つの時期に区分することができる。

第1期は，石油業法施行の1934年7月から同年11月までである。この時期には，同法をめぐる日本政府と外油2社との対立が顕在化した。それを端的に示したのは，石油業法が定めた1年ごとの事業許可の判断材料となる1935年分の事業計画書について，ライジングサンとスタンヴァックが販売計画を提出したのみで，貯油義務遂行に直結する輸入計画や貯油計画を提出しなかったことである。外油2社は，当初設定されていた1934年9月30日の提出期限だけでなく，再度設定された11月15日の提出期限をも無視した。このように，第1期は，日本政府・外国石油会社間の対立が一挙に強まった時期であった。

第2期は，1934年11月から1935年4月までである。1935年分の事業計画

書の提出をめぐる政府・外油間の対立を解くため，1934年11月20日に，吉野商工次官，来栖外務省通商局長，ライジングサンのイーリ（T. G. Ely），スタンヴァック日本支社のグールド（J. C. Goold），の4者会談が開かれた。席上吉野は，当面の妥協案として，「将来の条件変化次第で内容変更もありうる」旨の添書きをつけて，1935年分事業計画書を完全な形で提出することを提案した。外油2社は，吉野の提案を受け入れ，1934年11月30日に，輸入計画や貯油計画を含む1935年分事業計画書を，上記の添書きつきで提出した。それから約1カ月後の1934年12月29日に発表された1935年分の石油製品販売数量割当においては，前年下期分の割当の場合とは異なり，ガソリンの新規需要増加分の30％がラ社，ス社らの製品輸入業者に配分された。

日本政府と外国石油会社との間の緊張がやや緩和したことを受けて，1935年1月には，ラ社の親会社に当たるロイヤル・ダッチ・シェルの幹部のゴドバー（F. Godber），スタンヴァック本社[11]会長のウォルデン（George S. Walden），同社長のパーカー（Philo W. Parker）の3名が来日し，吉野および来栖と，石油業法の運用に関して，集中的な交渉を開始した。交渉は，途中1カ月余の休止期間をはさみながら1935年1月9日から4月13日にかけて行われ，会談の回数は17回に及んだ。交渉は難航したが，それでも4月13日の最終会談の場で，吉野，来栖と外国石油会社とのあいだに，「5点メモランダム」と呼ばれる一応の合意が成立した。この「5点メモランダム」は，①今後の石油製品販売数量割当においては，ガソリンの需要増加分の3分の1以上を製品輸入業者に配分するようにする，②貯油義務は種々の保有形態を含めて3カ月分とし，1935年10月1日までに日本政府内部での調整を終える（調整完了まで，外油2社は，貯油義務遂行のための負担を強いられることはない），などを中心的な内容としていた。

このように，第2期には，日本政府・外国石油会社間の対立は解消に向かい，両者の間には一応の妥協が成立した。

第3期は，1935年4月から同年12月までである。吉野と来栖は，「5点メモランダム」の線に沿って日本政府内部の調整を進めることに，成功しなかった。焦点は貯油義務の分量を3カ月分に減らすことであったが，結局，日本政

府は，①貯油義務の最終達成期限を，1935年10月1日から1936年7月1日へ9カ月間延期する，②貯油義務遂行による石油会社の負担増を軽減させるため，ガソリン価格の引上げを認める（1935年11月1日にガロン当たり2.5銭の値上げが実施された），③上記②と同じ理由で，貯油義務遂行に対して補助金を支給する（1936年7月13日に制定された石油保有補助金交付規則にもとづき，1936年4月1日にさかのぼって支給された），の3つの措置を講じつつも，6カ月分の貯油義務を堅持することを決めた。これに対して，ライジングサンとスタンヴァックは，②の値上げ幅や③の補助金の規模が貯油義務遂行にともなう負担増に見合うものではなかったこともあって，猛反対を示した。外油2社の反発に火に油を注ぐ恰好となったのは，国内精製業者をいっそう有利にし，製品輸入業者をいっそう不利にする石油関税改正案が，1935年11月に表面化したことであった（この関税改正は，1936年6月1日に実施された）。1935年の秋から，「5点メモランダム」への復帰を求める外油2社と，それを拒否する日本政府との間に激しい応酬が続いたが，最終的には，1935年12月23日に商工省鉱山局長の小島新一が「5点メモランダム」の有効性そのものを否定したため，同メモランダムは交渉の基礎としての意味を失うことになった。このように，第3期は，日本政府・外国石油会社間にいったん成立した「合意[12]」が崩壊し，両者間の対立が再び強まった時期であった。

　第4期は，1935年12月から1936年11月までである。この時期には，6カ月分の貯油義務を基本的に達成した内油（国内石油会社[13]）各社と，貯油義務の遂行を拒否した外油2社（ラ社とス社）との対照が明瞭になった。1936年分の石油製品販売数量の割当は4半期ごとに行われた[14]が，そのたびごとに貯油義務不履行者＝違法者である外油2社は，既得の割当量の一部を，貯油義務履行者＝順法者である内油各社に奪われる脅威にさらされた。石油製品販売数量割当に関して，従来は需要増加分の獲得をめざしていたラ社とス社は，1936年分以降，既得の割当量の確保に重点をおく，より防御的な方針に転じるようになった。

　結果的には，ライジングサンとスタンヴァックは，1936年分の石油製品販売数量割当において，需要増加分の配分を受けることはなかったものの，既得

の割当量を基本的に確保することができた[15]。これは，外油2社が，三井物産と共同出資で日本国内に石油保有会社を新設し，新会社に外油2社分の貯油義務を代行させるという妥協案を打ち出したためであった。この妥協案は，1935年11月ごろからス社の内部で取り沙汰されていたが，それが本格的に検討されるようになったのは，1935年12月のアメリカ大使館員や外油2社代表との会談において，来栖が日本資本との提携を推奨してからのことであった。

日本政府内部の外国石油会社との妥協をめざす動きの中心的担い手であった来栖は，1936年4月にベルギー駐在特命全権大使に転任したため外務省通商局長を退任し，石油業法施行をめぐる交渉の場から離れた。来栖の役割は吉野が引き継ぐことになったが，その吉野も1936年10月7日に商工次官を退任し，交渉の当事者ではなくなった[16]。ただし，吉野は，次官退任直前の9月19日のラ社，ス社，および三井物産の各代表との会談において，外油2社が満足する内容の将来保証を口頭で与えた。

このように，第4期は，日本政府と外国石油会社とが，引き続き対立しながらも，再度の妥協成立をめざした時期であった。反面，この時期には，日本政府内部の妥協をめざす動きの担い手であった来栖と吉野が，あいついで交渉の舞台から去って行った。

第5期は，1936年11月以降である。1936年11月から1937年1月にかけての時期に，ライジングサンとスタンヴァックは，一時的に日本政府に対する反発を強めた。これは，①1936年11月21日に商工省鉱山局が，同年9月に吉野が外油2社に与えた将来保証を文書で確認することを拒否したこと，②1936年12月に行われた1936年下期分の灯油販売数量割当の修正によって，前年と比べて，国内精製業者の割当量が増加し，製品輸入業者（外油2社[17]）の割当量が減少する結果となったこと，③1936年12月に，原油輸入精製方式の石油製品輸入方式に比しての有利性をいっそう強める新たな石油関税改正案が，表面化したこと（この関税改正は，1937年8月11日に実施された），④1937年1月に発表された朝鮮についての1937年上期分の石油製品販売数量割当において，ラ社とス社の割当量が大幅に削減されたこと[18]，などによるものであった。しかし，長期的に見れば，この時期には，石油業法の施行をめぐる日本政府・外

国石油会社間の対立は，深まるよりもむしろ解消する方向に向かった。それは，①1936年11月以降，商工省鉱山局が，従来とは異なり，ラ社とス社に対して貯油義務の達成を督促しなくなったこと（そのため，石油保有会社の新設をめざす外油2社・三井物産間の提携交渉は，1936年11月ごろから進展しなくなり，やがて立消えとなった），②1936年12月下旬に発表された1937年分の石油製品販売数量割当において，外油2社は，既得の割当量を確保したこと[19]，③1937年1月15日に日本の外務省が，商工省に代わって，かつて吉野が外油2社に与えた将来保証を文書で確認したこと，④その際，外務省が，1936年分の灯油販売数量割当における内外油の取扱いの相違について，国産原油の増産にともなう例外的措置であることを明らかにしたこと，などから確認することができる。最後までもめた朝鮮の石油製品販売数量割当に関する問題も，1937年5月29日に外務省が外油2社を満足させる回答[20]を与えたため，解決をみた。このように，第5期には，1934年7月の石油業法施行以来続いた日本政府・外国石油会社間の対立が曖昧化した。

ライジングサンとスタンヴァックは，石油業法にもとづく製品販売数量割当において，1935年分を除けば新規需要増加分の配分をほとんど受けることができなかったため，日本市場での販売シェアの低下を余儀なくされた。一方，日本政府は，石油業法にもとづく6カ月分の貯油義務を，外油2社に遵守させることがついにできなかった。しかし，反面，外油2社は，貯油義務不履行のまま，既得の販売量を維持して日本での営業を継続することができた。また，日本政府も，原油輸入精製の比重の増大という政策課題を，徐々に実現することができた。第5期には，両者はあえて対立することを避け，現状を黙認するようになった。そして，1937年5月29日の外務省・外油2社代表間の会談を最後に，石油業法問題をめぐる日本政府と外国石油会社とのあいだの交渉は，ほとんど行われなくなった[21]。

2. 商工省鉱山局

アメリカ国務省文書によれば，石油行政の担当部局であった商工省鉱山局

は，石油統制問題をめぐって，石油業法制定以前の時期に，2度ライジングサンおよびスタンヴァック（ないしその前身のソコニー・ヴァキューム[22]）と接触した。1度目は1933年2月2日のことであり，2度目は1934年2-3月のことであった[23]が，いずれも，外油2社が商工大臣にあてて提出した質問状に対して，福田庸雄鉱山局長が回答したものであった。福田は，1度目の回答の際には，将来の石油政策について，今後の審議検討待ちという理由で立ち入ることを避けた[24]。また，2度目の回答においては，準備中の新立法（石油業法）の業界安定機能を強調した[25]。

石油業法の施行過程においては，商工省鉱山局は，ラ社とス社に対して強硬な姿勢を，一貫して堅持した。

1）第1期（1934年7-11月）

第1期（1934年7-11月）には，まず，福田鉱山局長が，1934年8月31日に，石油業法の運用に関する外油2社の質問状に回答した。福田の回答は，石油業法施行時に石油輸入に携わっていた者に対しては事業の継続を保証すること，需給状況やその他の条件を考慮に入れて石油製品販売数量割当を決定すること，何か特別な事態が生じない限り外油2社の現行の販売数量を今後も承認すること，1年ごとに事業許可を与えるシステムを変更する予定はないこと，他の質問事項については現時点では回答しえないこと，などを主要な内容としていた[26]。この回答は全体として新味に乏しく，日本の石油業法に対して対決色を強めていたラ社やス社の姿勢を和らげるものとはならなかった[27]。

つづいて福田鉱山局長は，1935年分の事業計画書提出問題に関して，1934年10月13日，11月5日，11月19-20日に外油2社を厳しい調子で督促し，輸入計画や貯油計画を含んだ完全な形の計画書を提出するよう迫った[28]。とくに，再設定された提出期限である11月15日を過ぎた11月19日（対ラ社）と20日（対ス社）の会談においては，完全な形の事業計画書をすぐに提出しないのならば懲罰的措置を講じるとも発言した[29]。さらに，福田は，20日の会談の席上，ス社が町田忠治商工大臣にあてた1934年10月3日付の書状[30]の中で要請していた，1934年下期分のガソリン販売数量割当の修正を拒否する

旨の回答も行った[31]。

2）第 2 期（1934 年 11 月-1935 年 4 月）

　石油業法をめぐる日本政府・外国石油会社間の対立が緩和した第 2 期（1934年 11 月-1935 年 4 月）には，商工省鉱山局は，ライジングサンやスタンヴァックと，あまり接触しなかった。福田の後任の鉱山局長である小島新一が，吉野，来栖と外国石油会社幹部との間で 1935 年 1-4 月に進められた集中的交渉のうち 4 月に行われた 4 回の会談に同席した程度であった[32]が，これらの会談で日本サイドの主導権を握ったのはあくまでも吉野と来栖であり，小島ではなかった[33]。

3）第 3 期（1935 年 4-12 月）

　第 3 期（1935 年 4-12 月）には，商工省鉱山局は，吉野，来栖と外油幹部とのあいだで 1935 年 4 月に成立した合意である「5 点メモランダム」を無意味なものとするうえで，重要な役割をはたした。

　まず，小島鉱山局長は，1935 年 9 月 23 日にライジングサンとスタンヴァックの代表に会って，6 カ月分の貯油義務を堅持することを通告した[34]。そして，11 月 6 日付のラ社専務取締役イーリにあてた返書のなかでも，「5 点メモランダム」とは無関係に，6 カ月分の貯油義務を課することは変わらないと述べた[35]。

　小島鉱山局長と酒井喜四鉱山局燃料課長は，1935 年 11 月 6 日に行われた吉野，来栖とラ社のイーリ，ス社日本支社総支配人のマイヤー（C. E. Meyer）との会談に同席した。後述するように，この会談の席上来栖は，「5 点メモランダム」は努力目標を示したものであり，約束に相当するものではないと発言した[36]。

　つづいて小島鉱山局長は，1935 年 11 月 15 日に，6 カ月分貯油義務に対する態度を明確にするよう，外油 2 社に迫った[37]。そして，11 月 30 日には，酒井鉱山局燃料課長が，表面化した石油関税改正案を修正することは不可能であると，外油 2 社代表に伝えた[38]。

さらに，小島は，1935年12月3日にラ社とス社の代表に会って，吉野はもはや外油との非公式会談を続けることができなくなったと述べるとともに，「5点メモランダム」は拘束力をもたないことを強く示唆した[39]。そして，12月23日には小島が，吉野にあてた外油2社の12月14日付の要望書[40]に対して代わりに答える形で，「5点メモランダム」の拘束力を明確に否定するにいたった[41]。このため，「5点メモランダム」は，石油業法をめぐる日本政府・外国石油会社間の交渉の基礎としての意味を失うことになった。

4）第4期（1935年12月–1936年11月）

　第4期（1935年12月–1936年11月）にも，商工省鉱山局は，ライジングサンとスタンヴァックに6カ月分の貯油義務の履行を迫る姿勢を崩さなかった。貯油義務達成の最終期限である1936年7月1日を目前にひかえた同年6月には，商工省鉱山局の幹部（小島鉱山局長ないし酒井燃料課長）が9日，13日，22日の3回にわたって，外油2社の代表と会い，貯油義務履行を確約するよう迫った[42]。また，8月17日，24日，9月9日，11日にも，外油2社に対して，両社が貯油義務達成のために進めていた三井物産との提携交渉を早急にまとめるよう，強い調子で督促した[43]。1936年6月の場合も9月の場合も，商工省鉱山局は，もし外油2社が同局の要求を拒否するならば，当時，4半期ごとに行われていた石油製品販売数量割当において，ラ社とス社の割当量を削減するつもりだと述べ，事実上の脅迫を行った[44]。しかし，結果的にはいずれの場合も，外油2社の割当量は削減されなかった。これは，後述するように，外油2社が，ぎりぎりの時点で，吉野商工次官が提示した妥協案を受け入れたためであった。

5）第5期（1936年11月以降）

　1936年11月21日に大貝晴彦鉱山局長（小島の後任）が，吉野が同年9月19日にラ社とス社に与えた将来保証を文書で確認することを拒否した[45]ため，第5期（1936年11月以降）にはいった当初は，商工省鉱山局の外油2社に対する強硬な姿勢は継続するものと思われた。しかし，アメリカ国務省文書

による限り，1936年11月21日を最後に，商工省鉱山局は，石油業法の施行に関して外油2社にいっさい干渉しないようになった。

　1937年6月10日に，石油行政の主管部局は商工省鉱山局から新設の燃料局（商工省の外局）に変わったが，燃料局も，貯油義務不履行状態にある外油2社に対する不干渉を続けた。この点での唯一の例外は，1937年8月19日に竹内可吉燃料局長官が，駐日イギリス大使館員に対して，ラ社が貯油義務を果たすよう働きかけることを求めた[46]ことであったが，この申し入れも，ほとんど影響力をもたなかった。

3. 吉野信次と来栖三郎

　アメリカ国務省文書によれば，石油統制問題をめぐる日本政府と外国石油会社とのあいだの交渉に，外務省通商局長の来栖三郎が初めて関与したのは，石油業法制定以前の1933年9月13日のことであった。この日，来栖は，駐日アメリカ大使館のネヴィル（Edwin L. Neville）参事官と会談して，石油産業に何らかの形の許可制が近い将来導入されるであろう，などと述べた[47]。

　来栖は，商工次官の吉野信次とともに，石油業法の施行過程において，日本政府内部の外国石油会社との妥協をめざす動きの中心的な担い手となった。

1）第1期

　第1期（1934年7-11月）には，吉野と来栖は，1935年分の事業計画書の提出をめぐって対立を深めた日本政府と外国石油会社とのあいだに，なんとか妥協を成立させようと力をつくした。

　まず，来栖は，1934年9月13日にネヴィルと会談し[48]，石油業法を批判したうえで，日本政府の資金援助か石油製品価格の引上げがない限り6カ月分の貯油義務の履行は不可能である，外油2社になんらかの将来保証を与えるよう現在努力中である，などの外油寄りの発言を行った[49]。この来栖・ネヴィル会談から4日後の9月17日に駐日アメリカ大使グルー（Joseph C. Grew）は，オランダ政府関係者に，石油業法問題を解決するうえで来栖は頼りになる人物だ

と思うという意見を述べた[50]。

　つづいて来栖は，1934年10月18日に駐日アメリカ大使館員のディッカヴァー（E. R. Dickover）と会って，石油業法は外油にとってだけではなく内油にとっても悪法だと明言して，業法批判のトーンを高めた[51]。そして，再設定された1935年分事業計画書の提出期限である11月15日を目前にひかえた11月13-14日には，来栖は，2日連続してネヴィルと会談し，①貯油義務の遂行にあたって，タンク以外の保有形態も商工大臣の許可があれば認めること，②貯油義務達成期限を半年間ないし1年間延期すること，の2点を中心とする妥協案を示した[52]。

　一方，吉野は，まず，1934年9月18日にスタンヴァック日本支社の社員に会った際に，1934年下期分のガソリン販売数量割当に不満があるならば，根拠を明確にして商工省に修正を求める書面を提出した方がよいと助言した。これを受けてス社は，先にも触れたように，10月3日に町田商工大臣にあてて，1934年下期分のガソリン販売数量割当の修正を求める書状を提出した[53]。つづいて吉野は，10月8日にスタンヴァック日本支社の代表と会談し，杓子定規な公式見解とは別に，①もし外油2社が1935年分の事業計画書を完全な形で提出すれば，商工大臣は，両社に対して，すべての石油製品について現行規模の販売を行うことを，5-10年間の長期にわたって保証することになろう，②商工省と外務省は，1935年分の石油製品販売数量割当において，需要増加分の一部を外油2社等の製品輸入業者に割り当てることに好意的な考えをもっている，などの個人的見解を表明した[54]。

　妥協をめざす吉野や来栖の努力にもかかわらず，第1期には，石油業法の施行をめぐる日本政府と外国石油会社との対立は，深まる一方であった。1934年11月15日の1935年分事業計画書の提出期限をラ社とス社が再び無視したため，日本政府・外油間の緊張はひとつのピークに達した。

2）第2期

　このような状況を打開し，妥協へと向かう第2期（1934年11月-1935年4月）への転換点となったのは，1934年11月20日に開かれた，吉野，来栖，

イーリ（ライジングサン専務取締役），グールド（スタンヴァック日本支社総支配人），の4者会談であった[55]。この4者会談の席上吉野は，外油2社に対してすべての石油製品について現行規模の販売を10年間にわたって保証する，外油が日本国内に製油所を建設した場合でも内油の製油所と差別することはしない，ス社の1934年下期分のガソリン販売数量割当の修正については1935年分の割当を決定する際に考慮に入れる[56]，などと述べたうえで，当面の妥協案として，「将来の条件変化次第で内容変更もありうる」旨の添書きをつけて，1935年分の事業計画書を完全な形で提出することを提案した[57]。外油2社は，駐日イギリス・アメリカ大使館や本国の親会社，本社と連絡をとったうえで，吉野の妥協案を受け入れ，11月30日に，輸入計画や貯油計画を含む1935年分事業計画書を，上記の添書きつきで提出した。この結果，日本政府・外国石油会社間で高まっていた緊張は，ようやく緩んだ。

　緊張の高まりから緩和へと向かった1935年11月の事態の推移のなかで，きわめて重要な役割を果たしたのは，来栖であった。来栖は，11月20日の4者会談において，外油2社の代表に対して，石油業法問題で日本政府の姿勢を変えさせるためには外交的圧力をかけるよりも経済的理由を前面におしだして説得する方が得策である，石油製品の絶対量の確保に腐心する日本政府を動かして貯油義務を軽減させるためには石油製品のストックを増やさずに販売量を減らすというポーズをとることが有効である，などと助言した[58]。さらに，来栖は，10日後の11月30日にネヴィルと会談した際に，商工省鉱山局長の福田を強い調子で批判するとともに，外油2社は貯油義務軽減のために内油各社と共闘すべきだと発言した[59]。

　それから約1カ月後，1934年12月27日に行われた駐日イギリス・アメリカ大使館からの申し入れに対して，翌28日に来栖が了解の返答を与えるという経過をふまえて，吉野，来栖と外国石油会社幹部との直接交渉が実現することになった[60]。上海で待機中だったロイヤル・ダッチ・シェル幹部のゴドバー，スタンヴァック会長のウォルデン，スタンヴァック社長のパーカーは，1935年1月4日に来日し，1月7-8日の来栖との予備折衝を経て，1月9日から吉野・来栖との本会談に入った[61]。

吉野，来栖と外国石油会社幹部との集中的な交渉[62]は，途中1カ月余りの休止期間をはさみながら，1935年1月9日から4月13日にかけて行われ，会談の回数は17回に及んだ。紙幅の制約上本章では，これらの会談の具体的内容に立ち入ることはできない[63]が，吉野と来栖が外油との妥協を成立させるために全力をあげたことは間違いない[64]。

とくに来栖は，石油行政の主管官庁の次官の立場にある吉野と比べて，かなり自由に発言することができたから，外国石油会社幹部との集中的交渉が円滑に進むよう，より積極的に活動した。そのことは，①1935年2月6日に駐日イギリス大使館員のサンソム（G. B. Sansom）と会って，決裂寸前だった交渉の継続に成功したこと[65]，②2月19日にサンソムとディッカヴァー（駐日アメリカ大使館員）に対して，外油2社が日本の政府の動きや業界事情に疎いのは，幹部が日本語を話せないこと，メインオフィスが東京にないこと[66]，在日幹部の権限が小さいことなどに原因があると述べ，それを解決するために，日本の国内資本と提携するか，有力な日本人顧問を雇うかするべきだと進言したこと[67]，③2月25日にサンソムとネヴィル（駐日アメリカ大使館参事官）に会って，国会での追及を避け，貯油義務問題に関する内油各社の動きを見守るため，交渉の一時休止を主張したこと[68]（実際に，交渉は2月末から4月初めにかけて一時的に休止された），④3月1日にサンソムおよびネヴィルと個別に会談し，内油各社が貯油義務量削減に動き始めたことを伝えたこと[69]，などに示されている。交渉の最終盤の4月12日に，サンソムが「5点メモランダム」の原案を提出した際に，受け取ったのも来栖であったし[70]，4月16日にネヴィルに対して「5点メモランダム」の内容を再確認した[71]のも，やはり来栖であった[72]。

一方，吉野は，外油幹部との交渉の最終日に当たる1935年4月13日[73]に，外油側が提案した「5点メモランダム」を受け入れる決断を下すうえで，決定的な役割をはたしたと考えられる。「5点メモランダム」の内容は，その後の調整を容易にするためと，吉野らの身の安全を守るためという2つの理由から公表されなかった[74]が，そのことから吉野の決断の重大さを窺い知ることができよう。

3) 第3期

 ところが，吉野と来栖は，「5点メモランダム」の線に沿って日本政府内部の調整を進めることに，成功しなかった。そのため，第3期（1935年4-12月）には，外国石油会社との交渉における2人の役割は後退した。

 1935年7月18日の来栖・グルー（駐日アメリカ大使）会談や，8月20日の来栖・ディッカヴァー会談の時点では，来栖は，「5点メモランダム」にもとづく政府内調整が難航していることを認めつつも，調整の前途に関して楽観的見通しをもっていた[75]。しかし，9月下旬には，日本政府が6カ月分の貯油義務を堅持することが確定した。このため，吉野と来栖は，9月27日[76]と11月6日の2回にわたってラ社とス社の代表に会って経緯を説明したが，外油2社は，「5点メモランダム」からの逸脱であるとして，この説明に納得しなかった[77]。苦しい立場に追い込まれた来栖は，商工省鉱山局長の小島や鉱山局燃料課長の酒井が同席した11月6日の会談において，ラ社のイーリやス社のマイヤーに対して，「5点メモランダム」は努力目標を示したものであり，約束に相当するものではないと発言せざるをえなかった[78]。そして，「5点メモランダム」を認めた日本側の最高責任者に当たる吉野は，11月21日に石油関税改正問題で外油2社代表と会ったのち，しばらくの間外国石油会社との交渉から離れることになった[79]。

4) 第4期

 第4期（1935年12月-1936年11月）には，4半期ごとに行われた1936年分の石油製品販売数量割当が近づくたびに，日本政府・外国石油会社間の緊張が高まった。しかし，いずれの場合においても，来栖ないし吉野の斡旋が功を奏し，決定的な対立は回避され，ライジングサンとスタンヴァックは，既得の割当量を基本的に確保することができた。

 ラ社とス社が既得の割当量を確保しえた大きな要因は，両社が，三井物産と共同出資で日本国内に石油保有会社を新設し，新会社に外油2社分の貯油義務（6カ月分）を代行させるという妥協案を1936年3月に打ち出した[80]ことであった。この妥協案は，外油2社に日本資本との提携を推奨した，1935年12

月の来栖の提案[81]に沿うものであった。来栖は，吉野がしばらくのあいだ，外油との交渉から離れたこともあって，1935年12月から1936年2月にかけての時期には，外油2社の代表と単独で直接会談するなど，石油業法の施行をめぐる交渉にきわめて積極的に関与した（具体的には，来栖は，1935年12月27日，1936年1月11日，1月18日，1月21日，2月8日に，ラ社のイーリおよびス社のマイヤーと単独で会談した[82]）。この間，石油業法問題に関する来栖と駐日イギリス・アメリカ大使館員との会談も，従来通り行われた（具体的には，来栖は，1935年12月18日にネヴィル，12月22日にディッカヴァー，1936年1月8日にディッカヴァー，2月22日にディッカヴァー，3月13日にマクレー[83]とディッカヴァー，3月15日にディッカヴァー，とそれぞれ会談した[84]）。

一方，吉野は，1936年3月11日に開かれた来栖，イーリ，マイヤーを含めた4者会談から，石油業法問題をめぐる対外油交渉の場に復帰した[85]。同じメンバーによる4者会談は3月23日にも開かれた[86]。

吉野が交渉の場に復帰したことの一因は，来栖の外務省通商局長退任が迫っていたことに求められよう。来栖は，1936年4月に，ベルギー駐在特命全権大使に転任した。その後，同年6月1日にワシントンのアメリカ国務省を訪れた際，来栖は，日本における石油業法問題の進展に関して，状況説明を行った[87]。

石油業法問題をめぐる対外油交渉の場から来栖が去ったあと，来栖の役割は吉野に引き継がれることになった。吉野は，1936年4月24日，5月16日，7月4日，7月15日，8月11日，9月19日に，ライジングサンおよびスタンヴァックの代表と会談した（このうち9月19日の会談には，三井物産の代表も参加した）[88]。さらに，吉野は，6月23日に，駐日イギリス大使館員のサンソムおよび駐日アメリカ大使館員のディッカヴァーとも会談した[89]。

先述したように，1936年6月と9月には，石油製品販売数量割当を目前にひかえて，商工省鉱山局と外油2社との間に緊張が高まった。しかし，いずれの場合も，外油2社が，ぎりぎりの時点で吉野が提示した妥協案を受け入れたため，ラ社とス社の割当量は，減少することがなかった。吉野が示した妥協案は，6月の場合には，外油2社が「6カ月分の貯油義務履行を可能にする提携

交渉を現在進めており，交渉は原則として合意に達している」旨明言することであり[90]，9月の場合には，吉野が口頭で与えた将来保証を受けて外油2社が三井物産との提携交渉を煮詰めることであった[91]。

1936年9月19日のラ社，ス社および三井物産の各代表との会談において，外油2社が満足する将来保証を口頭で伝えた吉野[92]は，それから18日後の10月7日に商工次官を退任し，石油業法問題をめぐる対外油交渉の場から離れた[93]。その後吉野は，第5期（1936年11月以降）の1937年6月4日に商工大臣に就任したが，その時にはすでに，石油業法をめぐる日本政府と外国石油会社とのあいだの対立は，曖昧化していた。

小　括

表5-2は，本章で検討した内容を大づかみにまとめたものである。この表からわかるように，1934年の夏に始まった石油業法の施行過程における日本政府と外国石油会社との間の交渉は，対決色が強まった局面（第1期と第3期）と妥協色が強まった局面（第2期と第4期）を交互に繰り返しながら，1936年11月まで続いた。外国石油会社との交渉において主要な役割をはたしたのは，対決色が強まった局面では商工省鉱山局であり，妥協色が強まった局面では吉野信次商工次官と来栖三郎外務省通商局長であった。日本政府の内部には，外油に対する姿勢の点で，商工省鉱山局に代表される強硬派と，吉野や来栖に代表される柔軟派の，2つのグループが存在した。

ここで問題となるのは，2つのグループの併存は，意図されたものであったか否かという点である。これは，別言すれば，両グループは，日本政府としてのなんらかの統一的企図にもとづいて活動したのか否かという問題になる。この問いに対して確実な答えを提示することは資料上の制約もあって困難であるが，筆者は，いまのところ，肯定的な回答を与えうると考えている。その根拠は，①国際連盟脱退やワシントン・ロンドン両条約破棄を受けて，当時の日本政府の内部には，対外関係の不安定化を危惧する「1935-36年危機」説が広く浸透していたこと，②このような状況の下で日本政府は，石油産業に関して，

表 5-2 石油業法の施行過程における外国石油会社との交渉経過の概要

時期区分	商工省鉱山局	吉野・来栖	全体的傾向
第1期（1934年7月-1934年11月）	○	△	対決色
第2期（1934.11　-1935.4）	△	○	妥協色
第3期（1935.4　-1935.12）	○	△	対決色
第4期（1935.12　-1936.11）	△	○	妥協色
第5期（1936.11以降）	×	×	問題の曖昧化，交渉の消滅

注1）○は交渉において主要な役割を果たしたこと，△は交渉において副次的な役割を果たしたこと，×は交渉に関与しなかったこと，をそれぞれ示す。
　2）第4期の妥協色は，第2期のそれに比べて稀薄であった。

(A)対外依存度を低下させるために国内精製業を育成することと，(B)戦略物資である石油の絶対量を確保するために一定規模の製品輸入業を継続させること（端的に言えば，(A)の措置に反発して外油2社が日本から撤退することを阻止すること[94]）という，ある意味では矛盾する2つの課題を同時に追求したこと，③この2つの課題のうち，商工省鉱山局は(A)に携わり，吉野と来栖は(B)を担当した[95]ととらえることができ，両グループの間には一種の任務分担が存在したとみなしうること[96]，の諸点にある[97]。1936年11月以降石油業法の施行をめぐる諸問題が曖昧化したのは，(A)と(B)とを同時に達成するシステム（つまり，ライジングサンとスタンヴァックを貯油義務不履行＝違法状態のまま放置することによって，貯油義務履行者＝順法者である国内精製業者に与える石油製品販売数量割当のシェアを徐々に拡大するとともに，外油2社に従来と同一規模の石油製品輸入販売を継続させるシステム）がビルトインされたからであった。また，1937年に入って，商工省鉱山局ないし燃料局が外油2社に対して不干渉の方針をとった背景には，「1935-36年危機」をひとまず乗り切ったという認識も存在したであろう[98]。

　日本政府は上記の(A)と(B)の2課題を同時に達成することに成功したということができるが，最後に，これを可能にしたひとつの重要な条件について触れておこう。それは，日本政府が，場合によっては対日原油禁輸策に訴えてでも日本向け石油製品輸出の既得権を守ろうとするライジングサンやスタンヴァックと，あくまで日本向け原油輸出を継続，拡張しようとするカリフォルニア系石油会社（ソーカル[99]，アソシエーテッド，ユニオン・オイルなど[100]）と

の矛盾を，利用しえたということである。スタンヴァックとアジアチック・ペトロリアム（ライジングサンの親会社）は，テキサコとともに，満洲における石油統制の進展に抗議して，1934年8月31日に満洲石油株式会社向けの原油の入札に参加しないことを決定した（表5-1参照）。しかし，この3社による対満洲原油禁輸策は，ソーカルとユニオンがス社等に代わって満洲石油向けに原油供給を開始したため，短期間で効力を失った。また，1934年8月から12月にかけて，スタンヴァックやライジングサンの親会社諸社は，日本での石油業法の施行に反発して，アメリカ・イギリス両国政府に対日原油禁輸策をとるよう迫った。しかし，この要求も，カリフォルニア系石油会社の利害等を考慮に入れたアメリカ政府の消極的姿勢によって，結局は却下された[101]。ラ社やス社（ないし両社の親会社）がめざした対日原油禁輸が実現していたならば，原油輸入に多くを依存する国内精製業が大きな打撃を受けたことは間違いない[102]。その意味でラ社やス社とカリフォルニア系石油会社とのあいだの矛盾を利用しえたことは，日本政府が特に(A)の課題を達成するうえで，重要な意味をもった。このような条件の存在なくしては，(B)の課題とともに(A)の課題を追求するという，日本政府の企図それ自体が発生することもなかったであろう。

[注]

1）井口東輔『現代日本産業発達史 II 石油』交詢社，1963年，武田晴人「資料研究——燃料局石油行政前史」（産業政策史研究所『産業政策史研究資料』1979年），阿部圭「第2次大戦前における日本石油産業と米英石油資本——日本の石油政策に関する一考察」（中央大学『商学論纂』第23巻第4号，1981年），野田富男「戦前期燃料国策と英米石油資本——石油業法の成立過程における外資との交渉について」（西南学院大学『経営学研究論集』第5号，1985年），宇田川勝「戦前日本の企業経営と外資系企業（下）」（法政大学『経営志林』第24巻第2号，1987年）参照．

2）マイラ・ウィルキンズ「アメリカ経済界と極東問題」（細谷千博他編『日米関係史 3 議会・政党と民間団体』東京大学出版会，1971年。日本語訳は蠟山道雄），Mira Wilkins, "The Role of U. S. Business," in D. Borg and S. Okamoto eds., *Pearl Harbor as History : Japanese-American Relations, 1931-1941*, Columbia University Press, 1973, Irvine H. Anderson, Jr., *The Standard-Vacuum Oil Company and United States East Asian Policy, 1933-1941*,

Princeton University Press, 1975, 参照。
3）ここでは，井口前掲書を除く日本人研究者による諸業績が，石油業法の運用をめぐる日本政府・外国石油会社間交渉における吉野や来栖の役割に論及したアンダーソン前掲書よりあとに発表された，という事情を想起する必要がある。
4）例えば，外国人研究者による諸業績は，石油業法下で生じた，日本市場における外油2社（ライジングサンとスタンヴァック）の販売シェアの低下について，具体的に立ち入ることはなかった。
5）本章では，アメリカ国務省文書を注記する際，レコード・グループ・ナンバー（59）は省略して，ファイル・ナンバーのみを記す。
6）以下の事実経過について詳しくは，橘川武郎「1934年の日本の石油業法とスタンダード・ヴァキューム・オイル・カンパニー(1)(2)(3)(4)(5)(6)(7)(8)(9)」（青山学院大学『青山経営論集』第23巻第4号，第24巻第2号，同第3号，同第4号，第27巻第3号，同第4号，第29巻第2号，同第3号，同第4号，1989-90年，1992-95年），橘川武郎『戦前日本の石油攻防戦』ミネルヴァ書房，2012年，参照。
7）「7社協定」に参加したのは，ライジングサン，スタンヴァック，日本石油，小倉石油，三菱石油，三井物産，松方日ソ石油，の7社であった。
8）ラ社とス社のほか松方日ソ石油も製品輸入業者に含まれていたが，松方日ソ石油に対する製品販売数量割当は，もともと僅少であった。
9）この点について詳しくは，前掲拙稿「1934年の日本の石油業法とスタンダード・ヴァキューム・オイル・カンパニー(3)」51, 64-65頁参照。
10）「石油業法の成立過程における外資との交渉について」（圏点は引用者）という副題をもつ前掲野田論文も，実際には，1936年12月-1937年1月の石油業法の施行過程における日本政府・外国石油会社間の交渉を取り上げている。
11）当時，スタンヴァックの本社は，アメリカのニューヨーク市に所在していた。
12）ここで括弧をつけたのは，「5点メモランダム」の日本政府に対する拘束力には，成立当初から問題があったからである。
13）三菱とアメリカのアソシエーテッド・オイル・カンパニーとが折半出資で設立した三菱石油は，当時の日本では国内石油会社として取り扱われていた。したがって，本章でも，三菱石油を内油の一員とみなす。
14）1936年分の石油製品販売数量割当が4半期ごとに行われたのは，貯油義務の最終達成期限（1936年7月1日）をひかえた微妙な時期だったからであろう。
15）厳密には，1936年分の石油製品販売数量割当において，外油2社の灯油と機械油の割当量は，1935年分と比べて若干減少した。しかし，販売規模がはるかに大きいガソリンと重油については，外油2社の割当量は，1935年分と同一であった。
16）その後吉野は，1937年6月4日に商工大臣に就任したが，その時にはすでに，石油業法をめぐる日本政府・外国石油会社間の対立は曖昧化していた。

17）ラ社とス社以外の製品輸入業者である松方日ソ石油は，灯油の販売数量割当を受けていなかった。
18）この割当削減は，朝鮮石油の増産と人造石油の製造開始を見込んだことによるものであった。したがって，ラ社やス社のみならず，内油各社の割当量も削減された。
19）厳密には，1937年分の石油製品販売数量割当において，外油2社の灯油の割当量は，1936年分と比べて若干増加した。ガソリン，重油，機械油については，外油2社の割当量は，1936年分と同一であった。
20）回答の内容は，資料の制約上必ずしも明らかではないが，外油2社に既存の販売量を保証したものと思われる。この点については，パーカー（Philo W. Parker, スタンヴァック社長）のホーンベック（Stanley K. Hornbeck, アメリカ国務省極東部長）あて1937年5月24日付書簡（アメリカ国務省文書のファイル・ナンバー 894.6363/319。以下では略して，894.6363/319のみ表記する），グルー（Joseph C. Grew, 駐日アメリカ大使）のアメリカ国務長官あて1937年6月1日付電報（894.6363/320。本章では，この電報のように，あて先の役職名のみが記載され，個人名が記載されていない場合には，役職名のみを表記する）参照。
21）アメリカ国務省文書による限り，この点での唯一の例外は，1937年8月19日に行われた竹内可吉燃料局長官と駐日イギリス大使館員との会談であった。しかし，この会談は，さして重要な意味をもたなかった。
22）スタンヴァックの成立にともない，ソコニー・ヴァキューム日本支社は，1933年9月にスタンヴァック日本支社へ改組された。
23）1934年2月12日以降，同年3月5日以前のいつかであることは確実である。
24）商工省鉱山局長のソコニー・ヴァキューム日本支社あて1933年2月2日付書簡（894.6363/37）参照。
25）グルーのアメリカ国務長官あて1934年3月9日付書簡の付属資料（894.6363/58）参照。この資料には，2度目の回答を行ったのが福田であるとは明記されていないが，文面から見て，それが福田であることは，まず間違いなかろう。
26）福田のグールド（J. C. Goold, スタンヴァック日本支社総支配人）あて1934年8月31日付書簡（894.6363/78）参照。
27）グルーのアメリカ国務長官あて1934年9月6日付書簡（894.6363/78）参照。
28）福田のグールドあて1934年10月13日付書簡（894.6363/107），商工省鉱山局のスタンヴァックあて1934年11月5日付書簡（894.6363/141），スタンヴァック日本支社作成の前日の商工省鉱山局との会談に関する1934年11月21日付メモランダム（894.6363/152），グルーのアメリカ国務長官あて1934年11月30日付書簡（894.6363/153）参照。
29）スタンヴァック日本支社作成の前日の商工省鉱山局との会談に関する1934年11月21日付メモランダム（前掲），グルーのアメリカ国務長官あて1934年11月30日付書

簡（前掲）参照。
30）スタンヴァックの町田あて1934年10月3日付書簡（894.6363/101）。
31）スタンヴァック日本支社作成の前日の商工省鉱山局との会談に関する1934年11月21日付メモランダム（前掲）参照。
32）吉野，来栖と外油幹部とのあいだで行われた一連の会談には，日本サイドの秘書役として，Sakaiなる人物が一貫して出席した。このSakaiは，1935年11月15日から1937年6月9日にかけて商工省鉱山局燃料課長をつとめた酒井喜四である可能性が強いが，①酒井喜四であると断定するには材料が不十分なこと，②1935年1-4月の時点で酒井を鉱山局の幹部とみなすことには疑問が残ることから，本章では，Sakaiの出席を商工省鉱山局の動向と切り離して取り扱う。
33）イギリス・ロンドン郊外サリー州リッチモンドのナショナル・アーカイブズ所蔵のクラスF. O. 262，イギリス大使館・領事館文書のファイル・ナンバー269（1935），*Oil Japan*のPart 4, *Minutes of Meetings between Companies and Officials*参照。
34）ネヴィル（Edwin. L. Neville，駐日アメリカ臨時代理大使）のアメリカ国務長官あて1935年10月4日付書簡（894.6363/213）参照。
35）小島のイーリあて1935年11月6日付書簡（894.6363/226）参照。
36）1935年11月6日の会談に関するメモランダム（894.6363/226）参照。
37）ネヴィルのアメリカ国務長官あて1935年11月19日付書簡（894.6363/226）参照。
38）ネヴィルのアメリカ国務長官あて1935年12月12日付書簡（894.6363/237）参照。
39）同前。
40）ライジングサンおよびスタンヴァックの吉野あて1935年12月14日付書簡（894.6363/242）。
41）1935年12月23日の小島の回答に関するメモランダム（894.6363/242）参照。
42）グルーのアメリカ国務長官あて1936年6月12日付書簡（894.6363/281），1936年6月13日の酒井との会談に関するメモランダム（894.6363/284），1936年6月22日の小島との会談に関するメモランダム（894.6363/284）参照。
43）ディッカヴァー（E. R. Dickover，駐日アメリカ臨時代理大使）のアメリカ国務長官あて1936年10月14日付書簡（894.6363/294）参照。
44）1936年6月13日の酒井との会談に関するメモランダム（前掲），ディッカヴァーのアメリカ国務長官あて1936年10月14日付書簡（前掲）参照。
45）大貝のマイヤー（C. E. Meyer，スタンヴァック日本支社総支配人）あて1936年12月21日付書簡（894.6363/306）参照。
46）グルーのアメリカ国務長官あて1937年8月20日付電報（894.6363/322）参照。
47）グルーのアメリカ国務長官あて1933年9月15日付書簡（894.6363/51）参照。なお，この点については，「我石油国策転換に米政府多大の憂慮——ネヴィル代理大使外務省訪問，来栖通商局長と懇談」（『時事新報』1933年9月14日付。引用に際して，旧字体

48) ネヴィルのアメリカ国務長官あて1934年9月21日付書簡（894.6363/81）によれば，この来栖・ネヴィル会談に先立って，期日は不明であるが，来栖・ディッカヴァー会談が行われていた。
49) ネヴィル作成の1934年9月13日の来栖との会談に関するメモランダム（894.6363/81）参照。
50) アメリカ・マサチューセッツ州ケンブリッジのハーバード大学ホートン・ライブラリー所蔵のグルー文書のDiary, Vol. 72, p. 2012，グルーの1934年9月17日付日記参照。
51) ディッカヴァー作成の1934年10月18日の来栖との会談に関するメモランダム（894.6363/107）参照。
52) ネヴィル作成の1934年11月13日の来栖との会談に関するメモランダム（894.6363/141），ネヴィル作成の1934年11月14日の来栖との会談に関するメモランダム（894.6363/141），来栖のネヴィルあて1934年11月14日付書簡および付属文書（894.6363/141）参照。
53) 以上の点については，スタンヴァックの町田あて1934年10月3日付書簡（前掲）参照。
54) スタンヴァック日本支社のスタンヴァック本社あて1934年10月10日付電報（894.6363/98），スタンヴァック日本支社のスタンヴァック本社あて1934年10月15付電報（894.6363/98）参照。
55) つまり，1934年11月20日には，商工省鉱山局（福田鉱山局長ら）とスタンヴァック日本支社との会談につづいて，吉野，来栖，イーリ，グールドの4者会談が行われたわけである。
56) 1935年分のガソリン販売数量割当においてス社がラ社よりやや有利な取扱いを受けた点（この点については，前掲拙稿「1934年の日本の石油業法とスタンダード・ヴァキューム・オイル・カンパニー(3)」53頁の第14表参照）から見て，この吉野の発言は実行に移されたと考えられる。また，ここでは，同じ1934年11月20日に福田鉱山局長が，この吉野の発言と正反対の内容をス社代表に伝えたことを，想起する必要があろう。
57) イーリ作成の前日の4者会談に関する1934年11月21日付メモランダム（894.6363/153）参照。
58) 同前。
59) ネヴィル作成の1934年11月30日の来栖との会談に関するメモランダム（894.6363/153）参照。
60) 駐日イギリス大使館の日本外務省あて1934年12月27日付提出書類（894.6363/171），駐日アメリカ大使館の日本外務省あて1934年12月27日付提出書類（894.6363/171），ネヴィル作成の1934年12月28日の来栖との会談に関するメモランダム（894.

6363/171），グルーのアメリカ国務長官あて1934年12月29日付書簡（894.6363/171）参照。
61) グルーのアメリカ国務長官あて1935年1月10日付書簡（894.6363/173）参照。
62) この交渉には，ライジングサン専務取締役のマルカム（H. W. Malcolm）と，スタンヴァック日本支社総支配人のグールドも，参加した。
63) 1935年1-4月の吉野，来栖と外油幹部との直接交渉について詳しくは，前掲拙稿「1934年の日本の石油業法とスタンダード・ヴァキューム・オイル・カンパニー(5)(6)(7)(8)」参照。
64) この点は，前掲 Minutes of Meetings between Companies and Officials によって，確認することができる。
65) グルーのアメリカ国務長官あて1935年2月8日付書簡（894.6363/178）参照。
66) 当時，ライジングサンもスタンヴァック日本支社も，メイン・オフィスを横浜においていた。
67) ディッカヴァー作成の前日の会談に関する1935年2月20日付メモランダム（894.6363/181）参照。
68) 1935年2月25日の会談に関するメモランダム（894.6363/183）参照。
69) ネヴィル作成の1935年3月1日の来栖との会談に関するメモランダム（894.6363/183）参照。
70) グルーのアメリカ国務長官あて1935年4月19日付書簡（894.6363/199）参照。
71) この来栖・ネヴィル会談で，来栖は，「5点メモランダム」に関するアメリカ側の理解を，細部については修正した。
72) ネヴィル作成の1935年4月16日の来栖との会談に関するメモランダム（894.6363/199）参照。
73) ロイヤル・ダッチ・シェルのゴドバーのスケジュールの関係で，1935年4月14日以降，吉野，来栖と外油幹部との交渉を継続することは不可能であった。
74) 以上の点については，グルーのアメリカ国務長官あて1935年4月19日付書簡（前掲）参照。
75) グルー作成の1935年7月18日の来栖との会談に関するメモランダム（894.6363/205），ネヴィルのアメリカ国務長官あて1935年8月23日付書簡（894.6363/208）参照。
76) 1935年9月27日の会談を設定したのは，来栖であった。この点については，ネヴィルのアメリカ国務長官あて1935年10月4日付書簡（前掲）参照。
77) ネヴィルのアメリカ国務長官あて1935年10月4日付書簡（前掲），1935年11月6日の会談に関するメモランダム（前掲）参照。
78) 1935年11月6日の会談に関するメモランダム（前掲）参照。
79) ネヴィルのアメリカ国務長官あて1935年12月12日付書簡（前掲）参照。

80) グルーのアメリカ国務長官あて 1936 年 4 月 1 日付書簡（894.6363/271）参照。
81) 1935 年 12 月 27 日の来栖との会談に関するメモランダム（894.6363/245）参照。
82) 1935 年 12 月 27 日の来栖との会談に関するメモランダム（前掲），1936 年 1 月 11 日の来栖との会談に関するメモランダム（894.6363/246），1936 年 1 月 18 日の来栖との会談に関するメモランダム（894.6363/246），1936 年 2 月 8 日の来栖との会談に関するメモランダム（894.6363/255）参照。
83) マクレー（Macrae）は，駐日イギリス大使館員。
84) グルーのアメリカ国務長官あて 1935 年 12 月 19 日付電報（894.6363/234），ディッカヴァー作成の前日の来栖との会談に関する 1935 年 12 月 23 日付メモランダム（894.6363/242），ディッカヴァー作成の 1936 年 1 月 8 日の来栖との会談に関するメモランダム（894.6363/245），ディッカヴァー作成の 1936 年 2 月 22 日の来栖との会談に関するメモランダム（894.6363/263），ディッカヴァー作成の 1936 年 3 月 13 日の来栖との会談に関するメモランダム（894.6363/268），グルーのアメリカ国務長官あて 1936 年 3 月 20 日付書簡（894.6363/268）参照。ここで，来栖の会談相手が駐日アメリカ大使館員（ネヴィルとディッカヴァー）にかたよっているのは，本章の記述が主としてアメリカ国務省文書に依拠しているからであろう。この点は，本章でとりあげた他の時期についても，同様である。
85) 1936 年 3 月 11 日の 4 者会談に関するメモランダム（894.6363/268）参照。
86) 1936 年 3 月 23 日の 4 者会談に関するメモランダム（894.6363/271）参照。
87) アメリカ国務省極東部の 1936 年 6 月 11 日付会談記録（894.6363/279）参照。
88) 1936 年 4 月 24 日の吉野との会談に関するメモランダム（894.6363/274），1936 年 5 月 16 日の吉野との会談に関するメモランダム（894.6363/277），1936 年 7 月 4 日の吉野との会談に関するメモランダム（894.6363/287），グルーのアメリカ国務長官あて 1936 年 8 月 6 日付書簡（894.6363/289），グルーのアメリカ国務長官あて 1936 年 8 月 20 付書簡（894.6363/290），ディッカヴァーのアメリカ国務長官あて 1936 年 10 月 14 日付書簡（前掲）参照。
89) グルーのアメリカ国務長官あて 1936 年 6 月 23 日付電報（894.6363/280）参照。
90) グルーのアメリカ国務長官あて 1936 年 6 月 26 日付書簡（894.6363/284）参照。
91) ディッカヴァーのアメリカ国務長官あて 1936 年 10 月 14 日付書簡（前掲）参照。
92) 同前。
93) 次官退任後も吉野は，1936 年 11 月下旬に 1 度だけ外油 2 社代表と会談した。この点については，グルーのアメリカ国務長官あて 1936 年 12 月 28 日付書簡（894.6363/306）参照。
94) ラ社とス社は，日本海軍向けの重油の重要な供給者でもあった。例えば，1933 年の日本市場におけるライジングサンの重油販売シェアは 31%，スタンヴァックの重油販売シェアは 12% であった（日本海軍向けの重油販売量を含む）。この点については，前

掲拙稿「1934年の日本の石油業法とスタンダード・ヴァキューム・オイル・カンパニー(2)」64-65頁の第4表参照。
95) 念のために付け加えれば，このことは，吉野が，国内における石油精製業の育成に無関心であったことを意味しない。
96) もちろん，ここで言う「一種の任務分担」とは別に，担当部局であった商工省鉱山局が体面を守ろうとしたなどの事情も，存在したと考えられる。
97) 以上の議論は，あくまでも，仮説の域を出るものではない。
98) 例えば，駐日アメリカ臨時代理大使のネヴィルは，日本政府が，「1935-36年危機」が現実化しないことを認識すれば，石油業法の運用に関して，外国石油会社に対する姿勢を和らげるかもしれないという見通しを，1935年9月の時点で表明した。この点については，ネヴィルのアメリカ国務長官あて1935年9月20日付書簡（894.6363/211）参照。
99) ソーカルとは，スタンダード・オイル・カンパニー・オブ・カリフォルニアのことである。
100) 前掲拙稿「1934年の日本の石油業法とスタンダード・ヴァキューム・オイル・カンパニー(2)」70-71頁の第8表参照。
101) 以上の点について詳しくは，前掲拙稿「1934年の日本の石油業法とスタンダード・ヴァキューム・オイル・カンパニー(3)」52-60頁参照。
102) 『石油業法関係資料』(1937年)に所収されている燃料局「内外原料油別内地石油製品生産高調」によれば，1934年に日本国内で精製した原油のうち82％は輸入したものであった。また，アメリカ国務省極東部の1934年8月3日付会談記録（894.6363/88）によれば，当時，日本の輸入原油のうち約70％はアメリカで買い付けたものであった。

第 6 章　先駆的な海外事業展開とその帰結

　前章までの検討を通じて，第 2 次世界大戦以前の日本においては外国石油会社が活発に事業を展開していたこと，戦時統制期も含めて日本政府は外国石油会社の事業活動を一方的に抑制したわけではなかったこと，その結果，国内石油会社の市場シェアは限定的なものとなりナショナル・フラッグ・オイル・カンパニーは出現しなかったこと，などが明らかになった。ただし，ここで見落すべきでないのは，戦前日本の石油業界に，企業規模は小さいが，積極的に海外へ進出し，そこで欧米系の大規模石油会社と対抗するという，ユニークな戦略をとった企業が存在したことである。その企業とは，出光商会のことである。

　本章の課題は，今日の出光興産の前身に当たる出光商会の海外展開の全体像を，1911 年の創業から 1947 年の同商会消滅までの 37 年間にわたって，明らかにすることにある。出光商会の海外展開の実態を解明することは，なぜ重要なのであろうか。

　これまで出光興産は，社内教育用に数冊の社史を刊行してきた[1]。また本章が取り上げるテーマに言及した先行業績も，いくつか存在する[2]。これらを通じて，出光商会が，戦前期の日本石油業界のなかで最も活発に海外事業を展開した企業であるという事実は，すでに明らかにされてきた。ただしそれらの文献では，満鉄（南満洲鉄道）への機械油納入，朝鮮市場での外国石油会社との対抗，上海市場への進出，日本軍支配地域における配給機構の改変などの出光商会の「成功物語」が断片的に紹介されているにとどまり，出光商会の海外展開の全体像は必ずしも十分には解明されてこなかった。より具体的に言えば，

　(1)出光商会の海外事業は，全事業のなかでどの程度のウエートを占めたか，

(2)「成功物語」の陰にかくれた出光商会の海外事業の問題点は何だったか，
(3)出光商会の海外展開と日本軍の支配地域拡大とは，どのような関係にあったのか[3]，

などの論点については，深く掘り下げていないままなのである。

　本章では，従来ほとんど使われてこなかった出光商会にかかわる下記の資料を活用して，同商会の海外展開の全体像を描き出すことに努める。

○関東州満洲出光史調査委員会・総務部出光史編纂室編『関東州満洲出光史及日満政治経済一般状況調査資料集録』（1958年）。

○朝鮮出光史調査委員会・総務部出光史編纂室編『朝鮮出光史及朝鮮政治経済一般状況調査資料集録』（1959年）。

○上海油槽所史調査委員会・総務部出光史編纂室編『出光上海油槽所史並中華出光興産状況調査集録（原稿）』（1959年）。

○下関出光史調査委員会・総務部出光史編纂室編『下関出光史調査集録並本店概況』（1959年）。

○博多出光史調査委員会・総務部出光史編纂室編『博多出光史並一部本店状況調査集録』（1959年）。

○出光興産株式会社『戦前南方勤務者回顧録（50年史資料）』（作成時期不明）。

これらの資料は，社内教育用に出版された出光興産株式会社編『出光五十年史』（1970年）の編纂にあたって収集された文書データやオーラル・ヒストリーの記録である。『出光五十年史』では，これらの資料をある程度使っているが，使用の範囲は限定的であり，出典もいっさい明記されていない。したがって，これらの資料を活用して出光商会の海外展開の全体像を明らかにする作業は，学術的に重要な意味をもつと考える。

　ここまで，本章の課題設定の意義を概説してきた。以下では，まず第1節で，出光商会の創業から消滅までの37年間を，同商会の海外活動のあり方に即して，6つの時期に区分する。続いて第2節－第7節では，各時期における出光商会の海外活動の実態を分析する。最後に小括では，本章全体の検討結果を要約したうえで，出光商会の海外展開の経験から，今日の日本石油産業が直

面する問題を解決するうえで有用だと思われる教訓を導く。

1. 出光商会の海外展開の時期区分

　出光佐三が，出光興産株式会社の前身である出光商会を創業したのは，1911年6月のことである。出光商会は，1940年3月に設立した関係会社・出光興産に統合され，1947年11月に消滅した。この間，出光佐三は，出光商会の店主を一貫してつとめた。37年間にわたる出光商会の歩みを，海外事業の展開という観点から時期区分すると，以下のようになる。なお，表6-1は，出光の海外における店舗の開設および廃止を一覧したものである。

(1) 創業した1911年から，1916年の大連出張所開設を経て，「満洲[4]」での事業の足掛かりを固めた1918年までの時期。
(2) 満洲以外にも，中国北部，シベリア，朝鮮，台湾に進出した1919-1930年の時期。
(3) 外地重点主義をとるとともに，海外事業の重点を満洲と満洲以外の中国に移した1931-1936年の時期。
(4) 外地重点主義を徹底し，満洲以外での中国における事業活動を活発化した1937-1941年の時期。
(5) 太平洋戦争下で既存の海外事業が苦難に直面する一方，南方に進出した1942-1945年8月15日の時期。
(6) 敗戦により，すべての海外事業・資産を喪失してから，出光興産へ統合されるまでの1945年8月15日-1947年の時期。

　本章では，(1)の時期を第2節で，(2)の時期を第3節で，(3)の時期を第4節で，(4)の時期を第5節で，(5)の時期を第6節で，(6)の時期を第7節で，それぞれ掘り下げる。

2. 満鉄への機械油納入と「満州」進出（1911-1918年）

　出光佐三は，石油販売の事業に携わる出光商会を創業するにあたり，それ以

表 6-1 出光の海外における店舗の開設と廃止（1911-47 年）

年	設置店	廃止店
1916	［満洲］大連	
1919	［中国］青島　［シベリア］浦塩	
1920	［朝鮮］京城	［シベリア］浦塩
1922	［台湾］台北，基隆	
1924		［中国］青島
1930	［台湾］高雄	
1931	［朝鮮］清津，南鮮	
1932	［台湾］蘇澳，台中	
1933	［満洲］奉天，哈爾浜	
1934	［満洲］新京，斉斉哈爾　［朝鮮］仁川	
1935	［満洲］錦州　［中国］上海	
1936	［満洲］牡丹江　［中国］天津，福州，厦門，青島	
1937	［台湾］新港　［満洲］鞍山，佳木斯	［中国］福州
1938	［台湾］台東　［中国］北京，張家口，大同，厚和，南京，蘇州，鎮江 ［中国］漢口，広東，芝罘，済南，徐州，石家荘，新河	
1939	［満洲］満洲出光興産（新京）　［朝鮮］江陵 ［中国］中華出光興産（上海），海州	
1940	［台湾］台南　［満洲］安東　［中国］無錫，揚州，蕪湖，蚌埠，杭州 ［中国］九江，唐山，泰皇島，太原，汕頭，開封，商邸，包頭，石門	
1941	［朝鮮］釜山　［中国］陽高	［朝鮮］南鮮　［中国］石門，揚州
1942	［朝鮮］開城　［中国］嘉興，常州，常熟，新郷	［朝鮮］江陵　［中国］新河
1943	［中国］香港	［台湾］台南
1945		朝鮮・台湾・満洲・中国の全店

出所）出光興産株式会社人事部教育課編『出光略史第 11 版』2008 年，98-104 頁より作成。

前に勤めていた酒井商会で面識のあった日本石油大阪支店の谷川湊（のちに日本石油下関店長）を訪ね，日本石油の特約店として潤滑油（機械油）販売を行う許可を得た。1911年，出光商会は門司に店を構え，まずは北九州筑豊の炭鉱を回り，潤滑油の販売に着手した。しかし，当初，炭鉱での販売はほとんど成果が上がらなかった。最初の得意先となったのは，戸畑の明治紡績合資会社だった。明治紡績の場合には，出光商会が，日本石油の製品をそのまま納入するのではなく，エンジンに合わせてスピンドル油を配合したことが相手先の目にとまり，納入の決め手となった。出光佐三は，ここで潤滑油の仕事のコツを摑んだという。佐三はのちに，この点について，次のように回顧している。

> 潤滑油はやつた事がなく，ズブの素人であるから機械を見ても何だか分らない。油の見本を沢山揃えて之は何の油と云うように覚えたが，実際には役に立たない。二，三の試験機械を買つて色々と自分で試験をやつて見た。
> 油を実際に使っている現場を見る為に明治紡績に行つて頼んで大型スチームエンヂンのエンヂンルームにはいつて一週間機械の動くのをじーつと見ておつた。
> そうすると技手が私に同情して説明してくれる。一週間やつて油と機械との関係がやゝわかつて来た。今度は紡績工場のスピンドルを見た。それで重い物と軽い物との両極端の機械に直面して理屈ぬきの勘と云うものが出来てきた。これは如何に実地に努力することが大切であるかと云うことで，その后種々の場合にこの実地の勘が色々の糸口を見つけるのに役立つた[5]。

明治紡績に続いて，神戸の鈴木商店系の大里製粉所，三菱系，住友系の炭鉱の一部，下関の山神組などが，出光商会の潤滑油の顧客となった。

　出光商会は，日本石油の特約店であったため，国内での販売区域を九州北部および下関周辺に制限されていた[6]。このため，活路を求めて，早くから海外市場へ目を向けた。1912年，日本石油に良質の車軸油が大量に余っているのを知ると，それを南満洲鉄道（満鉄）へ売り込むことにした。

　当時の満洲では，日露戦争後にロシア産の石油が後退し，スタンダード社，アジア石油（シェル系），テキサス石油のアメリカ・イギリス系3社が市場を

独占していた。とくにスタンダード社は，満洲市場で絶大な力を持っていた。日本の石油製品は，輸送費や関税，品質規格などの面で不利な条件のもとにおかれ，日本の石油業者は，満洲進出に二の足を踏んでいた。

満鉄では，機関車や客車，貨車をアメリカから輸入して運航しており，そこで使用する潤滑油についても，すべてアメリカ製品が使われていた。そこで出光商会は，日本石油製品をベースにして満鉄で使われている車軸油に近いものを作り，分析試験をしてもらうよう，満鉄の各方面に働きかけた。そして，2年にわたる分析試験，実施試験の結果，使用に差し支えないことが判明すると，次の見積もりの段階で出光商会は，スタンダード社の納入価格の半値を提示した。これが，満鉄サイドに出光商会の営業努力を強く印象づけることになり，満鉄内部に，出光商会の機械油を積極的に使用しようとする動きが生まれた。こうして出光商会は，1914年，満鉄への車軸油（潤滑油）納入を開始した[7]。

出光佐三は，満鉄が出光商会の車軸油を購入するに至った経緯について，次のように回顧している。

> 僕は先づ分析試験を頼み次に実地試験を迫つた訳だ。そして各支線を限定してやつて貰つた。それが撫順線だ。其実地試験を頼むのに余りに僕が熱心にやるもんだから満鉄の技師の人が満鉄の沙河口工場にある油の試験工場を僕に提供して呉れた。其工場には総ゆる試験機械があるけれども一つも使用されて居ない。埃塗れになって放任されて居た。それを技手も一人つけて提供されたからそれで大体機械に依る実地試験をすました。其処で幸に大体の良い試験成績を得た訳だから撫順線で実地試験をした。そして外国品と対等の成績を出した。
>
> それでまあ幾らか買つてやろうと云う事になつた[8]。

出光商会は，満鉄への潤滑油納入を足掛かりとして，石油類のほかにセメントや火山灰，機械工具なども取り扱うようになり，1916年4月には，国内外を通じて初の本店以外の店舗となる大連出張所を開設した。

大連出張所は，満鉄の事務所に近い，路面電車が走る藍部通りに開設され

た。レンガ造りの2階屋で，1階の土間を事務所とし，2階の2部屋を寝泊りに使っていた。初代出張所長は，出光佐三の兄・雄平が務め，出張所長のほか2人の日本人店員と，日本語ができる中国人スタッフ，それに賄いの女性が1人という陣容であり，そのほか現場の指揮者として，旭組から2人のスタッフが来ていた。出光雄平出張所長は，軍隊召集時に小倉の12師団の一員として，満洲で弾薬や食料を運ぶ仕事を経験しており，満洲の地理や気候風土に馴染みがあった[9]。

出光商会大連出張所は，満鉄への納入を足掛かりにして，一般販売も開始し，南満洲一帯に地歩を固めていった。大連出張所の店員の1人（高野）は，支店開設当初の営業活動の苦労について，

> 命ぜられたのはマシン油の油房売込方であつた。暇さへあれば油房廻りである。大連市内数十に余る油房は埠頭の日清製油工場を除いて全部支那人の経営である。汽缶方の御気嫌をとりながらの売込は近商組，岸洋行，原田洋行，福昌公司其他の同業者入り乱れての競争に骨が折れた。
> 出光商会（チュウコワンシャンホイ）大いに張切つてやつたものゝ油房地帯の砂塵濛々は到底想像も出来ない，年中毎日のことでその中を自転車で駈け廻るだけでも重労働以上の重労働であつた。全く無駄な事とは思つても正月元旦同業者に張合つて砂塵の中の油房回礼は何の因果ぞと恨んだものである[10]，

と振り返っている。

3. 中国北部・朝鮮半島・台湾への進出と経営上の苦難（1919-1930年）

第1次世界大戦が終結してから1930年代初頭までの時期に，出光商会は，着実な成長をとげた。成長を牽引したのは，東アジア諸地域での積極的な販路拡張であった。ただし，一方で，東アジア諸地域での事業活動にはさまざまな苦難がともなったことも，事実であった。

表6-2は，1929年度の出光商会の売上高を支店別に示したものである。この表からわかるように，この時点で最大の売上規模を誇ったのは大連支店であ

り，それに下関支店が続いた。以下，販売規模で見れば，京城支店，門司支店，台北支店，博多支店の順だったのであり，若松支店の売上高は小さかった。第1次大戦後の10年間の出光商会の成長にとって，満洲・朝鮮・台湾での販路拡張が大きな役割をはたしたことは明らかである。

1929年時点で出光商会の各支店のうち最大の売上高をあげたのは，1916年に大連出張所として開設された満洲の大連支店であった。大連支店での事業拡大にとって大きな意味をもったのは，南満洲鉄道（満鉄）向けに「2号冬候車軸油」を開発したことであった。

極寒の地・満洲では，車軸油が凍結して貨車の車軸が焼き付けを起こすトラブルが頻発し，満鉄の経営に大きな打撃を与える状況が続いていた。1914年に満鉄への車軸油の納入を開始した出光商会は，1917年に耐寒車軸油である「2号冬候車軸油」の見本300缶を，満鉄に提出した。しかし，満鉄からは1年たっても何の音沙汰もなく，問い合わせてみても，用度の担当課長が交代していて埒があかなかった。満鉄では，外国石油会社製の車軸油の在庫を抱え，それを優先的に使用していた。ところが，1918年新春に数百両の満鉄貨車の車軸が焼損する事故が起こり，当時の金額で300-400万円の損害が発生したため，満鉄から出光商会が呼び出されることになった。出光商会は，長春で行われた極寒地での実車試験に参加した。テストに使用された車軸油は，ヴァキューム社製，スタンダード社製，出光商会が従来から納入していた普通冬候油，それに出光商会が見本として持っていった「2号冬候油」の4種だった。テストでは，2号冬候油のみが完璧な状態で機能し，対照的にヴァキューム社の製品は最悪の結果であった。

その実車試験の経緯と結果について，出光佐三は，次のように回顧している。

表 6-2　1929年度の出光商会の支店別売上高

（単位：円）

店　名	売上高
大　連	1,074,782
下　関	1,073,038
京　城	996,968
門　司	979,351
台　北	931,050
博　多	703,948
若　松	16,037
合　計	5,775,174

出所）博多出光史調査委員会・総務部出光史編纂室編『博多出光史並一部本店状況調査集録』1959年，59頁。
注1）1929年度は，1928年11月-1929年10月。
　2）若松支店は，1929年9-10月のみ営業。

満鉄は貨車の車軸を大部分焼いてしまつた。丁度冬は大豆の輸送期で大豆の輸送が止つてしまつた。其時運賃の損害が三，四〇〇万円，間接の損害は大したものだ。満鉄は非常な攻撃を受けた〔中略〕それで長春でいろいろ油の試験をした結果よからうと言う事で今度は実際試験し様と云う事になつて機関車を出し四ツの車軸に違う油を注油した。一つはヴアキームの其の焼けた油，スタンダードの以前使つて居た上等の油，一つは出光の普通冬候油，一つは今持つて行つた見本，四通り違う油を積んで夜中に公主嶺迄引張つて行つて帰つて来た。朝早く一同が行つて実際を見た処がその結果はヴ社の油は中の羊毛が車軸のボックスから飛出して中が空つぽの油が滲んだウールが飛出して居たから焼けるのは当然だ。次にス社のは半分はみ出して半分ボックスの中にあつた。出光の普通冬候油は車軸の下からボックスの中へ半分位出て未だ焼けはしないが将来は焼ける。見本の現在の冬候油〔2号冬候油——引用者〕これは車軸の下にキッチリ嵌つて少しも移動して居ない完全状態にあつた。こんなに明瞭に成績の出て居たのは珍らしい，これはもうその油に限ると言う事に実際問題から決定した[11]。

　外油2社は，以前から車軸油の凍結を防ぐため，満鉄に対して，ボックスカバーを強く締め付けるよう提案していたが，油そのものの性能には言及していなかった。上記の試験結果により，出光商会納入の2号冬候油を満鉄が全面的に採用したのは，当然の成行きであった。

　2号冬候油の使用によって，満鉄の貨車焼損事故は一掃された。1927年，創立20周年の記念行事の一環として，満鉄は，交通運輸を円滑にした功績により，出光商会に対して，感謝状と銀杯を贈った。この時，納入業者で表彰対象となったのは，出光商会だけであった。同じ1927年の4月1日，満鉄沙河口工場長の武村清は，「満鉄二十年回顧」と題して，次のような談話を現地の新聞に発表している。

　過去二十年の満鉄社業を回顧すると自分の関係して来た技術方面だけでも仲々面白い歴史に依つて彩られている。聊かその間の所見を述べて見よう。欧州戦争の余波を受けスタンダード石油の油の代りに日本石油の油を車軸油

として使用した事があつたが，厳寒に凍結せぬ油の製法を知らぬ為めに唯単に質に於てのみ研究した当然の結果として大変な事が起つてしまった。それは言う迄もなく大正五，六，七年〔1916，17，18年——引用者〕に亘る車軸の焼損頻発事件であつた。満鉄としてはこれが為多大の損失と脅威を受けたものである。その后それが大きな刺戟となつて種々研究の結果，油類の混入に依つて凍結を防ぎ得る事を解決する事が出来たが，ひとり満鉄の為めばかりでなく日本石油史上多大の収穫であつた事を今更思ふものである。夫と全時に注油の節約に対し唯一片の考慮で一時に六〇％以上の節約が出来るやうになつたが是亦前年度の車軸焼損が所謂注油不充分から起るてふ議論に刺戟された反対論の収穫であることも面白い。即ち完全なる状態に於て車軸類は唯一回の注油で大連長春間を二往復走行するということが認められたのである[12]。

この談話に解決策として出てくる「油類の混入に依つて凍結を防」ぐこととは，具体的には，出光商会の2号冬候油を採用することである。2号冬候油の開発は，日本石油ではなく出光商会の独自技術の成果だったのであり，それは，満鉄の車軸油使用量の大幅な削減をも可能にしたのである。

1916年に大連出張所が開設されたとき，出張所長として赴任したのは，出光雄平であった。大連出張所は1918年1月に大連支店に昇格したが，その際，矢野元が初代支店長に就任した。満鉄が出光商会の2号冬候車軸油の採用を決めたのは，大連支店昇格の直後の出来事であった。

支店に昇格した時点で出光商会大連支店は，揮発油・石油・機械油・鍛鋼・鋳材・特殊秩父電線・電気医療器械・セメント・カーバイド・火山灰・空き缶・箱材などを取り扱い，日本石油・森岡平右衛門鉄店・唐津電気製鋼・秩父電線製造所・酒井医療電気器械製造所などのメーカーの代理店でもあった。販路は，大連を中心に拡大し，奉天，長春，ハルビンなど満洲奥地にまで及んだ。第1次大戦終結後の戦後ブームのもとで，大連支店の事業規模は急拡大をとげ，1919年度の売上高は350万円に及んだ[13]。

しかし，1920年代にはいり不況の時代が訪れると，大連支店の業績は急速

に悪化した。その模様は，次のように伝えられている。

> 戦后の度重なる不況並満州奥地の治安の悪化は大連出光の営業にも及び大打撃を与うる事になつた。
> 先づ戦中，戦后の販売の拡張，取扱品の過多亦好況時の思惑は東北政権の日本商権の圧迫に依る満州奥地得意先の債権回収不能並戦后の経営対策樹立遅延と相俟つて不動産，株式，滞貸其他の損失高約二十万円を招くに至つた。勿論戦后下関其他に於ても多少の損失は免れる事は出来なかつたが，大連支店が本店に於ける比重より見て大連の破綻が出光商会全体に及ぼす影響は重大な結果を来しはせぬかと憂慮されるに至り之が早急立直しが喫緊事となるに至つた。
> 先づ収支並資金繰の悪化は，本店に負担を及ぼし，仕入並に銀行の借替にも困難を来した。
> 本店に於ては，福井支配人赴任と同時に非常なる意気込でこの難局乗切に各店を鞭撻し戦中，戦后の経営状態の引締と共に店風の刷新を計つた[14]。

この記述からもわかるように，大連支店の経営危機は，出光商会全体の経営危機にもつながった。しかも，事態を複雑にしたのは，「戦后の経営対策樹立遅延」の責任者でもあった大連支店長の矢野元が出光商会から独立し，出光時代に培った顧客との関係を使って矢野商店を創立して，対抗商としての動きを開始したことであった。支配人として出光商会全体の経営再建に取り組んでいた福井敬三は，急きょ大連に出張し，矢野退店の影響を調査した。そして，1927（昭和2）年2月，出光佐三店主にあてて，矢野退店による損失額は2万2,000円（矢野退店後の節約可能額1万円を除いても1万2,000円）に達すると，報告した。矢野退店の影響は大きく，1927年中に，出光商会が矢野商店を提訴する事態にまで発展した[15]。

表6-3は，1927-29年度の出光商会の本支店別損益を示したものである。本店の収支が一貫して赤字であるのは，仕入等を含む諸経費を計上しているからだと思われる。この表から，本来利益をあげるはずの支店のうち，1927年度の大連支店と門司支店だけは，赤字を計上したことがわかる。とくに，大連支

店の赤字幅は大きかった。

このような大連支店の経営再建の先頭に立ったのは，退店した矢野に代わって1927年2月に出光商会大連支店長に着任した山田孝介であった。山田支店長は，出光佐三店主や福井支配人と連携しつつ，全力をあげて，大連支店経営の立て直しに取り組んだ。人事の刷新，経費の節約，販売力の向上などを進めるとともに，着任3カ月後の同年5月には支店事務所の移転を行って気風の革新に努めた結果，大連支店の業績は急速に回復した[16]。表6-3が示すように，1927年度には9,794円の赤字を計上したが，1928年度には2万458円，1929年度には3万354円の利益を，それぞれあげたのである。

表6-3 出光商会の本支店別損益（1927-29年度）
（単位：円）

店名	1927年度	1928年度	1929年度
大 連	-9,794	20,458	30,354
下 関	19,871	28,143	28,622
京 城	16,802	11,634	29,252
門 司	-2,986	5,371	23,284
台 北	39,308	37,741	18,898
博 多	24,879	14,040	17,170
若 松	-	-	875
本 店	-40,607	-79,485	-101,820
合 計	47,473	37,903	46,635

出所）関東州満洲出光史調査委員会・総務部出光史編纂室編『関東州満洲出光史及日満政治経済一般状況調査資料集録』1958年，140頁。

注1）-は赤字。
2）各年度は，前年11月-当該年10月。
3）若松支店は，1929年9-10月のみ営業。
4）日本石油割戻し金，日本郵船・大阪商船運賃戻り金を含まず。

1919年，出光商会は山東省の中心都市である青島に支店を設け，満洲に次いで中国北部の山東省に進出し，当時日本の管理下にあった山東鉄道に潤滑油を納入した。青島は，極東におけるドイツの拠点であったが，第1次世界大戦で日本軍が攻略し，一時的に日本の管理下に入っていた。

出光商会は，1924年に青島支店をいったん閉鎖したが，その後も，福成洋行を代理店にして山東省での商売を継続した。取扱い商品は，石油類，セメント類，ピッチ等であった。

当時の中国における石油の民生用需要は，灯油がほとんどであった。アメリカ・イギリス系の外油各社が市場を支配しており，他の企業が日本の石油製品を扱うと，外油側はダンピングで応じてくるため，日本の石油業者はなかなか進出できないというのが，実情であった。

ところが，出光商会は，販売店をおかず，社員自らが販売を行う方式をとっ

たため，外油側のダンピングにあっても，それによく耐えて，外油の販売網の隙間をぬって，販売実績をあげた。外油サイドも，いつまでもダンピングを続けていると自分たちの首を絞めることになるため，販売量に限界がある出光商会の活動を黙認することが多かった。100万缶と言われた中国の灯油需要に対して，出光が持ち込む灯油は5万缶程度であり，その程度であれば外油も大目に見るという，暗黙の了解のようなものができあがった。こうして，出光商会は，中国北部でも，外油に対抗して徐々に地盤を築いていったのである[17]。

　出光商会の東アジアでの販路拡張は，日本の植民地であった朝鮮や台湾でも繰り広げられた。出光商会は，1916年に大連，1919年に青島と浦塩（ウラジオストク）で店舗を開設したのに続いて，1920年には京城（ソウル）支店を設置した。なお，出光商会の浦塩支店は，開設1年後の1920年に閉鎖された。

　日清戦争と日露戦争を経て，欧米列強に朝鮮半島の支配を認めさせた日本は，1910年，韓国を植民地として併合した。この「日韓併合」により，朝鮮では，日本政府の出先機関である朝鮮総督府による軍政が敷かれることになった。

　日本の植民地となってからも，朝鮮の石油市場では，スタンダード社とライジングサン社（ロイヤル・ダッチ・シェル傘下の石油会社）が各地に組合を組織し，全土に強力な販売網を築いて，約85％のシェアを有していた。外油両社の市場支配を可能にしたのは，朝鮮植民地固有の特別関税制度の存在であった。外油両社は，特別関税制度により輸入税を免れていたため，日本の石油業者が，朝鮮の石油市場で両社と対抗することは，価格面からきわめて困難であった。このため，日本石油をはじめとする日本の石油業者は，朝鮮進出をためらっていたのである。

　この特別関税制度が存在した理由は，「日韓併合」の際，朝鮮総督府が，諸外国との軋轢を避けるため，従来の税制を10年間踏襲する方針をとったことに求めることができる。併合から10年後の1920年には，内地の関税定率法が適用されることになったが，朝鮮総督府は，当時の朝鮮の産業，民生の状態を鑑み，また，イギリスの要請を受け入れて，石油（礦油）・塩・コークス・馬・めん羊・煙草・木材の7品目に関しては，従来同様，無税，または無税に

近い特例税率を設定して，輸入を保護し続けた。

　出光商会は，外油が市場を独占し，価格を吊り上げている状況を突いて，まず朝鮮鉄道局にくい込み，満鉄で納入実績のある「2号冬候車軸油」の納入に成功した。そして，それを足掛かりに，朝鮮北部の製材所や朝鮮南部の精米所，船舶向けに潤滑油，軽油の販売を手がけるようになった。また，台湾の原油から生産された揮発油を，内地を経由しないで直接輸入し，それを販売することにも成功した。さらに，1920年代半ばからは，ランプ用灯油の拡販にも力を注いだ。こうして，出光商会京城支店は，朝鮮半島全域に販路を拡大していった。出光商会は，1931年4月には清津に，1934年5月には仁川に，それぞれ出張所を開設した[18]。

　出光商会は，朝鮮の石油市場で外油が圧倒的なシェアを有する原因となっていた特別税率を廃止することにも，積極的に取り組んだ。関税改正をめざす朝鮮総督府との交渉に当たったのは，店主の出光佐三であった。この点について，1924年から1935年にかけて出光商会京城支店長をつとめた林安平は，次のように回顧している。

　　昭和三年〔1928年——引用者〕七月店主は朝鮮総督府財務局長草間秀雄氏並司計課長林繁蔵氏を訪い朝鮮総督府が石油は生活必需品なる故を以て保護しあるも石油輸入関税の改正を実施せば朝鮮総督府は莫大なる財源を得る。総督府の石油輸入の関税を改正すれば，米英は石油を朝鮮に持って来ないだろうと言う見解は偏見である。関税を上げても米英は石油の消化に苦しみ居る現状よりして世界で有数の灯油の消費地である朝鮮の市場に見限りを付ける事は絶対ない。此際関税改正は断行すべきである事を力説して考慮を促し其の後短日月の間に屡々朝鮮と東京を往復して石油輸入関税の改正実施を慫慂したる結果，石油輸入関税の改正は実施された[19]。

　出光佐三の奮闘もあって，1929年4月，朝鮮における石油特別税率は廃止された。この結果，外油の朝鮮市場支配が崩れ，独占価格は終焉した。朝鮮における石油の市場価格は，低下したのである。

　1929年の朝鮮総督府による関税改正によって，日本の石油業者が朝鮮市場

表6-4 日本石油京城販売店開設後の各特約店の朝鮮市場における営業区域

特約店名	営業区域
出　光	京畿道・江原道・忠清北道の全部，黄海道・忠清南道・咸鏡南道の一部
高　橋	平安南道・平安北道の全部，黄海道の一部
岸	慶尚南道・全羅南道
斎　藤	咸鏡北道
村　谷	元山区域
岩　田	金泉区域
森　本	群山区域
小野寺	大邱区域

出所）朝鮮出光史調査委員会・総務部出光史編纂室編『朝鮮出光史及朝鮮政治経済一般状況調査資料集録』1959年，103-104頁。

　に進出することが容易になった。この機会に乗じて，日本石油は，1930年に京城に販売店を開設した。そして，日本石油は，各特約店の朝鮮半島における営業区域を表6-4のように決定した。この結果，日本石油の特約店であった出光商会が朝鮮で全面的に営業活動を展開できる地域は，13道中3道に限定されることになった。出光商会の営業地域は京城とその周辺に狭められたのであり，出光商会は，平壌，釜山，元山，大邱などから撤退を余儀なくされたのである[20]。

　出光商会は，京城支店設置から2年後の1922年の3月に台北支店を開設し，台湾市場に進出した。台湾は，日清戦争後の1895年の下関条約で日本の植民地となり，台北支店開設時までに，製糖業の発展などによって工業化が進行していた。

　台湾の石油市場は，明治末期まで，地理的条件もあって外油の手に委ねられていたが，その後，関西や関門から日本製の石油製品も入るようになり，また現地生産品も出回るようになった。また，日本石油は，台湾苗栗油田をもち，苗栗鉱業所で製品化して，島内で販売していた。

　出光商会は，基隆の漁船向け販売を手始めに，台湾各地に販路を開拓していった。外油の販売力は，台湾が日本の植民地化したあとでも強かった。また，出光商会の取扱い商品と，日本石油の現地生産品とのあいだに軋轢が生じることもあった。それでも出光商会は，内地からの運賃の低減を図り，他社と

競争して売上を伸ばした。

　1929年，日本石油が台北に販売店を設置したため，出光商会の台湾における石油販売は制限されることになった。これに対して出光商会は，石油のほかにもカーバイドやセメントなどを取り扱う方針をとり，台湾島内全土で事業を継続した。出光商会は，台北だけでなく，1922年に基隆，1930年に高雄，1932年に蘇澳と台中，1937年に新港，1938年に台東，1940年に台南で，それぞれ店舗を開設した。このうち台南店は，1943年に廃止された（前掲表6-1参照）[21]。

　ここまで見てきたように，第1次世界大戦終結から1930年代初頭にかけての時期に出光商会は，東アジア諸地域で積極的に販路を拡張した。多くの場合，それらの地域は外油の牙城であり，出光商会は，その支配に対して果敢に挑戦することになった。しかし，日本の植民地であった朝鮮と台湾では，出光商会の市場開拓が成果をあげたのち，日本石油が現地に進出して，出光商会の活動を制限する事態が生じた。これは，出光商会が日本石油の特約店であったがゆえの制約であった。

4.「満洲」での事業拡張と上海進出（1931-1936年）

　1931年9月に満洲事変が起こり，それを契機にして，戦略物資としての石油の重要性に注目が集まるようになった。そして，このころから，日本の石油産業に対する国家統制が強化された。

　まず，1932年6月に石油関税が改正され，同年11月には揮発油製造業および販売業に対して重要産業統制法が適用された。さらには，1934年3月に石油業法が公布され，同年7月に施行された。この石油業法は，①石油の精製業と輸入業は政府の許可制とし，政府はそれぞれに対して製品販売数量の割当を行う，②石油の精製業者と輸入業者に一定量の石油保有義務を課する，③政府は，必要な場合に石油の需給を調節したり価格を変更したりする権限をもつ，などを主要な内容としたものであり，石油産業の全面的な国家統制に道を開くものであった[22]。

もともと，出光商会の日本での事業活動は，日本石油の特約店であったため，大きな制約を受けていた。それに加えて石油産業に対する国家統制が強化されたことは，日本国内における出光商会の自由な事業展開がいっそう困難になったことを意味した。

　前掲した表6-1は，創業から出光商会消滅にいたるまでの時期における出光の，海外での店舗開設・廃止状況を一覧したものであった。この表と国内での店舗開設・廃止状況を示した表6-5とを見比べれば明らかなように，出光商会は，1930年代にはいると，店舗展開の重心を国内から海外へ移行させた。国内での石油統制の強化により事業活動に対する制約が増大したことは，出光商会を「外地重点主義」へ向かわせたのである。

　ところで，1930年代半ばに石油産業への国家統制が強化されたのは，日本内地においてだけではなかった。1932年に成立した「満洲国」や，日本の植民地であった朝鮮でも，石油統制が強められた。

　1931年9月の満洲事変，同年12月の金輸出再禁止，1932年3月の「満洲国」成立，1934年2月の満洲石油設立などは，大連支店を中心とする出光商会の満洲での事業活動に大きな影響を及ぼした。とくに満洲石油設立による満洲における石油専売制実施の影響は，甚大であった。

　満洲での石油統制強化とそれに対する出光商会の対応について，出光興産株式会社人事部教育課編『出光略史第11版』（2008年）は，以下のように記述している。

> 昭和七年（一九三二年）満州国成立後，同国においては，資本家排撃の方針のもとに重要産業の国家統制をはかり，石油専売の計画を推し進めた。出光はその誤った方針に反対し，これを是正すべく全力をつくしたが，当局の理解は得られず，ついに昭和十年（一九三五年），満州国における石油専売は実施された。当局は出光の進言に耳をかさないばかりでなく，出光を単なる営利業者，資本家と見なしていたため，一時は満州からの引揚げを覚悟せねばならぬほどの苦境に追い込まれた。各種物資の統制が強化されるにともない，過去二十数年間営々として築き上げた商権も，ただ一片の法令によって

表6-5　出光の日本国内における店舗の開設と廃止（1911-44年）

年	設置店	廃止店
1911	門司本店	
1915	下関	
1919	大阪，石見大田	
1921	博多	
1924	東京	石見大田
1927	門司支店，玉ノ浦	
1929	若松，戸畑	玉ノ浦（中央九州重油に移管）
1931	名古屋，山田，萩，別府	
1940	東京（出光興産本社），門司（出光興産）	
1941		戸畑
1942		山田，萩，博多
1944	苅田，下関石油配給所（合名会社）	

出所）前掲『出光略史第11版』98-104頁より作成。

取りあげられることになり，出光取扱商品のほとんど全部が統制の対象となった。そして仕事の大部分は配給業務と化した。

　石油については，専売法実施とともに，自由販売品である機械油は満石（満州石油株式会社，昭和九年創立）の製品を同国内に一手に販売したが，専売品である燃料油は満州各地の販売統制会社の一員としてその配給にたずさわることになったのである。

　しかしながら過去の自由経済時代に資本に屈しなかった出光は，このような統制のもとにおいても法律・機構の番人たることに満足しなかったのはもちろんである。そして時日がたつにつれて，実地に鍛練された実力はおのずから現れ，当局もその実務は，長年の経験と実力とをもって奮闘する出光の活動に待つほかなく，専売品である燃料油の配給，物動品（物資動員計画による品）の輸入等その多くは出光に委託され，満州事変以前よりも仕事は増え，ますます忙しくなったのである（17-18頁）。

この記述は，出光商会が営業活動の自由を否定する満洲での石油専売制実施に断固として反対したこと，それにもかかわらず強行された石油専売制は出光商会の満洲での事業活動に短期的には大きな打撃を与えたこと，しかし，時間が

経つにつれて出光の活躍の場は徐々に広がり，石油専売制のもとで出光の満洲での事業規模はむしろ拡大したこと，を伝えている。

つまり，満洲では，強化された石油統制のもとで出光商会が短期的には制約を受けたものの長期的には事業規模を拡大するという，一種の「逆転現象」が生じたと言える。このような「逆転の構図」は，日華事変後の時期に，中国全土で再現されることになる。

1934 年 2 月に満洲石油株式会社が設立され，同年 11 月には「満洲国」での石油専売法が公布された（施行は 1935 年 4 月）にもかかわらず，出光が最終的には「逆転の構図」を生み出すことができたのは，統制強化に前後して出光商会が満洲における店舗網を拡充し，「経験と実力」を蓄える基盤を整備したからである。前掲の表 6-1 からわかるように，出光商会は，1933 年に奉天（現在の瀋陽）と哈爾浜（ハルビン），1934 年に新京（現在の長春）と斉斉哈爾（チチハル），1935 年に錦州，1936 年に牡丹江に，あいついで店舗を開設した。

朝鮮では，石油統制強化の一環として，1935 年 6 月に国策会社の朝鮮石油株式会社が設立され，朝鮮における石油供給の大部分は，同社の製品によって充当されることになった。前掲『朝鮮出光史及朝鮮政治経済一般状況調査資料集録』は，朝鮮石油（朝石）設立が出光商会の朝鮮における事業活動に大きな打撃を与えた様子を，次のように描いている。

> 昭和十一年〔1936 年——引用者〕六月十日附を以て出光京城支店は正式に日石特約店より朝鮮特約店として引継がれる通知に接したが，〔中略〕朝鮮出光は日石販売店設置により，鮮内九道の地盤の大部分を取上げられて大縮少を余儀なくされ，更に朝石が設立されるに及び北鮮，南鮮地区の販売は認められず，販路は京畿道並江原道一部に押込められ，且つ出光の手足として鮮内各地にて石油類の販売に従事して居た下販売店は同格の朝石販売店となった結果，出光が大正九年〔1920 年——引用者〕以降営々苦心の末外油の強固な朝鮮市場に浸透して築き上げた日本油の地盤に乗った朝石の唯一片の指示の下に商権は取上げられ，其后も僅かに京畿道並に出光が朝鮮進出の契機を為し，引続き納入して車輛運行上非常な貢献を果した二号冬候油等の鮮鉄納

第6章　先駆的な海外事業展開とその帰結　155

入のみが，特殊のものとして認められたに過ぎず，朝鮮に於ける出光の石油類の取扱は更に大幅に封ぜられ，京城支店は丸裸全然となるに至つた（143頁）。

この記述からわかるように，朝鮮においては，満洲で見られたような出光商会による「逆転の構図」（強化された石油統制の下でも出光が事業規模を拡大するという逆転現象）は生じなかった。それは，出光商会の朝鮮での事業活動が，日本石油による現地販売店開設によって，すでに弱体化していたことによるものであった。

前掲の表6-1からわかるように，外地重点主義をとった出光商会がとくに店舗を積極的に展開したのは，満洲と満洲以外の中国とにおいてであった。1930年代半ば以降活発化することになった満洲以外の中国における店舗開設のきっかけとなったのは，1935年4月の上海支店の設置である。

この出光商会の上海進出について，興亜院華中連絡部編『中支石油事情』（1941年）は，「本邦石油の中支輸入史」という項の冒頭で，以下のように振り返っている。

> 外油三社即ちスタンダード石油株式会社，アジヤ石油株式会社〔ロイヤル・ダッチ・シェルの系列会社——引用者〕及テキサス石油株式会社は約七十余年前即ち阿片戦争直後其支那本部を上海に置き其厖大なる資本を利用して支那全土に渉り配給網を敷き油槽所，加工工場，荷造工場，倉庫を敷設し本国よりの輸送には専用のタンク船を使用し，支那各地への配給には自己所有のバーヂ，ライターを利用し其の配給に努めて居つた。そして之等外油三社は支那政府と結託して石油取締規則を厳にし且危険品倉庫地帯を制限して外国他商社及日本油の上海登場を阻止し支那石油市場は完全に右三社に依り独占されてゐた。斯る状態であつたので日本側としては策の施すべきものなく，徒に英米油金城湯池の地盤を眺め袖手傍観の外ない有様であつた。〔中略〕
>
> 然しながら斯る状態に対して何時迄も無為無策を許されず，石油類の支那市場への輸出の必要なるを痛感し，遂に昭和九年〔1934年——引用者〕出光商会は上海に其店員を派遣し，各方面に於ける調査研究の歩を進めた。出光

商会の此の発奮と其後に於ける努力に対して外油側は無論の事各方面とも冷笑を以て迎へ，其の成功は砂上楼閣一般殆ど不可能視された。同商会店員も此の悲観的環境に絶望し幾度か引揚げの申出をなしたるも其門司本店に於ては断乎として出張員を鞭撻鼓舞し，又更に増員して其の悪戦苦闘に約一ケ年の時日と莫大なる費用を費した。然し乍ら其奮闘空しからず，倉庫の獲得と共に昭和十年初めて内地より荷物を積出しここに日本石油は処女地上海市場に第一歩を踏み出し外油の堅塁に突入する事が出来た（82-83頁）。

　出光商会は，1935年3月に日本からの石油を上海に初めて陸揚げし，翌4月には上海支店を開設して，本格的な日本油輸入販売を開始した。出光商会がこのタイミングで上海に進出した直接的な理由は，「満石，朝石の設立は日本内地品の両地方引当分灯油が過剰になるを見透す[23]」という事情に求めることができるが，そのより本質的な動機は，外国大手石油会社に独占されている市場に風穴をあけ，独占的な石油価格を崩して地元住民に貢献するとともに，日本の石油産業の発展を実現することにあったことは，疑う余地がない。そうでなければ，「約一ケ年の時日と莫大なる費用を費し」，「悪戦苦闘」するエネルギーは湧いてこないからである。

　出光商会による日本油の輸出は，上海でセンセーションを巻き起こし，日本の総領事館には出光商会との取引を希望する中国人業者が大勢押しかけた。しかし，その後，日本油の上海への荷揚げが順調に推移すると，出光商会以外にも日本品を輸入して販売する業者が次々と現れ，外油が大多数を占める市場で日本品が同士討ちする形が生まれた。上海でも，満洲，朝鮮，台湾で見られたような，外油の独占状態に対して出光商会がリスクを追ってパイオニアとして切り込み，リスクが低下した時点で日本の同業他社が事実上のフリーライダーとして追随するという状況が，繰り返されたのである[24]。

　ここまで見てきたように，出光商会は，1930年代にはいると，日本国内での石油統制の強化を受けて，外地重点主義をとるにいたった。しかし，石油統制の波はその外地にも波及し，満洲や朝鮮での出光商会の事業活動に対する制約は増大した。そこで，出光商会は，事業の重点を満洲以外の中国に移した。

その第一着手となったのが，外油の牙城であった上海への進出である。出光商会は，1935年の上海支店開設に続いて，翌1936年には天津，福州，厦門，青島にも店舗を設置した（前掲表6-1参照）。これらは，いずれも，1937年7月に日華事変が起こる以前の出来事であった。

5. 外地重点主義の徹底と企業体制の再編（1937-1941年）

1934年の石油業法によって，日本の石油産業は国家統制の下におかれることになったが，1937年以降経済全体の戦時統制が進むなかで，石油統制はさらに強化されるにいたった。まず，1937年11月に，石油の第1次消費規制が実施された。これは，行政指導による自発的規制であったが，翌1938年3月には「揮発油及重油販売取締規則」が制定され，法令にもとづく石油の第2次消費規制が開始された。第2次消費規制においては，購買券制すなわち切符制が導入された。

石油統制の強化は，出光商会の国内における事業活動が，さらに大きな制約を受けることを意味した。そのため，出光商会は，事業の重点を海外におく方針をいっそう徹底した。

表6-6は，1938年度の出光商会の売上高を地域別・支店別に示したものである。この表からわかるように，1938年の時点で，出光商会の売上高が最大であった地域は満洲（大連支店と満洲の合計値で1,684万2,050円）であり，これに満洲以外の中国（1,345万6,526円）が続いた。内地の売上高（798万2,595円）は，朝鮮の京城支店（430万3,730円）や台湾の台北支店（418万618円）のそれよりは多かったが，大連支店の売上高（980万6,658円）にも及ばなかった。

つまり，1938年時点ですでに出光商会は満洲と中国に重点をおいて外地重点主義をすでに実行していたと言うことができるが，この方針は，1938年12月に門司の本店で開催された出光商会の支店長会議で，さらに徹底されることになった。この会議の冒頭，店主の出光佐三は，

表 6-6　1938 年度の出光商会の地域別・支店別売上高

(単位：円)

地域ないし支店	売上高
内地（名古屋，下関，博多，門司）	7,982,595
京城支店	4,303,730
台北支店	4,180,618
大連支店	9,806,658
満洲（奉天，新京，哈爾浜）	7,035,392
中国（天津，青島，上海総合）	13,456,526
合　計	46,765,519

出所）前掲『朝鮮出光史及朝鮮政治経済一般状況調査資料集録』208 頁。
注 1 ）1938 年度は，1938 年 1 月－同年 12 月。
　 2 ）大連支店と満洲は，別個に計上されている。

諸君も新聞紙上で御承知の通り国策としての為替管理の強化と産業統制の結果油界は石油，機械油の生産減じ内地に於ける出光の商売は面白からざる経路を辿つて居るが満州の商売は益々増加し北支は満州の延長として発展途上にありますことは同慶の至りであります。

内地での商売が面白からざる結果につき大々対策を研究し，㈤九州製油に投資。㈹日石満石等と相談して輸送方面に進出すべく昭和タンカー株式会社に投資。㈶日石が名古屋に建設したる油槽所関係の運搬運送業を開始した次第であります。

大陸方面は種々の仕事を凡ゆる角度から進むと云う考へを持つ必要があります。

店は幸運に恵まれたというか，過去の犠牲の償いというか，此時代に際しても予期の業績を挙げましたことは諸君の御努力に負うものと感謝して居り且つ店は大陸に於て発展の結果工合よく進捗して行くにはどうして行くか，益々発展させんとするにはどうするか，之は益々諸君の御健闘を願います[25]，

と発言した。出光佐三は，内地で活路を開くことに努めるとともに，発展を続ける外地での事業にいっそう注力することを明確に打ち出したのである。

その後も，日本国内における石油統制は，加速度的に進行した。1939 年 9 月には石油共販株式会社が設立され，1940 年 6 月には道府県に対し石油の共同配給組合を結成するよう，指令が下った。そして，1941 年 7 月にアメリカ・イギリス・オランダ等が対日石油禁輸を実施すると，国内では第 3 次消費規制が行われた。この第 3 次消費規制は，「揮発油及重油販売取締規則」を改

訂した「石油販売取締規則」にもとづくものであり，従来の揮発油と重油に加えて，灯油と軽油も，1941年10月から切符制の対象となった。こうして，日本国内における石油統制は全面化したのである。

　日本国内で活路を開くとともに，外地で事業を積極的に推進する方針を固めた出光商会は，1939年から1940年にかけて，企業体制を再編し，出光商会の1社体制から，出光商会・出光興産・満洲出光興産・中華出光興産の4社体制へ移行した。この企業体制の変更について，前掲『朝鮮出光史及朝鮮政治経済一般状況調査資料集録』は，以下のように説明している。

> 日本内地に於ては〔中略〕石油配給機構の統制に依り，石油卸売業者の営業は挙げて府県地方卸共販株式会社に吸収せられ，従来の石油業者は只其の小売のみの営業を許され，カーバイトも亦カーバイト工業組合の設立により従来の特約店たる資格を失い小売のみ残る事となれり。此処に於て出光商会は従来全国的に大規模に経営せる石油類，カーバイト業が小規模の小売業に転落せるを以て従来の如く他の一般業務と同一方法にて大規模に積極的に経営せんか，全く経費倒れとなるを以て一般営業より此の部門のみ分離して個人経営とし，独自の方法によらざるべからざる次第なり〔中略〕之に反し大体出光商会の外地関係事業は使用人も二百名を超え，比較的大規模経営にして而も時局の影響を受け益々増大の傾向にあり，事業遂行上個人組織にては人的に信用的に非常なる不安，不利を生じ株式改組の事になれり（197-198頁）。

　このような事情で，内地の石油類・カーバイド等の小売業については個人経営の出光商会が担当し，外地の事業については新設される出光興産・満洲出光興産・中華出光興産の3つの株式会社が受け持つという体制がとられることになった。このうち出光興産は，台湾・朝鮮・関東州（大連支店）の営業活動だけでなく，従来，門司の本店が遂行していた船舶業務や特約販売業務，保険代理業務なども引き継ぐことになった。

　4社体制を構成する各社の概要をまとめると，次のようになる[26]。

　○出光商会

本店：門司市本町 3 丁目 25 番地

業務：本店および内地の小売営業

支店・出張所：門司支店（別府出張所），博多支店，下関支店（若松出張所，萩出張所），名古屋支店（山田出張所）

○出光興産株式会社

資本金：400 万円（払込済み）

本社：東京市麹町区有楽町 1 丁目 5 番地

業務：台湾・朝鮮・関東州の営業，内地の船舶・特約販売・保険代理業務など

設立年月日：1940 年 3 月 30 日

支店・出張所：門司出張所，台北支店（基隆出張所，高雄出張所，台中出張所，蘇澳出張所，台東出張所，新港出張所），京城支店（仁川出張所，清津出張所），大連支店

○満洲出光興産株式会社

資本金：150 万円（払込済み）

本社：新京特別市老松町 14 丁目 2 番地

業務：満洲国内の営業

設立年月日：1939 年 12 月 18 日

支店・営業所：奉天支店（哈爾浜出張所，鞍山出張所，斉斉哈爾出張所，牡丹江出張所，佳木斯出張所，錦州出張所）

○中華出光興産株式会社

資本金：1,000 万円（払込済み）

本社：上海北蘇州路 410 河浜大厦 103 号室

業務：中華民国内の営業

設立年月日：1939 年 12 月 9 日

支店・営業所：天津支店（北京出張所，張家口出張所，大同出張所，厚和出張所，石家荘出張所），青島支店（芝罘出張所，済南出張所），南京出張所，蘇州出張所，鎮口出張所，漢口出張所

これら4社のうち,「出光興産」の名がつく3社は株式会社の形態をとったが, このことは必ずしも, 出光佐三店主の本意ではなかった。この点について, 佐三は, 1940年の時点で, 次のように述べている。

組織を変更したのは出光商会の個人経営法が間違つているからではありません〔中略〕株式会社は理論的には幾多の特徴がありませう。資本募集上の便利, 法律による株主の保護, 社会的信用の増進, 其他沢山ありましようが〔中略〕要之不徹底な中途半端な特徴であり, 個人経営の理想等に遠く及ぶものではない。株式組織は大資本を集めるには最も便利でありましようが, 他の資本家の主義方針と出光商会の其れとは絶対に氷炭相容れざるもののある事は度々申した通りでありまして, 他の資本を集める意味の株式組織は主義方針上絶対に許されない事であります。又株式組織は資本主義の最もズルイ形態であり, 責任分散の方法であり, 寄り合い世帯であります。役人が会議の方法によりて自己の責任を他に転嫁し, 株式会社が総会や重役会議によりて責任を軽くするのとは五十歩百歩である。
初めから仕事に責任を持つ様に出来てないのであります。重役や社員は先づ自己の立場をつくる事を先にし, 事勿れ主義を採る事となり易い。個人経営の様に己れを忘れ魂迄も打込み, 命迄もと言う徹底した気分になれない制度である。お座なりとなり自己本位となるのは組織の罪である。〔中略〕
出光商会が一部を株式組織にしたのは御都合主義である。便宜主義である。支那に於ては株式会社の看板が便利である。満州に於ては株式会社を要求されるのである。
外地は序にしたと云うに過ぎないのであります。三十年の永き経験と不断の努力は古き店員をして出光主義なるものを確固と認識し体得しているのでありまして, 御都合主義の組織変更ぐらいでは最早や店員の思想が動揺したり変化したりする危険が無くなつたのであります。治に居て乱を忘れず, 乱に居て治を忘れず, 静中静, 静中動あり, 死中活を得るの境地に達し得たからであります[27]。

この文章は，出光佐三の仕事や経営に対する考え方を，如実に示している。佐三にとって，出光興産・満洲出光興産・中華出光興産を株式会社の形態で設立したのは，あくまで，「御都合主義」，「便宜主義」であり，次善の策に過ぎなかった。それらの株式会社の株式を公開し，外部の資本を入れることなどは，もともと選択肢にもならなかった。責任をまっとうすることこそ経営者の使命だと考えた出光佐三は，出光商会の店主を続けるとともに，出光興産・満洲出光興産・中華出光興産の社長にも就任したのである。

表6-7が示すように，1942年5月の時点で，出光4社の人員総数は1,095人に達していた。会社別内訳は，出光商会246人，出光興産361人，満洲出光興産105人，中華出光興産383人であり，地域別内訳は，内地319人，朝鮮85人，台湾123人，関東州および満洲185人，満洲以外の中国383人であった。

日華事変以後の時期に，出光の外地重点主義の主要な舞台となったのは，満洲を除く中国の全土である。出光は，中国市場参入のパイオニアとして，日華事変が起こる前から中部の上海を皮切りに，北部の天津・青島，南部の福州・厦門でも店舗を開設していたが，内地の同業他社は，日華事変後，日本油進出が有利になったと見て，中国市場に殺到した。それらを日本の軍部は「利権屋」とみなしたが，「利権屋」の闊歩によって，中国の石油市場は大いに混乱することになった。一時期，日本の軍部は，出光とこれら「利権屋」との区別がつかず，一括して統制の対象にしようとしたが，そこでも，満洲で見られたような，強化された石油統制のもとで出光が短期的には制約を受けたものの長期的には事業規模を拡大するという「逆転の構図」が発現することになった。その間の事情について，前掲『出光略史第11版』は，以下のように記述している。

　日中戦争勃発により在中国出光店はいったん引き揚げ，翌年渡航して店を再開したが，再進出した当初は満州におけると同様，利権屋として排斥された。昭和十三年（一九三八年）当局は出光の強い反対にもかかわらず，対中国石油国策会社として大華石油を設立し，中国市場を統制せんとしたが，米英に対する関係上悪影響ありとする外務省の抗議によってこれを解散した。

表 6-7 出光商会・出光興産・満洲出光興産・中華出光興産の人員構成（1942年5月）

(単位：人)

会　社	地域別	社　員	入営応召社員	女子事務員	従業員	船　員	合　計
出光商会	内　地	69	22	25	49	81	246
出光興産	内　地	34	24	10	5	0	73
	朝　鮮	31	9	15	30	0	85
	台　湾	63	17	8	32	3	123
	関東州	30	8	10	29	3	80
満洲出光興産	満　洲	51	14	8	32	0	105
中華出光興産	北　支	71	22	17	50	0	160
	中　支	100	10	11	52	5	178
	南　支	29	0	6	10	0	45
合　計		478	126	110	289	92	1,095

出所）前掲『出光略史第11版』付表。

　出光は，国策を遂行すべく計画された形式的大会社とは違い，当時いまだに侮りがたい勢力を有していた外油に抵抗して，日本業者の地盤確立に努め，苦心に苦心を重ねてその販売網を全中国，蒙疆にわたり拡大した。〔中略〕

　しかし中国市場の統制を目的として計画された大華石油の意図をうけついで，石油聯合（昭和十一年設立され，同十四年改組，中国向け石油の輸送に当たる）は軍需取扱いのみに満足せず，軍の野心家を背景に民需取扱いの出光を併合しようと，あらゆる手段を講じて圧迫を加えてきた。たとえば当時，軍は中国大陸において経済封鎖を行っていたが，非占領地域の至るところで，中国民衆が出光の石油を使用していたため，反出光派の石油聯合や軍人たちから，出光は利敵行為をやっている国賊であるという悪宣伝が盛んに行われた。しかしながら出光は大油槽所を建設して石油の輸入を確保し，民需用として供給したり，あるいは軍票の価値維持のため油を販売したり，すべて国家のためにその使命を果たすべく大いに努めたのである。

　このような出光の奮闘ぶりは，見識ある人びとからはしだいに理解され，現地においてのみならず中央においても賞賛の的となり，総軍司令官等は出光に対して感謝の意を表明した。このように出光の真意を理解していた人びとは出光を大いに支持し，その実力を高く評価し，出光はますます重く用い

られたのである（22-24頁）。

この文章からわかるように，日華事変後の中国でも「逆転の構図」が再現されたわけであるが，その過程で出光は，中国全土に店舗網を拡張し，上海に大規模な油槽所を開設した。

出光は，1938年には北京，張家口，大同，厚和，南京，蘇州，鎮江，漢口，広東，芝罘，済南，徐州，石家荘，新河で，1939年には海州で，1940年には無錫，揚州，蕪湖，蚌埠，杭州，九江，唐山，泰皇島，太原，汕頭，開封，商邱，包頭，石門で，1941年には陽高で，それぞれ店舗を開設した。ただし，これらのうち石門と揚州の店舗は1941年に，新河の店舗は1942年に閉鎖した。また，これらより早く，福州の店舗も1937年に閉鎖していた（以上，前掲表6-1参照）。

上海での油槽所開設については，前掲『出光上海油槽所史並中華出光興産状況調査集録（原稿）』が，次のようにその背景を説明している。

> 斯て量的には少なかつたが事変〔日華事変——引用者〕后急激に日本油の販路は拡大されるにつれ，出光は国内に於ける石油類の統制により内地の商売が益々萎縮されるに及び海外に主力を置かざるを得なくなり且国内需要の増大せる日本内地の製品に基礎を置かず直接支那市場に外油を輸入して販売し外貨の獲得と中支に地盤を伸張すべく，
> (1)北支に於て直接第三国より大型タンカーを入れる港なきを以て大連にて中継する方針の下に満石を経て之を為す。
> (2)中支には上海に大油槽所を建設して直接輸入を為す。
> 計画を樹て現地視察と現地軍官方面の了解を得べく十三年〔昭和13年＝1938年——引用者〕十月店主自ら北京及上海を訪問した。
> 扨上海に油槽所を建設するについては種々の障害があり亦建設后の外油との角逐を如何にするか等問題は山積して居た（13-14頁）。

現地調査の結果，出光佐三は，たとえ困難であろうとも，(2)を実行に移すことを決断した。佐三は，1943年の時点で，この決断を振り返って，以下のよ

うに述べた。

　第一に油槽所の建設上の諸難関あり即ち，
　一、外交関係
　二、軍の了解を得ること，
　三、資金殊に外貨の調達
　四、土地の入手難
　五、資材の入手難
是等の難関は主として日本人間に横たはる障害なるを以て，熱誠を以て之を解決し油槽所を建設し得るとするも次に来る外油との競争に対し赤手空拳を如何にせんやである。
世界一の大会社たるスタンダード石油会社に対し資源に於て無に近き日本石油と資金に於て無一物なる出光が而も米国品を以て米国品と競争することの無謀なるは論をまたないのである。所謂相手の褌を借りて横綱にブツツかる訳である。
元来民需のみなれば満石のタンクを利用して米国より輸入するを最も巧妙打算的とし，仮にタンクを建設するも二，三万屯にて充分なり，然れ共出光は国家有事の際を目標として十万屯計画を立て，差当り五万屯の建設を為すこととせり
異論は各方面より起つた。
橋本日石社長は出光を呼び親心からなる忠告をされた。橋本社長は懇々と話された。外油会社の資源及資本に於て強力なること。関税の保障ある日本内地に於てさへ日石は多年圧迫を受け苦しめられて居る実情を説かれ況んや保障もなき支那市場に於て赤裸々に之に挑戦することの如何に無謀なるかを戒められ，事業の中止を親切に注意されたのは実に身に沁みたのである。
店内に於ても計画の大胆過ぎるを知り上海支店より又内地本店にても幹部より縷々中止方の申出があつた。強硬なる反対である。〔中略〕
退いて考へた。
国際関係の悪化したのも日本の実力に対する認識不足からである。大陸の一

角に日本人の自由になし得る油槽設備を有して和戦両様に備へ実力を作るべきである。是れ出光が国家に対する奉公である。絶好の機会である。〔中略〕更に追想した。精神力と物質力との衝突の必然的なることは十数年前よりの出光の信念である。出光とスタンダードとの衝突は之が実現である。現在の事変然りである。主義の為戦へ而して過去十数年の経験実力を試錬すべし。而して衆議を押し切つて決意せられたのである[28]。

　この文章からわかるように，橋本圭三郎日本石油社長や出光内部からの強い反対にもかかわらず出光佐三が上海油槽所開設の決断を下したのは，国益のため和戦両様の備えを作ること，および「精神力と物質力との衝突」を掲げスタンダード社に対して正面から挑戦すること，を考えたからである。5万トンの貯蔵設備を擁する出光上海油槽所は，1939年8月に着工し，1940年4月に竣工した。現地の日本軍当局は，用地を提供して，油槽所建設を後押しした。建設に必要な資材に関しては，出光が，手持ちの外貨を使ってアメリカから購入した。アメリカから輸入され，出光上海油槽所に貯蔵された石油のうち，灯油は中国全土，満洲などで民需用として使われ，揮発油は軍用に供給された[29]。

6. 太平洋戦争下での苦闘と南方進出（1942-1945年）

　石油配給機構の再編は，中国においても進行した。中国北部における日本の石油政策を統轄していた興亜院華北連絡部は，アメリカ等の石油輸出禁止に備え，輸入配給の全面的統制を図るため，従来の販売組合を解散させて北支石油協会を設立する方針をとった。この方針が実行に移されれば，中国北部における石油業者の輸入，販売，配給は，すべて北支石油協会に引き継がれることになる。出光は，北支石油協会による石油統制の非効率性を指摘し，配給機構は簡素なものにとどめ，長年の経験と実力のある民間業者にまかせることが国策上得策であると具申したが，受け入れられることはなかった。
　1941年（昭和16年）7月，北支石油協会は設立された。その結果，出光をはじめとする中国北部の全石油業者は，同協会に吸収されることになった。北

第6章　先駆的な海外事業展開とその帰結　167

支石油協会の運営には，200人もの人員がかかわっていた。

一方，中国中部では，北部とは異なる動きが見られた。中部でも大規模な統制会社を設立する計画はあったが，興亜院は，最終的に簡素な配給体制をとることにした。興亜院と出光から派遣されたわずか3名の人員で，中国中部における配給業務を効率的に遂行したのである。

中国中部での成果をふまえて，出光は，北部でも簡素な配給体制へ移行するよう，積極的に働きかけた。その結果，1942年の興亜院の廃止で石油配給業務を継承した日本の北京大使館は，1943年に北支石油協会を解散し，配給機構の簡素化を断行した。具体的には，北京大使館の管理下で北支石油統制協会が統制事務に当たり，出光が配給業務を担当することになった。出光の中国中部での効率的な活動は，北部へも伝播し，いま一度の「逆転の構図」を生んだのである[30]。

前掲『出光略史第11版』は，第2次世界大戦時の中国における出光の活動について，

> 中国大陸においては，対英米関係がいよいよ緊迫する中，出光は，外油の輸入がストップしたときに備えて，石油類の緊急輸入に奔走し，あるいは市場出回り品を買いつけるなど，その確保に努力した。太平洋戦争に突入するとともに，中国における供給は米英油に代わって日本がこれをまかなわなければならぬ状態となったが，民需は出光の貯蔵油以外には，他の業者の在庫はほとんどなく，その手持ち石油類も当局の統制下に置かれて，出光は民需配給業務に一意専心した。やがて供給もいよいよ逼迫するに及び，当局の現地自給の方針にもとづき，代用燃料油，代用潤滑油の原料買い集め及びその生産に力を入れ，あるいは民船によって南方油の曳荷をはかるなど，大戦下中国大陸における石油国策に重要な役割を果たした。そしてその間に絶えず当局の石油政策を正しい方向へ導くことに力をつくした（26-27頁）

と述べている。

日米開戦から半年のあいだに，東南アジアと西南太平洋の広範な地域は，日本の陸海軍によって占領されることになった。これらの地域では軍政が敷か

れ，域内の石油資源は，軍需用に充当されるとともに，現地の民生用に供されることになった。

当初，現地日本軍は，約2,000名を要する厖大な石油配給機構の設立を計画し，本省の承認を求めたが，本省は中国における配給機構の機能不全の経験をふまえてその計画を退け，出光を起用する方針をとった。当局から陸軍占領地域における石油民需配給業務を委託された出光は，1942年，百数十名の人員を軍属として南方に派遣した。

派遣直後の現地では，南方総軍内の反出光感情が，相当に深刻であった。派遣された出光の要員は試練に直面したが，各地における彼らの働きぶりは効率的であり，困難な仕事を短期間で軌道に乗せた。このため，現地軍にただよっていた出光に対する敵意はしだいに解消し，積極的な支援さえ行われるようになった。そして，1943年には，南方の海軍占領地域での石油配給業務も，出光に委託されるにいたった[31]。

南方に向かう出光の要員に対して，1942年7月に出光佐三は，

> 南の新天地は白紙である。いささかの因襲情弊なし。吾人はこの白紙の天地において広大複雑と称せられる難事業を簡単容易に総合統一し，もって人の真の力を顕現せんとするものである。これ単に石油配給上の一些事と考うべきにあらずして，よってもって国家社会に対する一大示唆となすべきである。しかも吾人のみに課せられたる大使命たるを自覚すべきである[32]

と激励した。一方，南方に派遣された出光要員の1人であった富永武彦は，現地ジャワ島での状況について，次のように回顧している。

> 我々の任務はジャワ軍政監部の嘱託としてジャワの産業民需用の石油配給を円滑に行ふことである。軍需の方は野戦自動車廠が担任してゐた。〔中略〕
> ジャワではスラバヤ郊外のオノコロモとチエプーの二ヶ所で原油が採掘され夫々全地に製油所があった。
> 日本軍進駐時オランダ，オーストラリヤ連合軍はあらゆる油田，製油所を破壊炎上させて退去した。我々が上陸した昭和十八年〔1943年——引用者〕三

表 6-8 出光の従業員の構成（1944 年 1 月）

(単位：人)

地区等	男子社員	傭員	船員	女子従業員	計
内　　地	61	52	0	36	149
朝　　鮮	15	13	0	13	41
台　　湾	33	6	0	14	53
関 東 州	19	23	0	8	50
満　　洲	35	6	0	20	61
北　　支	59	16	0	29	104
中　　支	57	45	0	12	114
南　　支	11	11	0	4	26
南方・陸軍地区	142	0	0	0	142
南方・海軍地区	10	0	0	0	10
船　　員	0	0	70	0	70
入営応召	186	0	0	0	186
合　　計	628	172	70	136	1,006

出所）出光興産株式会社編『出光五十年史』1970 年，541-542 頁。

月でもジャワ各地に尚破壊炎上したタンク群が，飴の如くくづれ落ちその残骸を炎天下にさらしてゐた。その焼け落ちたタンクヤードを整理し日本から運んで来た解体タンク鉄板による油槽所再建も我々の仕事の一つであつた。
〔中略〕
小生の最初の勤務地は東部石油配給事務所傘下のマディウン州のマディウンに本拠を置き隣州のケデリー，スラカルタ州（ソロ）の三州を統轄する責任者となつた。〔中略〕
仕事は民生産業用のガソリン，灯油を始めとする石油の発券，業務，輸送から配給全般である。民生用の灯油配給基地として B. P. M.〔ロイヤル・ダッチ・シェルの系列会社──引用者〕N. K. P. M.〔カルテックスの系列会社──引用者〕が残したガソリンスタンドを活用した。灯油スタンドには自動車ならぬ原住民が種々雑多な容器を携えて配給を受けるべく長蛇の列がよく出来たものである[33)]。

富永は，ジャワ島内の東部地区から西部のバンドンに転勤となり，そこで終戦を迎え，4 カ月の捕虜生活を送ったのち帰国した。

出光の南方派遣石油配給要員は，陸軍占領区域のビルマ，マライ，フィリピン，スマトラ，ジャワ，北ボルネオ，および海軍占領区域の南ボルネオ，セレベス，バリ島で活動した。彼らのうち26名が，終戦までに南方の地で還らぬ人となった[34]。

表6-8は，1944年1月時点での出光の従業員数を示したものである。この時点で1,006人の従業員がいたが，内地で勤務する者は149人に過ぎなかった。また，入営応召している者も，186人にのぼった。

7. 敗戦による打撃（1945-1947年）

1945年8月15日の第2次世界大戦の敗戦によって，日本は，朝鮮・台湾・南樺太等の植民地を失うとともに，アメリカを中心とする連合国の占領下におかれることになった。出光は，戦時中，国内事業の大部分を統制会社に吸収され，主力を注いでいた海外事業も，敗戦によってそのすべてを喪失してしまった。残されたものは，約1,000人の従業員と約250万円の借金のみという深刻な状況だった[35]。

そのようなマイナスからの再スタートに不安が広がるなかで，出光佐三は，同年9月，次のように語った。

> 翻って出光を顧みると，内地に於ける事業は戦時中統制会社に取られて，ホンの形ばかりのものが残っているに過ぎない。台湾，朝鮮，満州，シナ及南方全域の事業は原子爆弾によりて消失した。出光は内地に於ける資金は海外に投資し，その利益も相当巨額に達しているが，その元金も利益も海外から取り寄せなかった。従って出光としては，内地に借金が残っている。事業は飛び借金は残ったが，出光には海外に八百名の人材がいる。これが唯一の資本であり，これが今後の事業を作る。人間尊重の出光は終戦に慌てて馘首してはならぬ[36]。

きわめて厳しい経営環境のなかで，これほど迅速かつ明確に「馘首せず」の大方針を打ち出したことは，当時の社会的風潮の下では，突出した行為であっ

た。多くの日本企業が敗戦を理由に大規模な人員整理を行い，その結果，失業が深刻な社会的問題となっているなかで，出光は，それとはまったく対照的に，1人も馘首しないことを宣言しただけでなく，海軍を退役した技術者を数多く受入れもしたのである。

　外地からの従業員の復員が相次ぐなか，「馘首せず」の大方針を貫くことは，けっして容易なことではなかった。終戦直後の時期には，日本の石油在庫は底をついており，日本を占領した連合国のGHQ（総司令部）は，石油の民需向け措置として，戦時中からの石油配給統制株式会社（石統）に配給業務を継続させることになった。戦前，1万6,000店にのぼったわが国の石油卸・小売業者は，戦時中には，わずか900カ所の配給所に整理統合され，石統の管理下に置かれていた。出光は，石統に旧営業地盤の返還を求めたが，受け入れられなかった。石統による統制の継続により，出光は，若松，下関，刈田，別府，名古屋の5店で戦時中からの石油配給業務を細々と担当するのみで，海外から続々と従業員が復員してきても，仕事はほとんど何もない状態だった。

　出光は，石油業への復帰をめざしつつ，この急場を凌ぐために，農業，醗酵事業，水産業，ラジオ修理販売業，タンク底油回収作業，印刷業などさまざまな仕事に従事した。これら畑違いの事業は大体失敗に終わったが，本業の石油業に復帰するまでの間，「馘首せず」の大方針を堅持して，出光とその従業員が生き延びるという点では，大きな意味をもった[37]。

　1947年6月，石統に代わる非営利の石油配給公団が設立された。出光が石油業へ復帰したのは，1947年10月に，出光の全国29店が石油配給公団指定の販売店となったときのことである。

　石油業への復帰にともなって出光は，企業体制の再編を行った。戦時下では，出光商会・出光興産・満洲出光興産・中華出光興産の4社体制で事業を推進してきたが，敗戦による外地事業の喪失などによって，その体制を維持することは不可能になった。そこで，出光は，石油配給公団の販売店指定の1カ月後に当たる1947年11月に，出光商会を出光興産に合併する措置をとり，以後は，出光興産株式会社の1社体制で事業経営に臨むことになった。出光興産の社長は，引き続き，出光佐三がつとめた。

小　括

　本章の課題は，出光商会の海外展開の全体像を，1911年の創業から1947年の同商会消滅までの全期間にわたって，明らかにすることにあった。ここで，冒頭に掲げた3つの論点に即して，検討結果の要諦を再確認することにしよう。

　まず，(1)の「出光商会の海外事業は，全事業のなかでどの程度のウエートを占めたか」について。1929年度の時点で，出光商会の支店売上高総額に占める海外支店売上高の比率は52.0％であった（前掲の表6-2）。出光商会は，1930年代にはいると「外地重点主義」の方針をとるようになり，1938年にはその方針を徹底した。1938年度の時点で，出光商会の支店売上高総額に占める海外売上高の比率は82.9％に達した（前掲の表6-6）。また，1944年1月には，出光の従業員（入営応召者と船員を除く）のうち海外で働く者の比率は，80.1％に及んだ（前掲表6-8）。

　次に，(2)の「『成功物語』の陰にかくれた出光商会の海外事業の問題点は何だったか」について。出光商会のなかで1929年度の支店別売上高が最大であった大連支店は，好況時の思惑取引の失敗や日本商権に対する圧迫，初代支店長の独立などの影響で，1920年代初頭から中葉にかけて，経営上の危機に遭遇した。また，日本の植民地であった朝鮮と台湾では，出光商会の市場開拓が成果をあげたのち，日本石油が現地に進出して，出光商会の活動を制限する事態が生じた。これは，出光商会が日本石油の特約店であったがゆえの制約であった。さらに，満洲，朝鮮，中国北部，南方では，それらの地域を支配下においた日本の支配機構（「満洲国」を含む）が展開した石油統制が，出光（商会）の海外事業にとって大きな制約要因となった。

　最後に，(3)の「出光商会の海外展開と日本軍の支配地域拡大とは，どのような関係にあったのか」について。日本軍の支配地域拡大は，たしかに，出光商会の海外展開を促進した。しかし，一方で，支配地域での日本軍の統制が出光（商会）の海外事業にとって制約要因となったことも，否定しがたい事実であ

る。この点では，満洲や中国北部，南方において，強化された石油統制のもとで出光（商会）が短期的には制約を受けたものの長期的には事業規模を拡大するという「逆転の構図」が発現したことが，重要である。

　戦後日本の石油産業においては，消費地精製方式が幅広く採用されてきた。消費地精製方式は，①下流部門への集中，②国内事業への集中という，「2つの集中」を特徴とする。しかし，内需の減退に直面するにいたった今日の日本の石油産業は，この「2つの集中」を打破することなくして，将来の成長戦略を描くことはできない[38]。②の集中を打破するうえで，戦前期における出光商会の海外展開の経験は，有用な教訓を与える。②の集中を打破して，日本の石油産業が国外市場へ本格的に進出した場合，当初は，制度面での制約や信用の未確立など，種々の困難に直面することであろう。そのときに想起すべきことは，戦前の出光（商会）が海外の事業活動において，しばしば「逆転の構図」を発現させたことである。日本の石油産業も，進出先の海外市場ではじめは苦難に直面するかもしれないが，効率的に事業活動を展開して「逆転の構図」を発現させることができれば，②の集中を打破することが可能となるのである。

[注]
1）出光興産株式会社編『出光五十年史』1970年，出光興産株式会社店主室編『積み重ねの七十年』1994年，出光興産株式会社人事部教育課編『出光略史第11版』2008年，など。
2）滝口凡夫『創造と可能への挑戦』西日本新聞社，1973年，鮎川勝治『反骨商法』徳間書店，1977年，橘川武郎『シリーズ情熱の日本経営史① 資源小国のエネルギー産業』芙蓉書房出版，2009年。
3）この点について，すでに筆者（橘川）は，「戦前・戦中の出光商会は，東アジアの日本軍の勢力圏を中心に店舗展開しましたが，このことは，出光佐三が軍部の追随者であったことを決して意味するものではありません。それどころか，佐三は，政府や軍部の石油統制に抵抗する姿勢を一貫してとり続けました」（前掲『シリーズ情熱の日本経営史① 資源小国のエネルギー産業』160頁），と指摘した。この点と，出光商会が日本軍の勢力圏を中心に店舗展開した事実とを，いかに整合的に説明するかが問われている。
4）中国東北部のこと。出光商会は「満洲」という呼称を用いていた。
5）下関出光史調査委員会・総務部出光史編纂室編『下関出光史調査集録並に本店概況』

1959 年,12-13 頁。
6) このほか,出光商会は,日本石油の要請を受け,1931 年に名古屋支店と山田支店(三重県)を開設し,中京地区でも石油製品の販売に携わった。
7) 以上の点については,関東州満洲出光史調査委員会・総務部出光史編纂室編『関東州満洲出光史及日満政治経済一般状況調査資料集録』1958 年,17-23 頁,前掲『出光五十年史』102-104 頁参照。
8) 前掲『関東州満洲出光史及日満政治経済一般状況調査資料集録』22-23 頁。
9) 以上の点については,前掲『関東州満洲出光史及日満政治経済一般状況調査資料集録』23-26 頁など参照。
10) 前掲『関東州満洲出光史及日満政治経済一般状況調査資料集録』24-25 頁。
11) 同前,99-100 頁。
12) 同前,101-102 頁。
13) 以上の点については,前掲『関東州満洲出光史及日満政治経済一般状況調査資料集録』27-30 頁参照。
14) 前掲『関東州満洲出光史及日満政治経済一般状況調査資料集録』40-41 頁。
15) 以上の点については,前掲『関東州満洲出光史及日満政治経済一般状況調査資料集録』71-83 頁参照。
16) 以上の点については,前掲『関東州満洲出光史及日満政治経済一般状況調査資料集録』85-96 頁参照。
17) 以上の点については,前掲『出光五十年史』118 頁,前掲『関東州満洲出光史及日満政治経済一般状況調査資料集録』208 頁など参照。
18) 以上の点については,朝鮮出光史調査委員会・総務部出光史編纂室編『朝鮮出光史及朝鮮政治経済一般状況調査資料集録』1959 年,22-117 頁参照。
19) 前掲『朝鮮出光史及朝鮮政治経済一般状況調査資料集録』88 頁。
20) 以上の点については,前掲『朝鮮出光史及朝鮮政治経済一般状況調査資料集録』94-117 頁参照。
21) 以上の点については,前掲『積み重ねの七十年』251-257 頁など参照。
22) 石油業法については,井口東輔『現代日本石油産業発達史 II 石油』交詢社,1963 年,253 頁参照。
23) 上海油槽所史調査委員会・総務部出光史編纂室編『出光上海油槽所史並中華出光興産状況調査集録(原稿)』1959 年,3 頁。
24) 以上の点については,前掲『出光上海油槽所史並中華出光興産状況調査集録(原稿)』3-12 頁参照。
25) 博多出光史調査委員会・総務部出光史編纂室編『博多出光史並一部本店状況調査集録』1959 年,97-98 頁。
26) 4 社の概要については,前掲『朝鮮出光史及朝鮮政治経済一般状況調査資料集録』

198-200 頁の記述による。
27) 前掲『朝鮮出光史及朝鮮政治経済一般状況調査資料集録』200-202 頁。
28) 前掲『出光上海油槽所史並中華出光興産状況調査集録（原稿）』14-17 頁。
29) 以上の点については，前掲『出光上海油槽所史並中華出光興産状況調査集録（原稿）』27-36 頁参照。
30) 以上の点については，前掲『出光上海油槽所史並中華出光興産状況調査集録（原稿）』47-50，76-82 頁，前掲『出光略史第 11 版』24-25 頁参照。
31) 以上の点については，前掲『積み重ねの七十年』306-315 頁，前掲『出光略史第 11 版』27-29 頁参照。
32) 出光佐三『人間尊重五十年』春秋社，1962 年，143 頁。
33) 富永武彦「ジヤワの思出」（手書き資料，1976 年）（出光興産株式会社『戦前南方勤務者回顧録（50 年史資料）』時期不明，所収）7-10 頁。
34) 以上の点については，前掲『出光五十年史』359-362 頁参照。
35) この点については，前掲『積み重ねの七十年』543 頁参照。
36) 出光佐三『我が六十年間 第一巻』1972 年，156 頁。
37) 以上の点については，前掲『積み重ねの七十年』557-561 頁，前掲『出光略史第 11 版』31-33 頁など参照。
38) この点について詳しくは，橘川武郎「石油開発ビジネスにおける日本企業の動向」（株式会社日本政策金融公庫国際協力銀行国際経営企画部国際調査室編『国際調査室報』第 4 号，2010 年）参照。

II ── 第2次世界大戦以降

第7章　GHQ の石油政策と消費地精製・外資提携

　本書の第Ⅱ部では，第2次世界大戦以降の日本における石油産業の動向に，目を向ける。分析に当たっては，第Ⅰ部と同様に，①外国石油会社と国内石油会社との対抗，②石油政策が石油産業の競争力に及ぼした影響，の2点の解明に力を注ぐ。

　このうち①の点に関連して言えば，ナショナル・フラッグ・オイル・カンパニーが存在しないという日本石油産業の構造的な脆弱性は，第2次大戦後の時期にも継承された。脆弱性のポイントのひとつは上流部門と下流部門の分断にあったが，本書の序章で指摘したように，「上下流分断の発端は，第2次世界大戦以前に日本の国内石油会社が，〔中略〕外国石油会社との競争で優位を確保するために，〔中略〕消費地精製主義を採用したことに求めることができる」。その「消費地精製主義は，第2次大戦の敗戦直後の時期に我が国の石油産業が，外資提携を通じて上流部分をメジャーズ系に大きく依存するようになったことによって増幅され，全面化した」。第Ⅱ部の冒頭に位置する本章の課題は，上下流分断を全面化させることになった消費地精製主義と外資提携に象徴される日本石油産業の戦後的な枠組みが，敗戦後の占領期にいかに形成されたかを明らかにすることにある。

　筆者（橘川）は，1980年代末から1990年代初頭にかけて，『通商産業政策史第3巻[1)]』および『東燃五十年史[2)]』の刊行に際して，占領下の日本の石油産業にかかわる部分の執筆を担当した。そして，その際，アメリカ・ワシントン D. C. 郊外のメリーランド州スートランドにある Washington National Records Center（National Archives の分館）が所蔵する GHQ/SCAP[3)] 文書[4)] や，1944年1月から1962年2月まで東亜燃料工業株式会社（現社名は東燃ゼネラル

第7章　GHQ の石油政策と消費地精製・外資提携　　179

表 7-1　占領下の日本の石油産業に関する主要な研究業績

表　　題	執筆者 (監修者)	発行者 (掲載書)	刊行年	資料の利用状況	
				Ⓐ	Ⓑ
『東燃十五年史』	土田敏熊	東亜燃料工業㈱	1956	×	×
『日本石油史』	長　誠次	日本石油㈱	1958	×	×
『現代日本産業発達史Ⅱ 石油』	井口東輔	交詢社	1963	×	×
『東燃三十年史』	(森川英正)	東亜燃料工業㈱	1971	×	×
「対日賠償政策の推移」	仙波恒徳	産業政策史研究所 (『産業政策史研究資料』)	1979	×	×
『中原延平傳』	奥田英雄	東亜燃料工業㈱	1981	×	○
『日本石油百年史』	──	日本石油㈱	1988	○	△
『東燃五十年史』	橘川武郎	東燃㈱	1991	○	○

注1)「資料の利用状況」の部分のⒶ, Ⓑ, ○, ×, △については本文参照。
　2) 執筆社 (監修者) は, 占領期の担当者を示す。『日本石油百年史』については,「あとがき」を読むかぎりでは特定できない。

石油株式会社)の社長をつとめた中原延平の日記など, きわめて貴重な資料に接する機会を得た。これらの資料は, GHQ の石油政策やメジャーズ (大手外国石油会社) の対日戦略に関して, 従来の諸研究が想定した状況と異なるいくつかの新たな事実を物語っている。そこで, GHQ/SCAP 文書や中原日記が明らかにした新事実のうち重要なものを確認しておこうというのが, 本章執筆の動機である。

　表 7-1 は, 占領下の日本の石油産業に関する主要な研究業績を一覧したものである。「資料の利用状況」の部分のⒶは GHQ/SCAP 文書を, Ⓑは中原日記を, それぞれ示し, 利用している場合は○, していない場合は×, 限定的に利用している場合は△を記してある。

　以下では, 表 7-1 で取り上げた諸研究を比較しながら, GHQ/SCAP 文書や中原日記が明らかにした重要な新事実のいくつかを確認してゆく。その際, 第 1 節では GHQ の石油政策の転換を, 第 2 節ではメジャーズの対日戦略の転換を, それぞれ取り上げる。そして, 最後に小括で, 検討結果を要約する。

1. GHQ の石油政策の転換

1）転換の始期

　占領初期には日本の石油産業に対して，「占領政策のなかで最も苛酷な政策が適用され[5]」たが，それを端的に示したのは，GHQ による 1946 年 1 月 21 日付の原油輸入禁止指令（SCAPIN640[6]）と，同年 9 月 27 日付の太平洋岸製油所の操業禁止指令（SCAPIN1236[7]）とであった。GHQ の石油政策を検討する場合には，この「苛酷な政策」がいつからどのように転換したかを明らかにすることが最大のポイントとなる。

　GHQ/SCAP 文書や中原延平日記を利用していない従来の諸研究（表 7-1 に掲げた『東燃十五年史』，『日本石油史』，『現代日本産業発達史 II　石油』，『東燃三十年史』，仙波恒徳論文）は，GHQ の石油政策転換の始期を 1948 年以降の時点に求めている[8]。しかし，このような見解には，看過しがたい重大な難点がある。それは，1946 年 11 月に公表されたポーレー最終報告が，事実上，原油輸入再開と太平洋岸製油所の操業再開を容認したのはなぜかを説明できない，という難点である。

　カリフォルニアの石油資本家であったポーレー（Edwin W. Pauley）によって 1946 年 4 月に作成され，同年 11 月に公表された賠償問題に関する最終報告は，原油処理能力 4 万バレル/日を上回る製油設備と 1,000 万バレルを上回る貯油設備を賠償対象として指定した[9]。このポーレー最終報告は，それ以前のポーレー中間報告（1945 年 12 月発表）や極東委員会の中間賠償計画（1946 年 9 月採択）が言及していなかった製油所の賠償撤去を初めて勧告した点では，日本の石油業界に衝撃を与えた。しかし，より重要な点は，製油能力日産 4 万バレル，貯油能力 1,000 万バレルというポーレー最終報告が提示した設備残置基準は，実質的には相当規模の原油輸入と太平洋岸製油所の操業を認めるものだったことである。この点については，1980 年代末-1990 年代初頭に刊行された『日本石油百年史』や『東燃五十年史』が詳しい記述を展開している[10]　ばかりではなく，1958 年発刊の『日本石油史』や 1971 年発刊の『東燃三十年

史』のなかにもほぼ同様の叙述が存在する[11]。

　ところで，1946年4月に作成されたポーレー最終報告を受け取ったアメリカ陸軍省は，同報告がまだ公表されていなかった1946年9月に，GHQに対して，日産4万バレルの製油能力と1,000万バレルの貯油能力を日本に残置することを認めるよう指示した[12]。しかし，同年10月の時点ではGHQは，この指示をいったん拒否し[13]，太平洋岸製油所の撤去を求める方針を堅持した[14]。

　当時，GHQの内部で太平洋岸製油所の撤去を強く主張していたのは，経済科学局（工業課）であった。ところが，1946年12月になると，GHQ内部で石油政策の最終決定権を握っていた参謀部第4部（以下では，G-4と記す）が経済科学局の撤去方針に反発するようになり，両者のあいだで意見の調整が進められた[15]。結局，G-4の主張が通り，同年12月末にGHQは，前言を翻して，アメリカ陸軍省の指示を受け入れることをワシントンに連絡した[16]。

　1946年12月にGHQが相当規模の太平洋岸製油所の残置を認めるポーレー最終報告の設備残置基準を承認したことは，太平洋岸製油所の撤去をめざしていた占領初期のGHQの苛酷な石油政策が転換し始めたことを意味するものであった。そして，原油輸入再開と太平洋岸製油所の操業再開を原則として容認するというGHQの姿勢は，その後も変わることがなかった。したがって，ここで問題にしているGHQの石油政策転換の始期は，1946年12月だったということになる[17]。

　このようなGHQの石油政策の変化を受けて，1946年末ごろから，日本政府や日本の石油精製業者のあいだに，将来における原油の輸入と太平洋岸製油所の操業は可能であるという，楽観的な見通しが広がり始めた[18]。中原日記によれば，1946年12月11日の石油精製業連合会の理事会において商工省鉱山局石油課長の桐山喜一郎は，GHQの担当者との会談をふまえて，時期は不明であるが原油の輸入は有望である旨報告した。東亜燃料工業社長の中原は，日記のなかで，1946年の「歳末ノ感」として，「賠償未決定ナレドモポーレー案ニテハ，精製工場ハ四万バーレル/日以下ヲ残ストイフ故，相当ノ仕事ハナシ得ベシ。講和条約ノ予定モ原油輸入ノ能否時期モ未定ニテ，不安裡ニ越年ス。シカシ一時ヨリハ有望トナレリト思フ」と書き，翌1947年の「年頭所感」とし

て,「講和条約,原油輸入ナド,本年ハ希望ノ年ナリ」と書いた。さらに中原は,1947年1月21日に野村駿吉(野村事務所代表社員)から「Reday 氏[19] ノ confidential ノ話ニヨレバ,日本ノ石油施設ハ賠償ニトラヌヨウワシントンニ GHQ ヨリ申請シ居レリ」,「コレガ許可ニナレバ原油ヲ輸入スルトイウ」との電話を受け,日記に「極メテ朗報ナリ」と記した。これら一連の中原日記の記述は,GHQ の石油政策転換の始期が 1946 年 12 月であったことを示す,傍証とみなすことができる。

2)ストライク報告の評価

GHQ の石油政策転換の始期が 1946 年 12 月であったとすると,ただちにひとつの疑問が発生する。それは,1946 年 12 月以降 GHQ の石油政策が太平洋岸製油所の残置を認める方向で転換しつつあったのに,1948 年 3 月に公表された第 2 次ストライク報告が日本の全製油所の閉鎖を打ち出したのはなぜか,という疑問である[20]。

ポーレー使節団につづいてアメリカ陸軍省の委嘱により来日したストライク(Clifford S. Strike)を団長とする賠償調査団は,1947 年 2 月に第 1 次報告を,1948 年 3 月に第 2 次報告を,それぞれ発表した。これらの報告は,日本の全製油能力と全貯油能力はポーレー最終報告が認めた設備残置基準をいずれも下回ると判定して,製油所を賠償撤去の対象から除外した。そして,その後,日本の製油所が賠償対象リストに掲載されることは,2 度となかった。

しかし,ストライク報告に関しては,日本の石油精製業界に希望を与えた側面よりも絶望をもたらした側面の方がはるかに大きかった。なぜなら,第 2 次ストライク報告が,賠償問題とは無関係に,日本の製油所の非近代性,非効率性を強調して,製油所施設の完全なスクラップ化と石油製品輸入への全面的な転換を勧告した[21]からである。

GHQ の石油政策が転換し始めたのちになぜストライク報告が発表されたかという疑問については,これまでの研究史のなかで,2 つの回答が示されてきた。ひとつは,表 6-1 に掲げた『中原延平傳』において主張された奥田英雄の見解であり,いまひとつは,雑誌『経済』に掲載された吉田文和の所説であ

る。

　奥田は，①ストライク報告を評価する場合には，日本の製油所に関して，スクラップ化を勧告したことよりも賠償対象から除外したことを重視すべきである，②東亜燃料工業や日本石油などの日本の石油精製業者は，ストライク報告によって大きなショックを受けたとは思われない，という2点を主張した[22]。この奥田の見解は，いわば問題の存在そのものを否定するものであるが，残念ながら，妥当性に乏しいと言わざるをえない。まず，①の議論は，第2次ストライク報告がとくに石油産業に言及し，日本海側のものを含めて日本の全製油所の閉鎖を強い調子で提案した事実を等閑視している。また，1946年に公表されたポーレー最終報告によって，民間製油所の多くが賠償対象から除外される見通しがすでに成立していたという事情も忘れている。次に，②の議論も，東亜燃料工業の中原がのちにストライク報告に関して「非常に大きいショックを受けた[23]」と回想していること，東亜燃料工業（東燃）や日本石油の会社史の大半がストライク報告の衝撃の大きさを記述していること[24]，などを考えあわせれば，説得力に欠ける。やはり，ストライク報告の特徴は製油所のスクラップ化を勧告した点にあり，それによって，日本の石油精製業者は大きなショックを受けたとみなすべきであろう。

　一方，吉田は，ストライク報告を一種の陽動作戦ととらえ，「PAGメンバーが日本でも西ヨーロッパにひきつづき，石油精製再開が目前にさしせまっていたことを知っていたはずであり，『石油界を驚愕と困惑のどん底に陥らせる』（『日本石油史』456頁[25]）ことにより主導権をにぎろうとした[26]」という議論を展開した。ここで言及されているPAGとは，GHQのG-4内に設置された石油顧問団（Petroleum Advisory Group）のことであり，そのメンバーとなったのは，カルテックス[27]，スタンダード・ヴァキューム・オイル・カンパニー（以下では，スタンヴァックと記す）[28]，シェル，タイドウォーター，ユニオンという外国石油会社の代表たちであった。吉田説によれば，ストライク調査団は，当時すでに日本の石油精製業者との提携をめざしつつあった外国石油会社（とくにカルテックスやスタンヴァックというメジャーズ系各社）が交渉上の「主導権」を握ることができるように，GHQと連携して，製油所のスクラップ化を

勧告したことになる[29]。

　しかし，GHQ/SCAP文書を見るかぎり，ストライク調査団が，日本での石油政策に関して，GHQやメジャーズ系各社と連携して行動したとは，とうてい思われない。GHQ/SCAP文書中に含まれている資料によれば，第2次ストライク報告が公表された直後の1948年3月26日の時点でGHQは，日本に製油所を残置させるという既定方針を崩していなかった[30]。そして，同年6月2日にGHQは，アメリカ陸軍省の発した①第2次ストライク報告の製油所スクラップ化勧告に賛同するか，②石油精製設備を賠償リストに入れることを提案するか，③占領期間中日本国内で石油製品を精製する方が外貨節約上有利と考えるか，という質問に対して，それぞれ，①ノー，②ノー，③イエスと回答した[31]。第2次ストライク報告の製油所閉鎖勧告を無視するというGHQの姿勢は，その後も変わらなかった[32]。

　以上の経過から明らかなように，ストライク調査団は，G-4や経済科学局というGHQ内の石油政策関連部門の意向をふまえずに，いわば外在的に日本の全製油所のスクラップ化を勧告した[33]。最近の諸研究が明らかにしているように，重要な占領政策をめぐって，GHQを含むアメリカ側関係者の内部では，見解の相違がしばしば生じた[34]。GHQの石油政策が転換し始めたのちになぜストライク報告が発表されたかという問題に対する真の解答は，アメリカ関係者内部の組織性の欠如に求めることができよう。

　東亜燃料工業の中原社長は，彼の日記によれば，第2次ストライク報告の製油所スクラップ化勧告に関する新聞報道があった翌日の1948年3月26日には，GHQ筋から製油所の残置を約する確度の高い情報を得ていた。奥田は，さきに紹介した②の議論（日本の石油精製業者はストライク報告によって大きなショックを受けたとは思われない，という議論）の重要な論拠として，中原日記がストライク報告にほとんど言及していない点を強調している[35]。しかし，この点は，中原が早い時期にストライク報告の効力を否定するGHQの情報に接したことによるものであり，彼が当初，ストライク報告によって「非常に大きいショックを受けた」こと自体を否定するものではない。われわれが中原日記から読みとるべき内容は，ストライク報告が日本の石油精製業者に衝撃を与え

なかったということではなく，同報告がGHQの石油政策の展開になんらの影響力ももたなかったということであろう。

3）ノエル報告の意味

1946年12月にGHQの石油政策が原油の輸入と太平洋岸製油所の操業を容認する方向へ転換し始め，1948年3月の第2次ストライク報告がその流れを変えることがなかったとすれば，いまひとつの問題があとに残る。それは，GHQの石油政策転換の開始から2年3カ月後の1949年3月に作成されたノエル報告が，あらためて原油の輸入と太平洋岸製油所の操業の必要性を強調した意味は何か，という問題である[36]。

この問題に解答を与えるためには，石油政策の具体的展開をめぐって，GHQ内の経済科学局とG-4の見解が食い違っていたという事情に目を向ける必要がある。第2次ストライク報告の製油所スクラップ化勧告を無視したGHQは，1948年9月に石油問題検討委員会（Petroleum Study Committee）を設置し，日本に残置することを認める製油能力と貯油能力を確定する作業にはいった[37]。この委員会は，経済科学局（5名），G-4（4名，うち石油顧問団から2名），天然資源局（1名），賠償局（1名）の各代表によって構成された[38]が，委員会設置の実質的なねらいは，食い違う経済科学局とG-4の意見を調整することにあった。

GHQ内に設けられた石油問題検討委員会において，経済科学局は無制限の製油能力と1,000万バレルの貯油能力の残置を主張し[39]，G-4は日産2万8,000バレルの製油能力と600万バレルの貯油能力の残置を提案した[40]。ポーレー最終報告の石油設備残置基準に対する対応をめぐって両者が対立した1946年12月には，太平洋岸製油所の撤去を主張した経済科学局の方が日本の石油産業に対して厳しい立場をとったが，1948年秋には，両者の立場が逆転したわけである。石油問題検討委員会でG-4が提案した石油設備残置基準は，かつてG-4自身が支持したポーレー最終報告のそれ（日産4万バレルの製油能力と1,000万バレルの貯油能力の残置）よりも厳しいものであった。ただし，製油能力の残置基準を日産2万8,000バレルにおくG-4のプランも，太平洋岸製

油所の残置を基本的には容認する内容となっていた。

　石油問題検討委員会における経済科学局とG-4との意見調整は，1948年9月から12月にかけて精力的に続けられた。その間，10月7日の委員会で，経済科学局とG-4は，①日本に残置を認める貯油能力は年間民間消費量の3分の1とする，②日本の製油所の精製設備を軍事的理由により撤去したり，スクラップしたりする方針をとらない，③従来の原油輸入禁止指令（SCAPIN640）や太平洋岸製油所の操業禁止指令（SCAPIN1236）を修正し，GHQの許可を受ければ，原油の輸入と太平洋岸製油所の操業を行うことができるようにする，などの点で合意するにいたった[41]。

　このように，1946年12月に始まったGHQの石油政策の転換は，1948年10月には，原油の輸入と太平洋岸製油所の操業の再開を原則的には容認する段階にまで到達した。しかし，経済科学局とG-4のあいだには，残置製油能力について制限を設けるか否か（別言すれば，どの程度まで太平洋岸製油所の操業を認めるか）という点での意見の相違が残ったままであった。

　経済科学局とG-4との見解の食い違いを解決するためには，日本全国の製油所の徹底的な再調査が必要であった。この調査を遂行するため，1948年12月に，ニュージャージー・スタンダードの石油精製技術者だったノエル（Henry M. Noel）が来日した[42]。

　ノエルは，1948年12月から49年3月にかけて，精力的に日本全国の製油所を調査した[43]。そして，1949年3月にいわゆる「ノエル報告」をまとめたが，それは，SCAPIN640の原油輸入禁止指令や第2次ストライク報告の製油所スクラップ化勧告がよりどころとした議論にことごとく反駁を加えたものであり[44]，原油の輸入や太平洋岸製油所の操業の再開が実現するうえでの決定的な理論的根拠となった。

　ノエルが日本の製油所を調査していたさなかの1949年1月にGHQの経済科学局は，原油の輸入と太平洋岸製油所の操業の再開を許可する旨の日本政府に対する覚書の原案を作成した[45]。この覚書原案の作成は，日本の製油能力に直接的な上限を設定しない（貯油能力については年間消費量の3分の1以下に制限する）という，経済科学局の考え方を具体化したものであった[46]。1949年1

月中に経済科学局は，覚書の原案をG-4に手渡し，承認を求めた[47]。G-4は，1949年3月にまとめられたノエル報告とあわせて検討した結果，同年6月になって，細部を修正したうえで，経済科学局作成の覚書原案に承認を与えた[48]。

このような経緯を経てGHQは，1949年7月13日に日本政府にあてて「太平洋岸製油所の操業と原油の輸入についての覚書」(SCAPIN2027)を発し，日本サイドが待ちかねていた太平洋岸製油所の復旧許可の方針を示した[49]。つづいて同年9月21日にGHQは，通商産業省鉱山局油政課に非公式覚書を送り，太平洋岸製油所の操業再開計画と原油輸入割当計画を指示した[50]。これらの計画は，GHQが日本政府向けに発した1949年11月28日付の覚書（SCAPIN6983-A）によって，一部修正のうえ，確認された[51]。

太平洋岸製油所の操業再開にあたって，GHQが復旧を認める製油所を選択し，原油の輸入割当量を決定するうえで重要な影響を及ぼしたのも，1949年6月に再度来日したノエルであった。例えば，同年8月22日付の中原日記には，「ノエル氏，一週間後帰米スル由，ソレマデニ製油所ヲ決定スル由，各社トモ猛運動中ラシ」と書かれている。ノエルは，1949年10月にまとめた最終報告のなかで，操業再開を認めた太平洋岸製油所の選択基準を明示した[52]。

以上述べてきたように，GHQが原油の輸入と太平洋岸製油所の操業の再開を許可する過程では，経済科学局とG-4の主導権争いが重要な意味をもった。両者の主導権争いは，石油問題について戦略的配慮よりも経済的配慮が重みを増すにつれて，従来のGHQの石油行政の中心であったG-4に代わって，経済科学局が発言力を強めたことによって生じたものであった[53]。経済科学局とG-4との意見が対立するなかで，ノエルは，経済科学局サイドの主張を通す切り札的な役割をはたした[54]。1946年12月のGHQの石油政策転換の開始から2年3カ月後に発表されたノエル報告が特別な意味をもったのは，この点においてであった[55]。

2. メジャーズの対日戦略の転換

1）転換の始期

　GHQ の G-4 内に設置された石油顧問団のメンバーとなった外国石油会社は，占領当初の時期には，戦前以来の生産地精製主義にもとづき，日本の石油市場を，原油の供給先ではなく製品の供給先として評価していた。そのことは，石油顧問団メンバーのカルテックス，スタンヴァック，シェル，タイドウォーターの 4 社の代表[56]がこぞって，1946 年 1 月の GHQ による原油輸入禁止指令（SCAPIN640）を支持したことに，端的な形で示されている[57]。

　しかし，メジャーズ系を含む外国石油会社の日本市場に対するこのような立場は，中東原油の大幅増産や西ヨーロッパでの消費地精製方式の拡大が進むにつれて，急速に変化していった。日本においても原油輸入を前提とした消費地精製方式を実施する方向へと転換したのであるが，占領期におけるメジャーズの対日戦略を検討する場合には，この転換がいつからどのように進展したかを明らかにすることが最大のポイントとなる。

　東亜燃料工業社長だった中原延平の日記を利用することができなかった従来の研究の多くは，メジャーズの対日戦略の転換（具体的には，日本の石油精製業者との提携交渉）が 1948 年に始まったと叙述している[58]。しかし，1947 年 1 月 20 日付の中原日記には，「Caltex ハ日石ト連繋スル話アリ。小倉前日石社長時代ニ日石ニテハ重役会マデ開キ，相談シタリトイウ」との記述がある。小倉房蔵が日本石油の社長をつとめたのは 1945 年 7 月 25 日から 1946 年 11 月 29 日までであるから，カルテックス・日本石油間の提携交渉は，1946 年 11 月以前に始まったことになる[59]。したがって，メジャーズの対日戦略転換の始期は，GHQ の石油政策転換の始期（1946 年 12 月）とほぼ同一の 1946 年 11 月以前の時点に求めることができる[60]。

　なお，1947 年 4 月には，駐米イギリス大使館員が，本国政府に対して，外国石油会社が日本の石油精製業に進出する構えをみせていることを報告した[61]。この事実も，メジャーズの対日戦略転換の始期が 1946 年 11 月以前で

あったという，上記の見解と整合的である。

2）提携交渉の提起者

中原延平日記を利用することができなかった従来の諸研究においては，占領下で進められたメジャーズと日本の石油精製業者との提携交渉について，その提起者を日本サイドに求める見解が支配的であった[62]。これに対して，奥田は，スタンヴァック・東亜燃料工業間の提携交渉に関する中原日記の記述にもとづき，交渉の提起者を日本サイドに求める見解を痛烈に批判しつつ[63]，次のような議論を展開した。

> 中原延平は，すでに述べたように「SVOC〔スタンヴァックのこと――引用者〕が最も望ましい提携先」と考えてはいたが，『東燃三十年史』が述べているように「中原社長はSVOCに対し，和歌山工場を視察してほしいとの意向を内々に伝えた……SVOCには当社から接触を開始した」（二一五頁[64]）という事実は，彼の「日記」についてみるかぎり，全くない。延平は，佐々木日石社長等と共に，原油輸入促進または製油所スクラップ化反対の陳情運動をなしたことはしばしばあるが，彼の側から，日本国内で外国石油会社に"接触を開始した"という事実はない。二十三年〔昭和23年＝1948年――引用者〕一月二十日の「日記」に書いているように「内地ニテハ工作セヌコトトス」を原則としていた。こちらが膝を屈して求めたのでなく，それは向うからやってきた。接触を求めたのは――少なくとも当方からの接触に先立って――接触を開始したのはSVOCの側からであった（日石―カルテックスの場合も同様に「向うからやってきた[65]」）。これは戦後のわが国石油産業における外資提携を性格づける場合に，きわめて重要な意義をもつ事実である[66]（圏点は奥田による）。

しかし，この奥田の所説は，従来の諸研究の多くがもっていた一面性を是正するという点では意味があるが，そのことに力を入れるあまり，逆の意味でやや一面的なものになっていると言わざるをえない。この点を検討するために，ポイントとなるいくつかの事実を確認しておこう。

表 7-2 提携交渉開始当時の日本における関連 4 社の状況

会社名	原油供給	精製	製品販売
東亜燃料工業	×	○	×
スタンヴァック	○	×	○
日本石油	×	○	○
カルテックス	○	×	×

出所）東燃株式会社編『東燃五十年史』1991 年，136 頁。
注）当該分野で十分な力をもつ場合は○，力不足の場合は×，を付した。

まず，中原日記からは，①1948 年 1-2 月の時期に東亜燃料工業は，スタンヴァックに提携を働きかけることを決定し，貿易会社エセックス社のクラーレンス園田社長にその仲介を依頼した[67]，②この園田の仲介が実行されたのは 1948 年 5 月のことであるが，それ以前の同年 4 月にスタンヴァック側の申し出により同社の代表団が東亜燃料工業の和歌山工場を視察した[68]，③ただし，この時点では，スタンヴァックは東亜燃料工業を提携交渉の相手として特定していたわけではなく，同社の代表団は，東亜燃料工業の和歌山工場のほかに，丸善石油の下津製油所も視察した[69]，などの諸点が判明する。そして，『東燃三十年史』に掲載された中原の回想からは，④東亜燃料工業の和歌山工場を視察したスタンヴァックの代表団を宿舎に訪ね，初めて提携交渉の開始を提案したのは中原自身だった[70]，ことがわかる。

奥田は，これらの事実のうち②を決定的に重視しているが，それは，一面的に過ぎる。①，③，④をも考慮に入れれば，スタンヴァック・東亜燃料工業間の提携交渉は，どちらか一方ではなく，ほぼ同時に双方が提起者となって始まったと言うべきであろう[71]。

メジャーズと日本の石油精製業者との提携は，両者にとってメリットをもっていた。表 7-2 にあるように，日本において，石油精製設備は有するが原油供給力と製品販売網をもたない東亜燃料工業と，原油供給力と製品販売網は有するが精製設備をもたないスタンヴァックとが提携することは，相互補完という意味で自然であった。また，精製面と製品販売面で十分な力をもちながら原油供給面で不十分性を残す日本石油と，原油供給面で十分な力をもちながら精製設備と製品販売網をもたないカルテックスとの提携においても，相互補完の原理は作用していた。メジャーズと日本の石油精製業者との提携交渉の提起者がどちらか一方ではなく，双方だったとみなす[72]重要な根拠は，ここに求める

ことができる。

小　括

　本章の冒頭で述べたように，占領下のGHQの石油政策やメジャーズの対日戦略に関して，「GHQ/SCAP文書や中原日記が明らかにした新事実のうち重要なものを確認しておこうというのが，本章執筆の動機であ」った。最後に，これまで確認した5つの新事実を要約しておこう。

　第1は，GHQの石油政策の転換の始期は，1946年12月だったことである。

　第2は，第2次ストライク報告の製油所スクラップ化勧告は，GHQの石油政策の基本的な流れからはずれたものだったことである。

　第3は，ノエル報告は，太平洋岸製油所の操業再開をどの程度まで認めるかという点でのGHQ内の見解の食い違いを解決する意味をもったことである。

　第4は，メジャーズの対日戦略の転換の始期は，1946年11月以前の時点だったことである。

　第5は，占領下で進められたメジャーズと日本の石油精製業者との提携交渉の提起者は，どちらか一方ではなく，双方だったと考えられることである。

　以上の諸点のうち第1点と第4点からわかるように，GHQの石油政策の転換とメジャーズの対日戦略の転換は，ほぼ同時期に始まった。また，メジャーズ系各社は，GHQ内で石油行政を担当するG-4に設置された石油顧問団に代表を送ることによって，GHQの石油政策の立案，決定，遂行に影響力を行使しうる立場にあった。消費地精製と外資提携によって特徴づけられる日本石油産業の戦後体制は，このようなGHQとメジャーズとの連携のもとでスタートを切ったのである。

[注]

1）通商産業省編『通商産業政策史 第3巻 第1期戦後復興期(2)』1992年。筆者の執筆担当部分は，第4章第1節の「エネルギー産業の再建」である。

2）東燃株式会社編『東燃五十年史』1991年。筆者の執筆担当部分は，第1編「創立か

ら戦中戦後の苦難期」の第 1 章，第 4 章，第 5 章の第 1 節・第 2 節，第 6 章の第 1 節の一部，および第 2 編「復興期」の第 1 章-第 4 章，第 8 章の第 1 節の一部である。

3） General Headquarters/Supreme Commander for the Allied Powers. 連合国最高司令官総司令部。本書では，GHQ と略す。

4） レコード・グループ・ナンバー（以下では，RG と略す）331 の GHQ/SCAP Records。本章では，原資料の探索を可能にするため，各資料のボックス・ナンバーとフォルダー・ナンバー（以下では，それぞれ，B，F と略す）も明記する。

5） 通商産業省編『商工政策史 第 23 巻 鉱業（下）』1980 年，242 頁。

6） Memorandum, Allen to Imperial Japanese Government, January 21, 1946, RG331, B7310, F12.

7） Memorandum, John B. Cooley to Imperial Japanese Government, September 27, 1946, RG331, B7310, F12.

8） 東亜燃料工業株式会社編『東燃十五年史』1956 年，645-646 頁，日本石油株式会社編『日本石油史』1958 年，457 頁，井口東輔『現代日本産業発達史 II 石油』交詢社，1963 年，384-385 頁，東亜燃料工業株式会社『東燃三十年史 上巻』1971 年，212 頁，仙波恒徳「対日賠償政策の推移」（産業政策史研究所『産業政策史研究資料』1979 年，所収）131，142 頁参照。

9） Notes re : Pauley Report, undated, RG331, B7310, F15.

10） 日本石油株式会社・日本石油精製株式会社社史編さん室編『日本石油百年史』1988 年，423-424 頁，前掲『東燃五十年史』63-64 頁参照。

11） 前掲『日本石油史』80 頁，前掲『東燃三十年史 上巻』203 頁参照。

12） Incoming Radio, W-80413, Washington to CINCAFPAC, September17, 1946, RG331, B7310, F15.

13） Outgoing Radio, C-66072, SCAP to Washington, October 10, 1946, RG331, B7310, F15.

14） Outgoing Message, SCAP to Washington, undated, RG331, B7310, F15.

15） Memorandum, H. M. Fish to Cruse, March 26, 1948, RG331, B7310, F15.

16） Outgoing Message, C-68626, SCAP to Washington, December 30, 1946, RG331, B7310, F15.

17） この点については，前掲『日本石油百年史』424-425 頁，前掲『東燃五十年史』94-96 頁参照。ただし，このうち『日本石油百年史』は，GHQ の石油政策転換の始期が 1946 年 12 月だったとは明言していない。

18） Cf. Petroleum Advisory Group, *Report of Civilian Petroleum Industry in Japan*, July 21, 1947, RG331, B388, F14, p. 5.

19） GHQ の経済科学局工業課長のリデイ（John Z. Reday）のことである。

20） GHQ の石油政策転換の始期を第 2 次ストライク報告の発表以降の時点に求める諸研究（『東燃十五年史』，『日本石油史』，『現代日本産業発達史 II 石油』，仙波論文）にお

いては，当然のことながら，このような疑問は発生しない。これに対して，第2次ストライク報告発表の直前の時期（1948年初頭）からGHQの石油政策が転換し始めたとする（前掲『東燃三十年史 上巻』212頁参照）『東燃三十年史』の場合には，「このような報告〔第2次ストライク報告——引用者〕は，占領軍ないしは米，英政府筋，さらには国際的な巨大石油会社のわが国石油業に対する態度のすべてを代表するものではなかった」（前掲『東燃三十年史 上巻』211頁）という，よりリアルな記述を展開している。

21）前掲『東燃十五年史』640-641頁参照。
22）奥田英雄『中原延平傳』東亜燃料工業株式会社，1981年，402-404頁参照。
23）東亜燃料工業株式会社編『東燃三十年史 下巻』1971年，374頁。
24）前掲『東燃十五年史』640頁，前掲『日本石油史』457頁，前掲『東燃三十年史 上巻』210-211頁，前掲『東燃三十年史 下巻』374頁，前掲『東燃五十年史』98頁参照。前掲『日本石油百年史』427-428頁だけがややニュアンスの異なる記述を展開しているが，これは，奥田が同書の刊行に関与したことによるものであろう。
25）正確には，前掲『日本石油史』の457頁に，「このストライク報告が，わが石油界を驚愕と困惑のどん底に陥らせたことは想像に難くない」という文章がある。
26）吉田文和「エネルギー政策と技術の諸問題」（『経済』1975年12月号）217頁。
27）カルテックスは，カリフォルニア・スタンダードとテキサス会社の折半出資により，1936年に設立された。
28）スタンヴァックは，ニュージャージー・スタンダードとソコニー・ヴァキュームの折半出資により，1933年に設立された。
29）この点については，仙波前掲論文，110頁参照。
30）Op. cit., Memorandum, Fish to Cruse, March 26, 1948.
31）W. A. Thurman, Teleconference between FEC and DA, June 2, 1948, RG331, B7310, F15.
32）R. C. Ludlum, "Some Considerations Affecting the Proposed Rebirth of Japan's Petroleum Refining Industry," August 2, 1948, RG331, B7310, F15.
33）この点については，前掲『日本石油百年史』428頁，前掲『東燃五十年史』97-98頁参照。ただし，このうち『日本石油百年史』は，1948年6月の時点で，石油顧問団が第2次ストライク報告に近い立場をとったとも述べている（429頁参照）。
34）例えば，電気事業再編成をめぐるアメリカ側関係者内部での見解の相違については，橘川武郎「資料 電気事業再編成とGHQ(1)(2)(3)」（青山学院大学『青山経営論集』第25巻第3号，同第4号，第26巻第1号，1990-91年）参照。
35）奥田前掲書，403頁参照。
36）GHQの石油政策転換の始期を1948年以降の時点に求める諸研究（『東燃十五年史』，『日本石油史』，『現代日本産業発達史Ⅱ 石油』，『東燃三十年史』，仙波論文）においては，このような問題は初めから生じない。

37) H. B. Overton, Conference Report, September 4, 1948, RG331, B7310, F12.
38) Overton, Memorandum, undated, RG331, B7339, F18.
39) Proposed Controls over Japanese Petroleum Industry, September 30, 1948, RG331, B7339, F18.
40) Proposed Controls over Japanese Petroleum Industry, October 1, 1948, RG331, B7339, F18.
41) Overton, Minutes of Petroleum Study Committee Meeting, October 7, 1948, RG331, B7339, F18.
42) Overton, Memo for Record, December 16, 1948, RG331, B7254, F10.
43) Noel, Memo for Record, January 3, 1949, RG331, B7254, F10, Letter, Noel to Roy R. May, February 10, 1949, RG331, B7254, F10, Noel, Memorandum for File, February 23, 1949, RG331, B7254, F10, and Noel, *Survey of Petroleum Refineries of Japan*, RG331, B7254, F10. ノエルの製油所調査に比べて，ストライク調査団の製油所調査は，ずさんであった。この点については，前掲『東燃三十年史 下巻』374 頁参照。
44) ESS, GHQ, SCAP, *The Petroleum Refineries of Japan*, March 25, 1949, RG331, B7203, F6.
45) Draft of Memorandum for Japanese Government, undated, RG331, B7309, F18.
46) W. F. Marquat, Memorandum for Chief of Staff, January 11, 1949, RG331, B7339, F18.
47) Checknote No. 6, ESS to G-4, January 24, 1949, RG331, B7339, F18.
48) Checknote No. 7, G-4 to ESS, June 3, 1949, RG331, B7339, F18.
49) Memorandum, R. M. Levy to Japanese Government, July 13, 1949, RG331, B7595, F13.
50) Informal Memorandum, W. S. Vaughan to MITI, Mining Bureau, Petroleum Administrative Section, undated, RG331, B7254, F10.
51)「太平洋岸石油製油所の操業と原油輸入について 1949 年 11 月 28 日附日本政府宛覚書（SCAPIN6983-1）」参照。
52) Noel, *Final Report, Petroleum Refinery Operations*, October 24, 1949, RG331, B6339, F3.
53) W. F. Marquat, Administration of Petroleum Matters, September, 1, 1949, RG331, B7595, F13, Memorandum, G. L. Eberle to Calvin Verity, September 26, 1949, RG331, B7595, F13, Memorandum E. A. Hough to F. L. Whittington, October 27, 1949, RG331, B7595, F13, T. J. McCarvill, *Japanese Petroleum Refining Industry*, November 7, 1949, p. 14, RG331, B7378, F1, and Memorandum, Verity to Assistant Chief of Staff, G-4, November 18, 1949, RG331, B7595, F13.
54) 中原日記によれば，1949 年 3 月 12 日にノエルは，中原に対して，自分の報告が原油輸入の成否を握る鍵であり，自分としては帰国するまでに原油輸入の必要性について経済科学局と G-4 を説得するつもりである，などと伝えた。
55) ノエル報告の意味については，前掲『日本石油百年史』516-517 頁，前掲『東燃五十年史』108-109 頁も参照。
56) ユニオンの代表が石油顧問団のメンバーとなったのは，1950 年 9 月のことであった。

57) Webster Anderson, Memorandun, May 25, 1946, RG331, B7310, F15.
58) 前掲『東燃十五年史』808 頁, 前掲『日本石油史』84, 487 頁, 井口前掲書, 391 頁, 仙波前掲論文, 110 頁参照。なお, 前掲『東燃三十年史 上巻』は, 転換の始期を 1947-48 年ごろに求めている（214-215 頁参照）。
59) 奥田前掲書, 391-392 頁, 前掲『日本石油百年史』443 頁, 前掲『東燃五十年史』136 頁参照。
60) カルテックス・日本石油間の提携交渉は, 外国石油会社と日本の石油精製業者との間の一連の提携交渉の先陣を切って, 開始された。
61) Letter, C. E. H. Druitt to C. Elias, April 21, 1947, イギリス・ロンドン郊外のサリー州リッチモンドにある The National Archives が所蔵する POWE33, Petroleum: Cerrespondence and Papers, リファランス・ナンバー 1414。
62) 前掲『東燃十五年史』807-808 頁, 前掲『日本石油史』84 頁, 井口前掲書, 389-391 頁, 前掲『東燃三十年史 上巻』214-215 頁参照。
63) 奥田前掲書, 392-393, 414-416 頁参照。
64) 前掲『東燃三十年史 上巻』215 頁。
65) この点についての論拠は, 明示されていない。
66) 奥田前掲書, 414-415 頁。
67) 1948 年 1 月 5 日付, 1 月 20 日付, 2 月 20 日付中原日記参照。
68) 1948 年 4 月 20 日付, 4 月 27 日付, 5 月 17 日付, 5 月 28 日付中原日記参照。
69) 1948 年 4 月 28 日付中原日記参照。なお, この点について, 前掲『東燃三十年史 上巻』は,「この段階では, SVOC〔スタンヴァックのこと——引用者〕は当社と提携する意思をまだ固めていなかった。したがって, この視察の目的は, あくまでも提携会社の物色にあった。その証拠に, トムリンソン〔スタンヴァックの技術担当取締役——引用者〕一行は, 当社和歌山工場を視察した後, 丸善石油下津製油所におもむいている」（216 頁）と述べている。
70) 前掲『東燃三十年史 下巻』375 頁参照。
71) 前掲『東燃五十年史』139-141 頁参照。
72) この点は, カルテックス・日本石油間の提携交渉についても, あてはまるものと考えられる。詳しくは, 前掲『日本石油百年史』443 頁参照。

第8章　外資への挑戦とその限界

　消費地精製と外資提携とによって特徴づけられる日本石油産業の戦後体制は，長期にわたって継続した。この体制のもとで，ナショナル・フラッグ・オイル・カンパニーが存在しないという状況は，構造化することになった。
　第2次世界大戦後の日米関係経営史に目を向けると，多くの製造業において，日本企業によるアメリカ企業のキャッチアップ，あるいは「日米逆転」が進行したことがわかる[1]。ただし，そこで見落とすことができない点は，日本市場においてさえ，戦後長期にわたって「強いアメリカ」が継続した産業がいくつか存在したことである。本章の課題は，そのような産業の代表格である石油産業について，戦後の日本で「強さ」を持続したエクソン，モービルに対する東燃，出光興産の挑戦のプロセスを，その限界とともに明らかにすることにある。
　このように課題設定を行うと，ただちに生じる疑問がひとつある。それは，エクソンやモービルが東燃の資本提携相手であるにもかかわらず，東燃がエクソンやモービルに挑戦したと言うのはいかなる意味か，という疑問である。厳密に言えば，東燃の挑戦とは，父子2代で長期にわたって東燃社長をつとめた中原延平と中原伸之の挑戦のことである。中原父子は，大株主として高額配当を第一義的に要求するエクソンやモービルのアメリカ式企業経営の路線に対抗し，現場の経営者として，長期的な競争力の強化と，そのために必要な資金の源泉となる内部留保とを重視する日本式企業経営の路線を追求したとみなすことができる[2]。彼らの行動は，「民族系石油会社の雄」である出光興産を率いた出光佐三が展開した企業者活動とは別な意味での，戦後日本の石油産業における「強いアメリカ」への挑戦だったのである。

第8章　外資への挑戦とその限界　197

　本章では，第1節で，本書のここまでの記述の要約を行ったうえで，戦後の日本におけるエクソンとモービルの事業展開を概観し，「強いアメリカ」の実態に迫る。つづいて，第2節で東燃の中原父子，第3節で出光興産の出光佐三にそれぞれ光を当て，彼らの「強いアメリカ」への挑戦のプロセスを，その限界とともに明らかにする。そして最後に，小括で，戦後日本の石油産業において「強いアメリカ」が継続したことの理由に関して，総括的な考察を加える。

1. エクソン，モービルと日本市場

1) スタンヴァックおよびその前身の戦前の事業展開

　エクソンとモービルの日本における事業活動は，モービルの前身に当たるヴァキュームとソコニーがあいついで日本支店を開設した1892-93年の時点にまでさかのぼる[3]。1892年神戸に日本支店を開設したヴァキューム[4]は主として日本の機械油市場で，翌1893年横浜に日本支店を開設したソコニーは同じく灯油市場で，長期にわたって大きな販売シェアを占め続けた。日本支店開設当時，ソコニーはロックフェラーが率いるスタンダード・オイル・グループの重要な構成企業であったし，ヴァキュームもロックフェラーの傘下にあった。しかし，1911年5月のアメリカ最高裁判決によるスタンダードグループの解体によって，ソコニーとヴァキュームは，それぞれ独立企業としての道を歩むことになった。

　この間にソコニーは，1900年11月にインターナショナル・オイル（インター）を設立し，いったんは日本での産油・精製事業に進出した。しかし，ソコニーは，1907年6月と1911年2月にインターの資産を日本石油に売却して，産油・精製事業から撤退し，以後日本では，石油製品の販売活動にのみ専心することになった。

　ソコニーの日本における石油製品販売にとって主要なライバルとなったのは，イギリス・オランダ系のロイヤル・ダッチ・シェルグループに属するアジアチックの日本子会社，ライジングサンであった。日本において1910年2月に成立した4社協定[5]で，ソコニーとライジングサンの灯油販売シェアがそ

れぞれ43％と22％と決められたことからわかるように，1900年代末には，ソコニーが日本市場における地位の点でライジングサンを凌駕していた。ところが，アメリカ国務省文書によってソコニーとライジングサンの日本市場における石油製品別販売シェアが判明する1930年代初頭になると，両社の立場は逆転する。1930年の日本市場において，灯油の販売量という点ではひき続きソコニー（灯油販売シェア38％）がライジングサン（同20％）を上回っていたものの，当時灯油に代わって既に主力石油製品となっていた肝心のガソリン販売に関しては，ソコニー（ガソリン販売シェア24％）はライジングサン（同35％）の後塵を拝する状態であった。つまり，1910-1920年代を通じて日本市場におけるソコニーとライジングサンの地位が逆転するという重大な変化が生じたわけであるが，その原因は何だったのであろうか。

　既に本書の第2章で詳しく検討したように，1910-20年代に日本市場におけるソコニーの地位が低下した最大の原因は，世界的な販売戦略の中での位置づけが不明確だったために，日本で中心的な製品として急速に消費量が増大しつつあったガソリンの販売に関して，ソコニーが十分な対応をとらなかったことに求めることができる。ここで言う1910-1920年代のソコニーの世界的な販売戦略については，次の2点に目を向ける必要がある。それは，①アメリカでガソリン需要が灯油需要を上回った1910年代半ば以降，ソコニーの営業活動の中心となったのはアメリカ本国におけるガソリン販売であった点と，②ただし，アメリカ国内でのガソリン販売を順調に拡大させるためには同国内の製油所でガソリンと同時に生産される灯油の販路を確保する必要があり，ソコニーは，あいかわらず灯油需要がガソリン需要を上回っていたアジア地域での営業活動にも力を入れた点とである。アメリカの裁判資料によって，1929年のソコニーの国別製品別販売量を知ることができるが，当時の同社の海外販売拠点のなかで，灯油販売量がガソリン販売量を圧倒する中国やインドは戦略的な意味合いが明確な市場であり，逆に灯油販売量がガソリン販売量を下回る日本は戦略的な意味合いが不明確な市場だったわけである。

　ソコニーの場合とは対照的に蘭印（オランダ領東インド，現在のインドネシア）に生産拠点をもち，アジア・太平洋地域で営業活動を展開するアジアチッ

ク（ライジングサンの親会社）にとっては，営業地域内で数少ないガソリン多消費国である日本でガソリンを大量に販売することの戦略的意味は，きわめて明瞭だった。ライジングサンが，ソコニーとは違って日本でのガソリン販売に早くから力を入れ，1910-1920年代を経て，日本市場における最大のガソリン販売会社となった（前掲表3-3参照）のは，このためであった。

ソコニーにとって日本におけるガソリン販売の戦略的意味が不明確であるという状況は，やがてスタンヴァックの成立によって解消することになったが，そこへいたる経緯はやや複雑であった。まず，日本支店開設から40年近くたった1931年7月にソコニーとヴァキュームが合併しソコニー・ヴァキュームが成立したことを受けて，1932年8月にはソコニー・ヴァキューム日本支社（ソコニー日本支店とヴァキューム日本支店が合体したもの）が新発足したが，同支社は，さらに翌1933年9月にスタンヴァック日本支社へ改組された。これは，1933年9月にソコニー・ヴァキューム（モービルの前身）とニュージャージー・スタンダード（エクソンの前身）が折半出資でスタンヴァック（スタンダード・ヴァキューム・オイル・カンパニー）を設立し，主としてスエズ以東の前者の海外販売機構と後者の海外生産施設とを統合したことの結果であった。

前述したように，1910-1920年代のソコニーおよび1930年代初頭に発足したソコニー・ヴァキュームにとって日本は，戦略的な意味合いが必ずしも明確でない市場であった。しかし，スタンヴァックの成立によって，この点は一変した。灯油需要がガソリン需要を上回るアジア・太平洋地域を主要な営業地域とするスタンヴァックは，ソコニーないしソコニー・ヴァキュームが灯油の販路確保に苦慮したのとは対照的に，ガソリンの販路確保に苦慮することになった。そのスタンヴァックが，アジア地域のなかで例外的に大きなガソリン需要が存在する日本市場を戦略的に重視したのは，いわば当然のことであった。

スタンヴァックの成立は，日本市場に対する石油製品供給ルートの変更をもたらした。ソコニーないしヴァキュームないしソコニー・ヴァキュームは，主としてアメリカ国内の製油所で生産した製品を日本市場へ供給したが，これに対してスタンヴァックは，主として蘭印の製油所で生産した製品を日本に送っ

た。つまり，スタンヴァック日本支社は，蘭印から石油製品を輸入して日本で販売するという点で，ライジングサンと同様の立場に立つことになったわけである。

スタンヴァックの日本でのガソリン販売は，戦略的な意味合いが明確になったにもかかわらず，ただちに新たな壁にぶつかることになった。1934年3月に公布され，同年7月に施行された石油業法が，それである。同法は，①石油の精製業と輸入業は政府の許可制とし，政府はそれぞれに対して製品販売数量の割当を行う，②石油の精製業者と輸入業者に一定量の石油保有義務を課する，③政府は，必要な場合に石油の需給を調節したり価格を変更したりする権限をもつ，などの諸点を主要な内容としていた。

やや意外なことに，石油業法の制定過程においては，スタンヴァックとライジングサンは，積極的に抵抗する姿勢を示さなかった。このため，同法をめぐって，日本政府と外国石油会社が交渉を行うこともほとんどなかった。これは，スタンヴァックとライジングサンが，1933年9月の松方日ソ石油の参入を契機とする激烈なガソリン販売競争を収束させるためには，石油業法が一面でもつ業界安定機能に期待した方が得策だと判断したことによるものであった。

ところが，1934年6-8月の時期になると，6月の7社協定[6]によって激烈なガソリン販売競争に終止符が打たれる一方で，①石油製品販売数量割当が国内精製業者に有利で，製品輸入業者に不利なものであること（当時のスタンヴァックとライジングサンは，いずれも，日本国内で石油精製を行わない製品輸入業者であった），②石油保有義務（貯油義務）が石油会社に膨大な負担を強いること，などの石油業法の問題点が明確化するにいたった。このため，そのころから1937年にかけて，日本政府と外国石油会社とのあいだで継続的に交渉が繰り返されることになったが，最終的には，次のような2つの結果が生じた。

第1は，スタンヴァックとライジングサンが強く抵抗したにもかかわらず，製品輸入業者に不利な石油製品販売数量割当によって，両社の販売シェアが低下したことである。そして第2は，スタンヴァックとライジングサンが，貯油義務をはたさないまま，太平洋戦争が始まった1941年12月まで日本での事業

活動を継続したことである。

　このような二面的な結果が生じたのは，当時の日本政府が，石油産業にたいして二面的な対応をしていたからである。日本政府は，(A)戦略物資である石油の対外依存度を低下させるために国内精製業を育成することと，(B)石油の絶対量を確保するために一定規模の製品輸入業を継続させること（端的に言えば，(A)の措置に反発して外国石油会社が日本から撤退することを阻止すること）という，ある意味では矛盾する2つの課題を同時に追求した。スタンヴァックとライジングサンが，日本市場での石油製品販売シェアを低下させながら，太平洋戦争開始時まで日本での事業活動を継続したのは，上記のような日本政府の二面的な対応を反映したものである。

2）消費地精製方式への転換と戦後の事業展開

　太平洋戦争の開始にともない1941年12月に日本支社の閉鎖を余儀なくされたスタンヴァック（エクソンの前身であるニュージャージー・スタンダードと，モービルの前身であるソコニー・ヴァキュームとが折半出資で1933年に設立した海外子会社）は，終戦後4年弱を経た1949年4月に日本での事業活動を再開した。活動再開にあたり元売会社[7]のひとつに指定されたスタンヴァックは，シェル石油（ライジングサンが1948年10月に改称したもの）やアメリカ系のカルテックスと同率の24％の石油製品元売割当を受けた。

　スタンヴァックの日本での事業再スタートに関して特筆すべきことは，その直前の1949年2月に東亜燃料工業（東燃）と資本提携したことである。前掲した表1-3から明らかなように，スタンヴァックと東燃との資本提携は，1949年から1952年にかけて日本の石油会社が推進した一連の外資提携の先陣を切るものであった。

　スタンヴァックと東燃との提携は，スタンヴァックが供給した原油を東燃が精製し，その製品をスタンヴァックが販売するという内容になっていた。この提携は，前掲表1-3に示された他の一連の提携と同様に，第2次世界大戦後メジャーズ（大手国際石油資本）が従来の生産地精製方式に代えて消費地精製方式を採用したという，世界的な石油業界の新しい流れに沿うものであった。

GHQのG-4（参謀部第4部）内に設置された石油顧問団にメンバーを送りこんだスタンヴァックなどの外国石油会社は，占領当初の時期には，戦前以来の生産地精製主義にもとづき，日本の石油市場を，原油の供給先ではなく製品の供給先として評価していた。そのことは，石油顧問団メンバーのスタンヴァック，カルテックス，シェル，タイドウォーターの4社の代表がこぞって，1946年1月のGHQによる原油輸入禁止指令（SCAPIN640）を支持したことに，端的な形で示されている。

　しかし，メジャーズを含む外国石油会社の日本市場に対するこのような立場は，中東原油の大幅増産や西ヨーロッパでの消費地精製方式の拡大が進むにつれて，急速に変化していった。本書の第7章で検討したように，メジャーズの対日戦略の転換（具体的には，消費地精製主義の採用にもとづく日本の石油精製業者との提携交渉）は，1946年11月までには始まっていたのである。

　メジャーズと日本の石油精製業者との提携は，両者にとってメリットをもっていた。例えば，日本において，石油精製設備は有するが原油供給力と製品販売網をもたない東燃と，原油供給力と製品販売網は有するが精製設備をもたないスタンヴァックが提携することは，相互補完という意味で自然であった（前掲表7-2参照）。また，精製面と製品販売面では十分な力をもちながら原油供給面で不十分性を残す日本石油と，原油供給面で十分な力をもちながら精製設備と製品販売網をもたないカルテックスとの提携においても，相互補完の原理は作用していた。

　スタンヴァックと東燃との提携に焦点を合わせれば，それは，スタンヴァックにとって原油販売の拡大という点で大きな意味をもった。アメリカの議会図書館（ワシントンD. C.）にはスタンヴァックの社内報が現存するが，1949年の東燃との提携の成立を大々的に伝えた社内報1面のトップ記事は，東燃の清水・和歌山両製油所の稼働によって，スタンヴァックの原油処理量が15％増大する点を強調している[8]。現実に，1950年のスタンヴァックの原油処理量は，日本以外の製油所で減産が見られたにもかかわらず，東燃の2製油所の操業再開によって，対前年比11％増加した[9]。なお，スタンヴァック・東燃間の提携が東燃サイドにとっていかなる意味をもったかについては，次節で後述す

る。

　ところで，スタンヴァックの一方の親会社であるニュージャージー・スタンダードは，1960年11月に，1953年以来アメリカで審理中であった独禁法違反訴訟について，スタンヴァックの事実上の解体という内容を含む同意判決を受諾した。これが契機となってスタンヴァックの解体が進むなかで，1961年12月には，ニュージャージー・スタンダード系のエッソ・スタンダード石油とソコニー・モービル（ソコニー・ヴァキュームが1955年4月に改称したもの）系のモービル石油が，いずれも日本法人として設立された。そして，翌1962年3月にスタンヴァックの日本支社の清算事務は完了し，同社の資産および事業は，エッソ・スタンダード石油とモービル石油の2社に分割して継承されることになった。なお，スタンヴァックが所有していた東燃の株式は，ニュージャージー・スタンダードの子会社エッソ・イースタンとソコニー・モービルの子会社モービル・ペトロリアムに，均等分割された。

　スタンヴァック日本支社の解体，改組が完了した1962年には，新しい石油業法が制定された（同年5月公布，7月施行）。新石油業法の主要な内容は，①通産大臣が石油供給計画を作成する，②石油精製事業を許可制とする，③特定の精製設備の新，増設も許可制とする，④石油製品生産計画と石油輸入計画については届出制をとる，⑤必要な場合には通商産業大臣が石油製品販売価格の標準額を告示する，などの諸点にあった。

　新石油業法に賛成したのは，東燃，大協石油，亜細亜石油，日本鉱業，東亜石油，丸善石油，日本漁網船具，日網石油精製の8社，条件つきで賛成したのは，日本石油，日本石油精製，興亜石油，三菱石油，ゼネラル石油，ゼネラル物産，昭和石油，昭和四日市石油，エッソ石油の9社，反対したのは，出光興産，カルテックス，シェル石油の3社であった[10]。外資提携企業（東燃や日本石油など）が賛成ないし条件つき賛成の立場をとったこと，メジャーズ系の一部が条件つき賛成派にまわったこと[11]などの背景には，イラン石油やソ連原油の輸入，石油精製業への参入など独特の経営行動をつうじて急成長をとげつつあった出光興産（表8-1参照）の動きを，新石油業法によって封じ込めようという意図があった。

表 8-1　戦後の日本におけるグループ別精製能力シェアおよび石油製品販売量シェア

(単位：％)

グループ別	内訳	1950年	55年	60年	65年度	70年度	75年度	80年度	85年度	90年度
エッソ・モービルグループ	精製能力	21.4	17.3	21.3	18.1	15.6	15.8	15.7	16.5	15.3
	販売量	23.4	22.9	18.3	18.3	17.2	17.2	16.6	17.4	16.0
シェルグループ	精製能力	12.5	8.7	12.7	13.7	11.2	11.6	13.3	12.6	11.0
	販売量	19.5	16.2	15.6	12.5	12.1	12.0	11.6	11.6	11.1
日本石油グループ	精製能力	39.7	29.2	16.3	19.3	15.9	14.1	15.1	16.6	15.8
	販売量	30.6	22.9	19.9	18.9	17.4	17.1	18.6	17.1	16.9
三菱石油グループ	精製能力	6.4	10.2	7.4	6.0	6.5	8.0	8.0	7.7	8.0
	販売量	6.5	10.3	9.4	8.4	8.4	7.8	7.6	7.5	8.3
出光興産グループ	精製能力	−	−	13.7	11.7	11.5	15.1	15.2	14.8	15.4
	販売量	8.6	10.7	14.3	16.7	14.3	14.0	14.5	15.9	14.4
丸善石油グループ	精製能力	12.7	16.5	9.9	6.7	9.4	6.6	6.6	11.8	14.2
	販売量	6.5	9.4	10.7	8.2	8.5	8.7	7.6	13.4	13.2
大協石油	精製能力	3.2	8.7	7.6	5.6	3.8	3.6	3.6	↗	↗
	販売量	1.5	5.1	4.6	4.6	4.6	5.1	5.7	↗	↗
共同石油グループ	精製能力	−	−	−	10.4	18.5	18.8	17.1	14.7	12.3
	販売量	−	−	−	10.5	12.4	13.8	13.5	13.5	13.4
その他	精製能力	4.1	9.4	11.1	8.6	7.6	6.4	5.4	5.3	8.1
	販売量	3.4	2.5	7.2	1.9	5.1	4.4	4.1	4.7	6.7

出所)　1950-60年は，済藤友明「石油」（米川伸一・下川浩一・山崎広明編『戦後日本経営史 第II巻』東洋経済新報社，1990年）参照。1965年度以降は，石油通信社『石油資料』各年版。

注1)　精製能力は各年度末の許可能力のシェア。
　2)　エッソ・モービルグループの1960年以前はスタンヴァックグループ。一貫してゼネラル石油グループを含む。
　3)　シェルグループの1980年度以降には東亜石油を含む。1985年度以降は昭和シェル石油グループ。
　4)　丸善石油グループと大協石油は合体して，1985年度以降はコスモ石油グループ（丸善石油グループの数値に続けて，コスモ石油グループの数値を記入した）。

　この点について，新石油業法の必要性を提言したエネルギー懇談会の委員をつとめた脇村義太郎[12]は，「石油業法[13]を官僚だけでなく業者の間で作ってもらいたいという気持ちがいささかでもでてきたのは，出光に対する恐怖感からであり，ソ連石油に対する恐怖感からきていたのです」，「〔出光に対する恐怖感は，──引用者〕メジャーと組んでいる日本の会社にあった。また日石にとっては，元来出光は自分の特約店であった。その出光の急速な拡大は好ましいと思っていない。メジャーと組んでいる他の会社も，ソ連原油の増大を恐れた。だから，第1次石油業法[14]の場合とは違って，メジャーは第2次石油業法[15]に対して，強く反対するということはできなかった。つまり，出光を抑

えることができるだろうと思っていましたからね」，と回想している[16]。

表8-1からわかるように，1950年代から60年代前半にかけて著しい勢いで進行していた日本の石油市場における出光興産のシェアの拡大は，1960年代半ばから頭打ちを示すようになった。結果的に見れば，1962年の「石油業法の制定は，〔中略〕出光の自由な活動を制約するための防衛手段となった[17]」のである。

出光興産の場合とは対照的に，日本の石油市場におけるエッソ・モービルグループ（1961年以前はスタンヴァックグループ）のシェアは，1950-1960年代には低下傾向を示したものの，1970年代以降下げどまり安定するようになった。エッソ・スタンダード石油の親会社のニュージャージー・スタンダードは，1972年11月にエクソン・コーポレーション（エクソン）と呼称変更し，エッソ・スタンダード石油自身も，1982年3月にエッソ石油と改称した。また，モービル石油の親会社のソコニー・モービルも，1966年5月にモービル・オイルと改称したのち，1976年7月にモービル・コーポレーション（モービル）に改組された。エクソン系のエッソ石油とモービル系のモービル石油，およびエクソン，モービル両社と資本提携している東燃の3社を中核とするエッソ・モービルグループの1990年度における日本の石油市場でのシェアは，精製能力で15.3％，製品販売量で16.0％であった（表8-1参照）。つまり，エッソ・モービルグループは，ひき続きトップグループのひとつとしての地位を堅持しているのであり，エクソンとモービルは，戦後の日本において，一貫して「強いアメリカ」を体現する存在であり続けたと言うことができよう[18]。

2. 内側からの挑戦——東燃のケース

1) 中原延平・伸之の挑戦

戦後の日本で「強いアメリカ」の体現者であり続けたエクソンやモービルに対して，果敢に挑戦を試みた日本人経営者が存在する。その代表格は，東亜燃料工業（東燃。1989年7月に社名を「東燃」と改称）の中原延平・伸之父子と出光興産の出光佐三とであるが，前者は外資系石油会社における内側からの挑戦

者，後者は「民族系石油会社の雄」としての外側からの挑戦者とみなすことができる。本節では中原父子に注目し，次節では出光佐三に目を向ける。

1939年7月に設立された東燃の社長を1944年1月から1962年2月までつとめ，その後も1976年3月まで同社会長の座にあった中原延平は，1949年のスタンヴァックとの提携を決断した人物である。しかし，一方で彼は，スタンヴァックとその親会社であるニュージャージー・スタンダードやソコニー・モービルに対する内側からの挑戦を，本格的に開始した人物でもあった。

前掲した表1-3は，1945年の終戦から52年にかけての時期にあいついで締結された，日本の石油会社と欧米の石油会社との間の主要な提携契約を一覧したものである。この表からわかるように，東燃とスタンヴァックとの提携は，次のような2つの特徴を有していた。

ひとつは，提携の時期がきわめて早かったことである。東燃とスタンヴァックとの提携は，戦後の日本の石油業界で進行した一連の外資提携の先陣を切るものであった。外資と提携するに当たって，同業他社の場合には，提携開始から資本提携まで時日を要することが多かったのに対して，東燃の場合には，いきなり資本提携契約を結んだことも注目に値する[19]。

いまひとつは，スタンヴァックの持株比率が50％を上回ったことである。これに対して，他社の資本提携の場合にはいずれも，外国石油会社の出資比率は50％にとどまった。

東燃・スタンヴァック間の提携交渉がいち早く結実したこと，しかも当初から資本提携の形をとったこと，さらにスタンヴァックの持株比率が50％を超えたことなどは，いずれも，東燃社長の中原延平が，当時世界の最先端を走っていたSOD（スタンダード・オイル・ディベロプメント。ニュージャージー・スタンダードの開発部門の子会社）の技術の導入に不退転の姿勢をとったことの，必然的な帰結であった。優秀なSODの石油精製技術を導入することに対する中原延平の熱意は，彼の日記や回想談の記述の中からも，十分に読みとることができる[20]。

SODは1955年2月にERE（エッソ・リサーチ・アンド・エンジニアリング。さらに，1974年6月には，エクソン・リサーチ・アンド・エンジニアリングと名称

変更した）と改称したが，スタンヴァックと提携した東燃は，SOD ないし ERE の技術を活かして，積極的に設備投資を展開した。1954 年 2 月–1957 年 4 月の和歌山製油所における高級揮発油製造装置の建設，1957 年 4 月–1960 年 4 月の清水製油所の合理化と拡充，1961 年 1 月–1963 年 7 月の川崎製油所の新設，1964 年 1 月–1968 年 10 月の和歌山製油所における大崖地区の拡充，1969 年 7 月–1972 年 10 月の川崎製油所の拡充，などがそれである。

　ここで興味深いのは，東燃の設備投資に関しては，多くの場合，「着工期日は遅れをとるが，その代わり能力において他社をぬきんでるという事情[21]」が作用したことである。東燃の和歌山製油所は，1957 年 4 月のアルキレーション設備の完成により，「あらゆる種類の石油製品を，しかも抜群のスケールで生産し得るわが国最高水準の製油所となった[22]」。その後も同製油所は，1965 年 7 月の大崖地区拡張第 1 期工事の完成によって，「原油処理能力を 1 日当たり 57,000 バレルから一躍 127,000 バレルに拡大し，潤滑油を含む各種石油製品を一貫生産するわが国最大級の製油所となった[23]」。さらに，東燃の川崎製油所についても，1987 年の時点で次のようなことが言われている。

> ガソリン生産の中核プラントが流動接触分解装置（FCC）[24]で，生産能力は日産七万二〇〇〇バレルと，日本で最大。FCC の威力は数字にもハッキリと現れている。六十年〔昭和 60 年＝1985 年──引用者〕度の一人当たりガソリン生産量は年間約八〇〇〇キロリットル。大型製油所の日本石油精製根岸や出光興産千葉を二倍以上うわ回っている[25]。

　東燃が SOD ないし ERE の技術をふまえて建設した生産諸設備は，単に規模の経済性という点で優れていただけではなかった。それらは，製品の付加価値の高さという点でも秀でていた。石油製品のなかでガソリンおよび中間製品（ジェット燃油，灯油，軽油および A 重油）からなるいわゆる「白油」は，B・C 重油などと比べて付加価値が高く，収益力に富んでいる。前述した一連の設備投資が完了した 1973 年の時点で，東燃の白油構成比率（ガソリンおよび中間製品の生産量の燃料油全体の生産量の中に占める比率）は 57.4% であり，日本の全国平均のそれ（53.4%）を 4.0 ポイント上回っていた。その後，石油危機後の

石油需要停滞下での白油需要の堅調さもあって，石油精製各社は白油生産比率の引き上げに力を入れた（流動接触分解設備の能力増強や原材料選択面，運転面での白油化対応など）が，この面での東燃の優位は揺るがなかった。1984年の白油構成比率を見ると，全国平均は70.2％まで高まったが，東燃の数値はそれをしのぐ勢いで81.4％まで上昇し，両者の格差は11.2ポイントと拡大した[26]。そして，よく知られているように，白油の製品得率が高いことは，日本の石油業界において東燃の収益性が高いことの重要な条件となったのである[27]。

ところで，ここで注目すべき点は，東燃の競争優位を確立した一連の設備投資が，スタンヴァックの指導によってではなく，中原延平のリーダーシップのもとで遂行されたことである。中原延平らの東燃の首脳部は，「マーケティングを担当するSVOC〔スタンヴァックをさす——引用者〕の要請をまつことなく，高級揮発油製造装置の建設を企図し[28]」，どの設備をどこに，どういう順番で建設するかを自主的に決定した[29]。もちろん，競争優位を形成するうえでSODないしEREの技術力がものを言ったことは事実であるが，設備投資を推進するうえでリーダーシップを発揮したのは，あくまで中原延平であり，スタンヴァックではなかったのである。

中原延平は，日記の1958年の「年頭所感」のなかで，「東燃の事業は，今のままでは，今後なかなか伸びにくい。研究，船，石油化学，輸出に，一段の推進を要する。人事も沈滞してはならぬ。ス社とも真剣に交渉すべきことが多々ある[30]」，と記している。文中の「ス社」とはスタンヴァックのことであり，「ス社とも真剣に交渉すべきことが多々ある」という文面からわれわれは，中原延平がこのころから，スタンヴァックおよびその親会社であるニュージャージー・スタンダードとソコニー・モービルに対して，内側から本格的に挑戦するようになった模様を読みとることができる。

1952年2月の東燃の組織改革の際にスタンヴァック側が提示した原案は，「石油精製会社の組織は，製油と会計だけあればいい[31]」という考え方に立つものであった。このようなスタンヴァックの考えと「研究，船，石油化学，輸出」への展開をめざす中原延平の方針とのあいだのギャップは大きかったが，延平はスタンヴァックやその2つの親会社の関係者を説得し，自らの方針の多

くを実現した。1959年5月の東亜タンカーの設立（1961年3月に東燃タンカーと名称変更），1960年12月の東燃石油化学の設立，1961年11月の中央研究所の完成が，それである。

しかし，説得には多くの時間を要したのであり，中原延平の言葉を借りれば「遺憾だがチャンスを逸した[32]」側面があったことも，否定できない。この点は，東燃が1955年（昭和30年）に事業計画を立案しながら，スタンヴァックやニュージャージー・スタンダードの同意を取りつけるのに手間どった，石油化学進出の場合にとくに顕著であった。結局，東燃は，石油化学国産化の第1期計画でエチレン・センター建設が認可された「先発4社[33]」になることができず，同第2期計画で認可された「後発5社[34]」にならざるをえなかったのである。中原延平は，「昭和30年にSVOC〔スタンヴァック──引用者〕が東燃の計画を了解してくれていたら，第1次石油化学工業計画が出るよりも早く，東燃は石油化学に進出できていたであろう。エチレンでももちろん先発グループにはいっていたであろう[35]」，と回想しているが，この発言には，石油化学進出に際して先発の優位を確保するチャンスを逸したことへの無念さがにじみでている。

「研究，船，石油化学」への展開にあたって説得に苦労したこと，1958年11月のゼネラル石油の設立や1963年6月の極東石油の設立をめぐってスタンヴァックやその2つの親会社とのあいだに利害の齟齬が生じたこと[36]などは，中原延平に，東燃の経営の自由度を高める（別言すれば，外資の発言力を減退させる）必要性を痛感させた。そのため彼は，スタンヴァック，ニュージャージー・スタンダード，ソコニー・モービルに対する内側からの挑戦を本格化することになったが，1960年の石油化学への進出に際して東燃への外資の出資比率を50％に低減させたことは，それを象徴する出来事であった。

東燃石油化学の設立と同時に東燃に対するスタンヴァックの出資比率が50％に後退したことは，直接的には，外資の出資比率が50％を超す石油会社には石油化学への進出を認めないという，日本の通商産業省（通産省）の方針によるものであった。しかし，より根本的には，これは，通産省の方針を逆手にとった中原延平の深謀遠慮の成果だとみなすことができる。『東燃五十年史』

に掲載されている特別寄稿文の中で，森川英正は，次のように述べている。

> 東燃石油化学の設立とそれに連動して生じた当社〔東燃――引用者〕におけるSVOC〔スタンヴァック――引用者〕の持株比率減少という局面では，中原[37]の個人的行動が再び決定的意義を担うことになる。
>
> 　石油化学進出に対し消極的な態度をとるSVOC首脳部を粘り強く説得する。外資系石油会社である当社の石油化学進出を拒否する通商産業省を粘り強く説得する。そして，外資系企業に対する通商産業省の拒絶反応を逆手にとって，SVOCの当社に対する出資比率を55％[38]から50％に引き下げる条件で通商産業省に当社の石油化学進出を承諾させ，更にその条件をSVOCに伝えて，出資比率の50％への引き下げを承諾させる。このへんの交渉過程の見事さは，特筆に値する[39]。

石油化学進出に際して東燃へのスタンヴァックの出資比率を50％に低減させたことは，中原延平の外資に対する内側からの挑戦のひとつの大きな成果だったのである。

中原延平は1976年3月に東燃の会長を退任し，1977年2月に死去したが，東燃の資本提携相手であるエクソン（ニュージャージー・スタンダードの後身）やモービル（ソコニー・モービルの後身）に対する内側からの挑戦という行動それ自体は，彼の長男である中原伸之によって受け継がれていった。中原伸之は，1970年2月に東燃の取締役となり，1974年2月同社常務，1984年3月同社副社長に昇進したのち，1986年3月には同社社長に就任した。中原伸之が推進した内側からの挑戦は，財務活動の強化と新事業の展開を2本の柱としていた[40]。

中原伸之のリーダーシップのもとに遂行された東燃の財務活動の強化が大きな成果をあげたのは，1980年代のことである[41]。1970年代末の第2次石油危機とその後のアメリカの高金利（1980-82年）の影響を受けて東燃の支払い金利は1980年代初頭には著しく増加し，ピーク時の1981年には年間415億円に達した。このような状況を打開するため東燃は，ドル借入期間の短縮，円貨借入へのシフト，借入金の返済，他通貨金融の導入などにより支払い金利の節減

に努めるとともに，運用の多様化による資金効率の向上にも尽力した。これらの措置が成果をあげたうえに，1983年以降経営環境が好転した（原油価格の下落やアメリカの高金利の沈静化）こともあって，1984年に東燃は，日本の石油精製会社としては第2次世界大戦後初めて，金融収支の黒字（16億円）転換に成功した。

その後も原油市況の軟化や円高・ドル安の進行など有利な環境が継続するなかで，東燃は，財務体質の強化にひき続き取り組んだ。この結果，1984年末に37.2％だった同社の自己資本比率は1988年末には60.3％まで急上昇し，その間の1985年末には，「ついに運用資産が借入金総額を上回りネットで余剰資金が生じ，実質無借金経営が実現した[42]」。そして，『東燃五十年史』によれば，「財務体質の強化を背景に，当社の金融収支は一段と改善が進み，61年〔昭和61年＝1986年——引用者〕以降は100億円前後の黒字額を計上するに至り，金融収益は，当社の主要な収益源の一つとして位置付けられるまでになった[43]」のである。

中原伸之が財務活動の強化とともに力を注いだのは，新事業の展開であった。東燃は，1985年のコーポレート・プランのなかで，①新素材分野（ピッチ系炭素繊維など），②新エネルギー転換技術分野（超音波噴射弁など），③ライフサイエンス分野，④情報科学分野を，新規事業の4大重点分野として設定した[44]。そして，同年1月に従来の中央研究所を総合研究所に改組するとともに，翌1986年4月には基礎研究所を分離独立させて，研究体制を大幅に拡充した[45]。このような東燃の新事業の展開に対して，エクソンやモービルは消極的な姿勢に終始したと言われている[46]。

以上本項では，中原延平・伸之父子による東燃の内側からのスタンヴァック，エクソン，モービルに対する挑戦を振り返ってきたが，ここで強調しておきたいのは，彼らの内側からの挑戦を通じて東燃が，「石油業界ではずば抜けた高収益会社[47]」になったことである。東燃の高収益性は，表8-2および表8-3から明らかである[48]。例えば，表8-3は，1994年度の日本の石油業界において，東燃が売上高では第11位であったものの経常利益では第1位を占めたことを物語っている。東燃の高収益性をもたらしたのは，中原延平が推進した

表 8-2　1976-88 年の利益率の推移

(単位：%)

年次	売上高経常利益率			総資本経常利益率		
	東　燃	石油業平均	製造業平均	東　燃	石油業平均	製造業平均
1976	5.2	1.4	3.0	8.5	2.7	3.2
1977	7.2	1.8	3.1	12.1	3.3	3.2
1978	6.1	0.4	3.8	9.0	0.7	4.1
1979	1.9	1.4	4.8	3.2	2.2	5.6
1980	5.5	1.8	4.5	11.3	3.7	5.6
1981	2.6	－1.2	3.9	4.9	－2.4	4.7
1982	2.6	0.7	3.7	4.9	1.4	4.3
1983	8.1	0.9	3.9	13.6	1.9	4.5
1984	6.4	0.3	4.8	11.4	0.7	5.7
1985	5.6	0.4	4.3	9.9	0.7	5.0
1986	15.9	2.0	3.6	16.8	2.8	3.8
1987	9.9	2.2	4.6	10.8	3.3	4.8
1988	11.0	2.6	5.7	10.7	3.6	6.0

出所）東燃株式会社編『東燃五十年史』1991 年。

表 8-3　1994 年度における日本の石油会社の売上高・経常利益ランキング

順位	会社名	売上高（億円）	順位	会社名	経常利益（億円）
1	出光興産	18,106	1	東　燃	369
2	日本石油	18,043	2	日本石油	294
3	コスモ石油	14,100	3	コスモ石油	276
4	昭和シェル石油	14,006	4	三菱石油	257
5	ジャパンエナジー	13,530	5	ゼネラル石油	254
6	三菱石油	10,476	6	昭和シェル石油	246
7	モービル石油	6,258	7	エッソ石油	239
8	日本石油精製	6,156	8	モービル石油	189
9	エッソ石油	5,492	9	出光興産	167
10	ゼネラル石油	5,180	10	ジェパンエナジー	167
11	東　燃	4,425	11	日本石油精製	165

出所）オイル・リポート社『石油年鑑 1996』1996 年。

高付加価値化（白油化）戦略や，中原伸之が力を入れた財務活動の強化などであった。

2）エクソンとモービルによる中原伸之社長の解任

　エクソンとモービルに対する東燃の内側からの挑戦は，1990 年代にはいっ

て，大きな挫折を経験することになった。東燃の経営権をめぐるエクソンとモービル（各々25％の株式を保有する東燃の当時の大株主は，形式上はエッソ・イースタンとモービル・ペトロリアムであったが，事実上はそれぞれの親会社のエクソンとモービルであった）の反撃は，まず，1992年度決算における10割配当の強要という形で表面化し，次に，1994年の中原伸之社長の解任によって決定的なものとなった。

1990年の5割配当や1991年の5割2分配当と比べて約2倍の急伸となった1992年の10割配当によって，東燃は，税引後当期利益の186億円をはるかに上回る323億円の配当金を支払わなければならなかった。つまり，「過去の蓄積である未処分利益を140億円ほど取り崩して配当に振り向け[49]」たわけであるが，問題のこの10割配当は，「合計50％をもつ大株主のエクソンとモービルが歩調を合わせて強く要請した結果と伝えられて[50]」いる。

東燃の1992年の10割配当について，『石油年鑑』は，モービル石油の創立100周年やエッソ石油の創立30周年という表面的な理由とは別に，次のような3つの実質的な理由が存在したと指摘している。

まず第一は，東燃が抜群の競争力を備え，十分な内部留保をもっていることである。第二は，親会社の一つであるエクソンが大型原油タンカー『エクソン・バルディーズ号』事故の後遺症に今なお苦しみ，モービルもこのところ業績が不振であまり冴えなかったからだろう。そして第三は，過去に東燃が稼いだ利益，とくにアラムコ格差時代に蓄積した利益の還元に両親会社が不満を抱いていたからではなかろうか[51]。

ここで指摘されている第1の点は，東燃の高収益性それ自体が，エクソンやモービルの攻勢の根拠になったということである。これは，中原延平・伸之父子の内側からの挑戦の成果（あるいは，長期にわたる内側からの挑戦を可能にした条件）がエクソンやモービルの反撃の要因に転じたということであり，まことに皮肉な結果だと言わざるをえない。

第2の点は，1990年代にはいると，エクソンとモービルにとって，東燃からの利益の吸収がもつ戦略的な意味合いが，いっそう増大したことを示してい

る。この点は，エクソンに比べて企業規模が小さく，業績不振に直面していたモービルの場合にとくに顕著であり，1992 年のモービルの収益のうち「約三〇パーセント以上を日本市場で確保したのではないかと思われる[52]」，という指摘もある。また，1989 年 3 月のアラスカ沖でのバルディーズ号の原油流出事故の事後対応に追われていたエクソンにとっても，東燃からの配当収入が増加することの意味は，けっして小さなものではなかったであろう。

　第 3 の点が指摘するアラムコ格差とは，1970 年代末葉から 1980 年代初頭にかけて日本の石油業界で生じたアラムコ系各社と非アラムコ系各社との間の業績格差のことであり，アラムコ系各社とは，サウジアラビアでの原油供給に携わるアラビアン・アメリカ・オイル・カンパニー（アラムコ）のメンバーであるアメリカ系メジャーズ 4 社（ソーカル，テキサコ，エクソン，およびモービル）と提携していた外資系石油会社のことをさす。アラムコ格差に関しては『石油年鑑』に的確な説明があるので，やや長くなるが，該当箇所を引用しておこう。

　　アラムコ格差はイラン革命による石油供給不安を背景に，OPEC〔石油輸出国機構——引用者〕が多重価格の導入を決めた 1978 年 12 月に始まり，1981 年 10 月の総会で価格を再統一するまで 2 年 10 カ月続いた。原油価格が急騰する中で，サウジ以外の加盟国が勝手に競って割増金を上積みした結果，割安なサウジ原油の供給にあずかれるアラムコ系の各社とイラン，イラク，クウェートなど割高な原油しか入手できない非アラムコ系の各社との間の原油コストにときには 5 ドル／バレル以上の深刻な格差が生じたわけである。この結果，〔中略〕多重価格時代の渦中にあった 1980 年度には，為替差益除きの経常利益は東燃などアラムコ系 12 社が合計 2,567 億円の黒字を計上したのに対して，非アラムコ系 22 社は 3,282 億円の赤字という惨たんたるものであった。したがって，アラムコ系各社のみ目立って高い配当は実施できなかったようである。政策的なバランス上からも，非アラムコ系各社が軒並み業績悪化に苦しんでいる最中に，ひとりアラムコ系企業のみ勝手な高配当を許さぬ状況が当時の日本になかったとはいえない。石油産業は通産省や大蔵

省の強力な行政指導下に置かれていたからである[53]。

アラムコ格差により東燃が相対的高収益を得ることができたのは，エクソンやモービルの強力な原油調達力にもとづくものであったことは間違いない。しかし，アラムコ格差自体が生じたのは1970年代末葉-1980年代初頭のことであり，それが10年以上経過した1992年に東燃の10割配当の理由になったのだとすれば[54]，かなり異様な事態だと言わざるをえない。このような事態が発生するほど，内側からの挑戦を続ける中原伸之社長と，巻き返しを図るエクソン，モービルとのあいだの軋轢は，深刻化していたということであろうか。

いずれにしても，中原伸之社長とエクソン，モービルとの軋轢は，1994年にはいって，後者による前者の解任という形で，決定的な局面を迎えることになった[55]。1994年1月14日付夕刊のトップ記事で東燃中原伸之社長の「事実上の解任」を伝えた『朝日新聞』は，それが，エクソンとモービルの圧力によるものであることを明らかにした[56]。中原伸之の人事政策にも問題があったと指摘した『日本経済新聞』や『日経産業新聞』も，社長解任がエクソン，モービルの手で強行されたものであることは否定しなかった[57]。中原延平・伸之父子により長期にわたって展開された東燃の内側からのエクソン，モービルに対する挑戦は，1994年3月の中原伸之社長の退任により，ひとまず終止符を打つことになったのである。

3. 外側からの挑戦——出光興産のケース

1）出光佐三の挑戦

本節では，エクソンやモービルを含むメジャーズに対する外側からの挑戦者として，出光佐三の企業者活動に光を当てる。ただし，紙幅の制約もあり，最近，別の機会に詳しく論じた経緯もある[58]ので，ここでは，この論点について，ポイントのみを記述することにする。

1911年6月に出光商会を創設した出光佐三は，太平洋戦争以前には，東アジアの日本軍の勢力圏で幅広く事業展開する石油商として活動した。1945年

の敗戦で出光商会の在外支店をすべて喪失するという大打撃を受けたが，戦後も出光商会の事業を継承した出光興産（1940年3月設立）のトップマネジメント（1966年10月まで社長，その後1972年1月まで会長）をつとめ，「民族系石油会社の雄」として戦前以上の活躍ぶりを示した。

　出光佐三は日本で最も人気のある石油業経営者であるが，その理由は2つある。ひとつは，彼が日本政府による石油産業の規制に終始抵抗したアントゥルプルヌアー（企業家）だったことである。そして，いまひとつは，出光佐三がメジャーズに真っ向から挑戦した「民族系石油会社の雄」だったことである。

　出光佐三のメジャーズへの挑戦は，すでに戦前から始まっていた。出光商会が東アジアに重点をおいて営業活動を展開した理由の一端は，地域で「強大な勢力をふるっていた外油に対抗して日本油の販路を開拓し[59]」ようとしたことに求めることができる。出光佐三が，外国石油会社に有利に作用していた朝鮮の石油関税を改正するため尽力したこと（1929年に関税改正実現），出光商会が，外国石油会社の中国市場支配の本拠地であった上海に大量の日本油を持ち込んだこと（1935年に上海支店開設）などは，外国石油会社への対抗意識の強さを如実に示している。1961年時点での出光佐三の回想によれば，「戦前は出光は満州を手はじめに支那，朝鮮，台湾と手を広げていた。これらの地方は外国石油会社（スタンダード社，シェル会社，テキサス会社等）があらゆる巧妙な手段をもって，石油市場を独占し石油を高く売っていた。出光は外国石油会社が独占しているこれらの市場にメスを入れて，その独占を破って彼らに嫌われたのである[60]」。

　メジャーズに対する出光佐三の挑戦的な姿勢は，戦後になっても変わらなかった。出光佐三は，早くも敗戦の翌年の1946年に，「戦後日本のとるべき石油政策として，『国際石油カルテルの独占より免れしめ，戦前同様の理想的石油市場をつくるべきこと』を政府に建言したが黙殺された[61]」。

　占領期に日本の石油業界の主流が外資提携と消費地精製（原油輸入精製）へシフトしたのに対して，出光興産は，外資と提携せず，石油製品の輸入を重視する方針をとった。

　まず，外資との関係について見れば，出光興産がカルテックス，スタン

ヴァック，シェルなどと提携交渉を進めた事実はあるようだが[62]，これらの交渉はいずれも結実しなかった。その理由については，「交渉過程で外資は出光の経営権にまで容喙(ようかい)しようとしてき，出光は会社の主義方針や独立を脅かす一切の提携条件を拒否したからだ[63]」，という指摘がなされている。

次に，石油製品の輸入についてみれば，出光興産は，メジャーズの先導のもとに原油輸入一本槍の消費地精製方式へ突き進む日本の石油業界の主流に対抗して，石油製品輸入も必要であることをさかんに主張した。これは，精製設備をまだ有していなかった同社の立場を反映したものであったが，より根本的には，消費者の選択肢をふやしその便益を最優先させるという，出光佐三の事業理念を具現化したものであった。1950-51年に出光佐三は，「原油のみでなく製品にも外貨を与え，広く世界各地から原油と製品を輸入し，その選択は消費者に委ねよ」，「外油の独占より免れた公正な自由競争の市場をつくり，優良安価な石油を流入させて，日本の産業復興を促進すべし」，などと力説したのである[64]。

出光佐三の主張を実践に移すべく出光興産は，1952年5月にアメリカから高オクタン価のガソリンを輸入，販売し，好評を得た。続いて1953年5月に出光興産は，イギリス系石油会社（アングロ・イラニアン）の国有化問題でイギリスと係争中であったイランに，自社船の日章丸二世をさし向け，大量の石油を買い付けて国際的な注目をあびた。世界の耳目を集めたこの「日章丸事件」について，『出光略史』は，次のように記述している。

> これは世界的な石油資源国であるイランと，消費地日本とを直結せんとして敢行された壮挙であって，その結果は年間数百億円にものぼる国内製品の値下がりをもたらし，消費者に多大の利益を与えた。イギリスのアングロ・イラニアン会社は日章丸積取り石油の仮処分を提訴したが，東京地裁，同高裁で却下され，出光勝訴のうちに落ちついたのである。イギリスの強圧に屈しなかった出光のこの毅然たる態度は，敗戦によって自信を失っていた一般国民に自信と勇気を与えた（その後昭和二十九年〔1954年——引用者〕にはイランに国際合弁会社が設立されて，同国からの輸入はとだえた）[65]。

表 8-4 1949-77 年度の出光興産の売上高と純利益金
(単位：百万円)

年度	売上高	純利益金
1949	6,986	6
1950	9,326	83
1951	14,273	77
1952	21,623	173
1953	17,165	781
1954	19,183	866
1955	19,375	673
1956	26,285	776
1957	35,683	448
1958	42,293	311
1959	58,497	2,160
1960	83,023	5,553
1961	99,339	3,558
1962	115,438	872
1963	147,867	417
1964	178,131	410
1965	208,075	1,932
1966	235,097	1,824
1967	269,968	621
1968	296,883	930
1969	337,503	2,333
1970	402,615	3,326
1971	465,169	1,052
1972	536,031	1,625
1973	736,409	− 1,300
1974	1,350,070	− 3,601
1975	1,367,328	166
1976	1,527,939	433
1977	1,524,023	4,890

出所) 出光興産㈱総務部文書課『終戦後30年間の石油業界と出光の歩み (抜粋) 主要資料』1979年。

「日章丸事件」を通じて出光興産に対する社会的認知度は著しく高まったが、そのイメージのコアとなったのは、圧倒的な支配力を有するメジャーズに果敢に挑戦する「民族系石油会社の雄」という姿であった。

しかしながら、「国際カルテルの妨害と圧迫は依然として続き、政府もまた原油輸入、国内精製主義を強化したので、製品輸入はいよいよ困難となってきた[66]」。ついに、出光興産も消費地精製方式への転換を余儀なくされ、紆余曲折を経て 1957 年 3 月に、自前の製油所である徳山製油所を完成させた。ただし、徳山製油所の竣工後も出光佐三がメジャーズに挑戦する姿勢はなんら変わらなかったのであり、出光興産が 1960 年 4 月にソ連原油の輸入を開始するなど、出光佐三による外側からの挑戦は継続したのである。

前掲表 8-1 から明らかなように、メジャーズに果敢な挑戦を続けた出光興産は、1950 年代を通じて、日本の石油市場におけるシェアを著しく伸長させた。具体的な数値をあげれば、出光興産の販売シェアは 1950 年の 8.6％ から 1960 年の 14.3％ へ、精製能力シェアは 1955 年の 0％ から 1960 年の 13.7％ へ、それぞれ上昇した。このような出光興産の急成長は同業他社にとって大きな脅威だったのであり、1962 年の新石油業法の制定に際して、メジャーズ系の一部を含む日本の石油業界の相当部分が、同法による「出光封じ込め」を企図したことは、すでに本章の第 2 節で指摘したとおりである。

2) 2つの限界

　前項で概観したように，出光佐三によるメジャーズへの挑戦は，1960年代初頭まではめざましい成果をあげた。しかし，この挑戦には2つの点で限界があったことも，また事実である。

　ひとつは，1962年の新石油業法の制定以降，日本の石油市場における出光興産のシェアの伸長が，頭打ちを示すようになったことである（前掲表8-1参照）。出光佐三は，もちろん，新石油業法の制定に徹底して反対した。同法制定後も出光興産は，新石油業法をバックにおく石油業界の生産調整方式に反発して，1963年11月から1966年10月にかけて石油連盟を脱退するなどの強硬措置を講じた。しかし，大局的に見れば，これらの抵抗は，大きな効果をあげることはなかった。先に指摘したように，新石油業法の制定は，「出光の自由な活動を制約するための防衛手段となった」のである。

　いまひとつは，1950年代のシェアの急伸期も含めて，出光興産の収益性が不安定ないし低位だったことである。この点は，表8-4によっても確認することができる。同表のカバリッジは1977年度までであるが，出光興産の収益力の弱さは，その後も継続した。とりわけ，非アラムコ系の同社がアラムコ格差で受けた打撃は大きく，1980年度の出光興産の為替差益を除く経常損失は，1,096億円に達した[67]。1994年度の日本の石油会社のランキングを示した前掲の表8-3で，出光興産が売上高では第1位を占めながら，経常利益では第9位にとどまっているのは，まことに象徴的であり，東燃の場合とまさに好対照だと言える。

小　括

　本章では，第2次大戦後の日本市場において「強いアメリカ」が継続した産業として石油産業に注目し，「強さ」を維持したエクソン，モービルと，それに挑戦した東燃，出光興産との対抗について，光を当ててきた。最後に，エクソンとモービルが「強さ」を持続しえた要因について，検討することにしよう。

エクソン, モービルの「強さ」の要因として, すぐに思い当たるのは, 垂直統合企業であるがゆえの原油供給面での優位である。エクソンとモービルが1992年に東燃に対して10割配当を迫った背景には, エクソンやモービルが参加するアラムコからの割安な原油供給が東燃の高い収益力の基盤となっているという認識があったと言われている。また, メジャーズに対して果敢に挑戦し続けた出光興産も, アラムコ格差で大きな打撃を受けたことからわかるように, 結局のところ, 原油調達面での脆弱性を克服することができなかった。日本の石油会社の問題点として,「欧米の有力石油企業は上流部門で獲得した利益で下流部門を支えているが, わが国の石油企業は収益性の低い下流部門だけを有している[68]」ことが指摘されているのは, このような事情を反映したものであろう。

ただし, 原油供給面での優位だけでは, エクソンやモービルの「強さ」を十分には説明しえないことも, また事実である。というのは, エクソンやモービルと同様に原油供給面での優位性を有するカルテックス(日本でアラムコ格差が発生した当時, カルテックスの親会社であるシェブロンとテキサコは, エクソンやモービルと同じく, アラムコのメンバーとなっていた)が, 1995年12月に日本石油との資本提携を解消し, 1996年3月までにカルテックスが保有していた日本石油精製(カルテックスと日本石油が折半出資で設立した共同子会社)の株式をすべて日本石油に売却したという事実があるからである。

ともに原油供給面での優位性をもちながら, 1990年代にはいって, エクソンとモービルは東燃の株主としての存在感を強め, カルテックスは日本石油精製の株主の座から撤退したのは, なぜか。この論点を解明しない限り, エクソンとモービルの「強さ」を十分に説明したことにはならないのである。

上記の論点を解明するためには, 互いに関連する2つの要因に目を向ける必要がある。

第1は, それぞれの企業経営にとっての日本市場の戦略的意味合いが異なっていたことである。1995-96年にカルテックスが日本石油との資本提携を解消したのは,「日本市場からアジア市場に活動舞台を移した[69]」ことの帰結であった。

これとは対照的に，1990年代になって東燃の経営への介入を強めたエクソンとモービルにとっては，日本市場の戦略的意味合いはより明確であった。モービルの場合は，1992年の収益のうち「約三〇パーセント以上を日本市場で確保したのではないか」と指摘されるほどであったし，バルディーズ号の原油流出事故の事後対応に追われていたエクソンにとっても，東燃からの配当収入が増加することの意味はけっして小さくはなかったのである。

　歴史的に見れば，日本市場をいかに位置づけるかということは，エクソンやモービル，およびその前身各社の日本での事業経営のあり方にとって，決定的な影響を及ぼすポイントであり続けた。モービルの前身のソコニーが1910-1920年代に日本の石油市場での地位を後退させたのは，世界的な販売戦略の中での日本市場の位置づけが不明確なためであった。ソコニー日本支店の後身のスタンヴァック日本支社が1934年の旧石油業法にもとづく石油製品販売数量割当に激しく抵抗したのは，スタンヴァックの成立によって日本市場の戦略的重要性が一転して増大したからであった。さらに，1949年の東燃との資本提携は，スタンヴァックにとって，原油処理量を大幅に増加させるという大きな戦略的意味合いをもっていた。そして，エクソンとモービルは，日本市場が重要であるという戦略的判断にもとづいて，1990年代に東燃の経営への介入を強めたのである。

　第2は，日本市場において石油製品の販路を有するか否かという点で，決定的に異なっていたことである。エクソンとモービルが日本市場での石油製品（その多くは東燃製）の販売に携わるエッソ石油やモービル石油という子会社をもつのに対して，カルテックスの場合は，50％出資していた日本石油精製の製品の販売を日本石油に委ねていた。この日本における石油製品の自前の販路の有無は，日本市場に対する戦略的意味づけの強弱と，密接に関連していたとみなすことができる。

　以上の検討をふまえるならば，エクソンとモービルが戦後の日本の石油市場において「強さ」を継続しえた要因は，原油供給面での優位性を有していたことに加えて，日本市場に対する戦略的意味づけを明確にしたことと，石油製品の販路を確保していたことに求めるべきだ，と結論づけることが可能である。

[注]

1）この点については，塩見治人・堀一郎編『日米関係経営史』名古屋大学出版会，1998年，参照。
2）このような見方は，筆者が，東燃株式会社編『東燃五十年史』（1991年）の執筆を部分的に担当した際の経験をふまえたものである。
3）ここでのスタンヴァック日本支社とその前身に関する記述は，基本的には，田中敬一『石油ものがたり――モービル石油小史』（モービル石油株式会社広報部，1984年）による。
4）1989年7月の田中敬一（当時，モービル石油社史編纂室長）からのヒアリングによる。ヴァキュームが1892年に神戸に日本支店（日本出張所である可能性もある）を開設したと判断する根拠について詳しくは，田中敬一「モービル石油外史⑦　古くから縁の深いモービルと三井」（モービル石油株式会社広報部『モービル日本』1989年2-3月号）26頁を参照。そこで田中が論拠としてあげているのは，三井物産の「明治二十五年上半季総勘定書」および「明治二十六年上半季総勘定書」の記述である。なお，田中とは別の編纂室長のもとで刊行されたモービル石油㈱『100年のありがとう――モービル石油の歴史』（1993年）は，ヴァキュームが1893年に横浜に日本支店を開設したという見解をとっている（同書55頁参照）が，上記の田中の所説にまったく言及しておらず，信憑性に疑問が残る。
5）1909年の4社協定に参加したのは，ソコニー，ライジングサン，日本石油，および宝田石油であった。
6）1934年の7社協定に参加したのは，スタンヴァック，ライジングサン，日本石油，小倉石油，三菱石油，三井物産，および松方日ソ石油であった。
7）1949年4月から，従来の石油配給公団（同年3月末に解散）に代わって，政府によって指定された民間の元売会社が，石油配給業務を遂行することになった。「輸入基地を運営し，かつ配給能力を有するもの」という条件にもとづき，当初，スタンヴァック，シェル石油，日本石油，三菱石油，ゼネラル物産，日本漁網船具，出光興産，カルテックス，昭和石油，日本鉱業の10社が，元売会社に指定された。
8）"Interest Is Purchased in Japanese Refineries," in *Stanvac Meridian*, January, 1950.
9）"Stanvac Crude Runs Climb 11%, 1950," in *Stanvac Meridian*, February, 1952.
10）済藤友明「石油」（米川伸一・下川浩一・山崎広明編『戦後日本経営史　第II巻』東洋経済新報社，1990年）239頁参照。
11）さらに，新石油業法の制定に反対の立場をとったメジャーズも，「強い反対にはいたらなかった」（済藤前掲論文「石油」240頁）と言われている。
12）脇村は，エネルギー懇談会が1961年12月に「石油政策に関する中間報告」を発表した際に，新石油業法制定の必要性を主張した多数意見に対して，その不要性を説いた少数意見を唱えた，唯一の委員であった。

13）1962年の新石油業法をさす。
14）1934年の旧石油業法をさす。
15）1962年の新石油業法をさす。
16）日本経営史研究所編『脇村義太郎対談集』1990年，65頁。
17）済藤前掲論文「石油」240頁。
18）その後，エクソン・コーポレーションとモービル・コーポレーションは，1999年11月に合併し，エクソンモービル・コーポレーションとして，新発足した。これにともない，日本のエッソ石油とモービル石油も，2000年2月，両社とも有限会社化したうえで，2002年6月に合併し，エクソンモービル有限会社となった。
19）東燃とスタンヴァックとの提携のように，契約締結が早く，しかも当初から資本提携の形をとった例外的な事例としては，三菱石油とタイドウォーター（アメリカの石油会社）との提携をあげることができる（前掲の表1-3参照）。ただし，三菱石油・タイドウォーター間の提携については，すでに戦前にも資本提携の実績が存在したという，特殊事情が作用したことを忘れてはなるまい。なお，三菱石油が1931年に設立された当時のアメリカ側の出資者はアソシエーテッドであったが，アソシエーテッドは1936年にタイドウォーターに買収された。
20）例えば，中原延平日記1948年1月20日付，2月20日付，4月20日付，7月7日付，7月15日付，1949年年頭所感（奥田英雄編『中原延平日記 第二巻』石油評論社，1994年，251，259，275-276，301-303，306，333頁），および「中原会長談話（要旨）」（東亜燃料工業株式会社『東燃三十年史 下巻』1971年）374-381頁参照。
21）東亜燃料工業株式会社『東燃三十年史 上巻』1971年，307頁。
22）前掲『東燃五十年史』174頁。
23）同前，314頁。
24）東燃の川崎製油所に流動接触分解装置が建設されたのは，1969年7月-1970年10月の第1期拡充工事においてであった。ただし，当時の同装置の生産能力は，日産1万5,000バレルにとどまった。
25）竹内伶『東燃高収益戦略』アイペック，1987年，159-160頁。
26）以上の白油構成比率に関する記述については，前掲『東燃五十年史』537頁参照。
27）例えば，竹内前掲書『東燃高収益戦略』は，「川崎工場〔東燃の川崎製油所——引用者〕の石油製品生産量に占めるガソリンの比率は，六十年〔昭和60年＝1985年——引用者〕で三五パーセント。全国平均は二〇パーセントだからその高さは明らか。日本の価格体系下では重油などに比べガソリンの採算は非常に良い。この比率が収益力の高低にも直結する」（159頁），と述べている。
28）前掲『東燃三十年史 上巻』298頁。
29）前掲「中原会長談話（要旨）」382-383頁参照。
30）中原延平日記1958年年頭所感（奥田英雄編『中原延平日記 第三巻』石油評論社，

31）前掲「中原会長談話（要旨）」383 頁。
32）竹内前掲書『東燃高収益戦略』240 頁。
33）「先発 4 社」となったのは，三井石油化学，三菱油化，住友化学，および日本石油化学であった。
34）「後発 5 社」となったのは，東燃石油化学，大協和石油化学，丸善石油化学，出光石油化学，および化成水島であった。
35）前掲「中原会長談話（要旨）」395 頁。
36）この点について詳しくは，同前，386-389，403-406 頁参照。
37）中原延平をさす。
38）東燃に対するスタンヴァックの出資比率は，1949 年の資本提携当初は 51％であったが，1960 年の東燃石油化学の設立の直前には 55％まで上昇していた。
39）森川英正「中原延平会長の功績」（前掲『東燃五十年史』）850 頁。
40）竹内前掲書『東燃高収益戦略』84 頁参照。
41）ここでの 1980 年代における東燃の財務活動に関する記述は，主として，前掲『東燃五十年史』732-734 頁による。
42）前掲『東燃五十年史』734 頁。
43）同前，733 頁。
44）同前，742-752 頁参照。
45）同前，769 頁参照。
46）竹内前掲書『東燃高収益戦略』118 頁参照。
47）オイル・リポート社『石油年鑑 1993/1994』1994 年，268 頁。
48）このほか，竹内前掲書『東燃高収益戦略』307-308 頁には，「東燃が四十九年〔昭和49 年＝1974 年──引用者〕から六十年までの十一年間にわたる『精製部門における経営努力の累積金銭効果』を算出しているが，この間の累積利益二三八七億円の約半分が，これらの経営努力によるものである。〔中略〕昭和四十九年から六十年に至る業界全体の累積利益は，六六四八億円であるから，東燃一社で三六パーセント近くを占めていることになる」，と記述されている。
49）前掲『石油年鑑 1993/1994』267-268 頁。
50）同前，267 頁。
51）同前，268 頁。
52）長谷川慶太郎「メジャーの暴走──東燃社長解任劇」（『文藝春秋』1994 年 3 月号）195 頁。
53）前掲『石油年鑑 1993/1994』269 頁。
54）この点について，先に紹介した『石油年鑑』の記述は，推測的な表現を用いている。これに対して，長谷川前掲「メジャーの暴走」は，「エクソン，モービルの大株主両社

は，過去の蓄積を食いつぶして配当に回すという政策を，東燃に圧力を加えて強行した」(195頁)，と明言している。

55) エクソンとモービルによる東燃中原伸之社長の解任については，内部留保重視の日本的経営と，株主配当優先のアメリカ的経営とが激突したケースとして，今後の経営史研究の重要テーマとなるであろう。
56) 「東燃中原社長，事実上の解任」(『朝日新聞』1994年1月14日付夕刊1面)参照。
57) 「中原東燃社長退任へ」(『日本経済新聞』1994年1月14日付夕刊1面)，および「東燃中原社長，事実上の解任/迫る米高配当軍団/人事が災い，社内立たず」(『日経産業新聞』1994年1月17日付1面)参照。
58) 橘川武郎『シリーズ情熱の日本経営史① 資源小国のエネルギー産業』芙蓉書房出版，2009年，参照。
59) 出光興産株式会社『出光略史』1964年，14-15頁。
60) 出光佐三『人間尊重五十年』春秋社，1962年，6頁。
61) 前掲『出光略史』37頁。
62) 高倉秀二「石油民族資本の確立者・出光佐三」(『歴史と人物』1983年10月号)105頁参照。
63) 同前，105頁。
64) 前掲『出光略史』42頁。
65) 同前，46頁。
66) 同前，46頁。
67) 総合インターナショナル社『石油年鑑1982』1981年，286頁参照。
68) 済藤前掲論文「石油」266頁。
69) オイル・リポート社『石油年鑑1996』1996年，146頁。

第9章　なぜナショナル・フラッグ・カンパニーは生まれなかったのか

　本書の序章で指摘したように，日本とイタリアは，ともに第2次世界大戦の敗戦国で非産油国・石油輸入国でありながら，今日，石油産業に関する企業体制の面で，対照的な状況におかれている。イタリアには，ナショナル・フラッグ・オイル・カンパニーの代表格であり，メジャーズに準ずる国際競争力をもつ垂直統合企業 Eni（Ente nazionale idrocarburi，イタリア炭化水素公社）が存在する。一方，日本には，ナショナル・フラッグ・オイル・カンパニーは存在せず，上流・下流の分断や過多・過小の企業乱立が継続して，国際競争力をもつ石油企業はいまだに登場していない[1]（なお，ナショナル・フラッグ・オイル・カンパニーの定義については，本書の序章参照）。

　本章では，このような石油産業における日本とイタリアの差異が，企業家活動のあり方の違いをひとつの要因として生じたことを明らかにする。イタリア側の企業家として取り上げるのは，Eni の生みの親であり，国民的英雄として慕われながら，航空機事故で謎の死を遂げ，カンヌ映画祭グランプリ受賞映画「黒い砂漠」のモデルともなったエンリコ・マッティ（Enrico Mattei）である。日本側で取り上げるのは，戦後の代表的な石油企業家としてしばしば言及される，「民族系石油会社の雄」と呼ばれた出光興産の出光佐三と，「アラビア太郎」と呼ばれたアラビア石油の山下太郎とである。

　エンリコ・マッティと出光佐三は，いずれも，イギリス系メジャーのアングロ・イラニアン・オイルの資産を国有化したイラン政府と直接取引し，ソ連石油の輸入販売を成功裏に断行した。また，エンリコ・マッティと山下太郎は，いずれも，非産油国・石油輸入国の企業家として，海外での大規模油田の開発

に成功した。出光佐三と山下太郎が，石油企業家として，大きな成果をあげたことは事実である。しかし，出光佐三と山下太郎の企業家活動からは，エンリコ・マッティの企業家活動がもたらしたようなナショナル・フラッグ・オイル・カンパニーは生まれなかった。エンリコ・マッティの企業家活動と出光佐三・山下太郎の企業家活動とでは，どこがどう違っていたのだろうか。本章では，この点の解明に力を注ぎたい。

本章の第1・2・3節では，エンリコ・マッティ，出光佐三，山下太郎の企業家活動を，それぞれが活躍の舞台とした企業（Eni，出光興産，アラビア石油）の発展過程と関連させて検討する。続いて，第4節では，第1–3節での分析をふまえて，石油産業における日伊間の差異がなぜ生じたかを考察する。そして，小括では，結びに代えて，今後の日本において，ナショナル・フラッグ・オイル・カンパニーが登場する可能性について展望する。

1. エンリコ・マッティと Eni

敗戦国で非産油国・石油輸入国のイタリアで，典型的なナショナル・フラッグ・オイル・カンパニーである Eni が成立しえたのは，エンリコ・マッティの企業家活動によるところが大きい。この節では，エンリコ・マッティの企業家活動を，Eni の発展過程と関連させて検討する。

イタリアでは，1953 年に，国営石油企業の AGIP（Azienda Ganerale Italiana Petroli）とガス配給企業の SNAM（Societa Nazionale Metanodotti）が統合する形で，100％国有の石油・天然ガス持株会社 Eni が設立された（この結果，AGIP と SNAM は，Eni の子会社となった）[2]。AGIP は石油・天然ガス開発会社として 1926 年に，SNAM は天然ガス輸送会社として 1941 年に，それぞれ，当時のムッソリーニ政権によって設立された国策企業であった。1943 年にムッソリーニ政権が崩壊したため，AGIP は戦後になって会社清算を命じられたが，後述するような管財人エンリコ・マッティの活躍によって清算を免れ，SNAM と統合し，Eni として再生の道を歩むことになったのである。

会社設立とともに国内陸上ガス探鉱に排他的な権利を有することになった

Eni は, ポー川流域の天然ガス開発によって急成長をとげ, 1950年代末からはエジプトやイラン等へも進出して油田やガス田を発見した。この結果, Eni の収支は好転し, 1960年代にはイタリア政府の歳入増に貢献するようになった。そして, 「ENI は60年代末には国内のガス100億 m³/年の他, アフリカ・中東等の海外を主とする原油1000万トンおよび石油製品3500万トンの年産を挙げる一貫操業の国際石油企業になるとともに, パイプラインやプラントの建設, 機械製造, 繊維等を含む多数の会社を傘下に持つ一大コンツェルンとしてイタリア産業界のチャンピオンとなっていた[3]」のである。なお, イタリア政府は, Eni に出資はしたものの, 同社に対して助成金を支給することはなかった。

EU（欧州連合）統合への準備作業の一環としてイタリア政府は, 1992年に, Eni を逐次民営化する方針を打ち出した。Eni 株の民間への放出は1995年から開始され, 2002年末にはイタリア政府の Eni 株式の保有比率は約30％にまで低下した。

Eni は, 1997年に AGIP を合併して, 持株会社から事業会社に性格を変え, それ自体が, 国際的な石油・天然ガス一貫操業企業となった。その1997年に Eni が原油生産で実績をあげた主要な海外の国々は, エジプト, リビア, ナイジェリア, コンゴ, アンゴラ, イギリスなどであった。

Eni は, エンリコ・マッティのリーダーシップにもとづいて, 設立された。Eni を成長軌道に乗せたのも, 同社の初代総裁に就任したマッティであった。

エンリコ・マッティに関しては, アメリカ人ダウ・ヴォトーが著した評伝が存在する（Dow Votaw, *The Six-Legged Dog*, University of California Press, Berkeley and Los Angels, 1964）[4]。ただし, この評伝は, マッティを一貫して批判的に描いたユニークなものであり, 日本語版の刊行に際しては, 翻訳者の伊沢久昭が, 起こりうる読者の誤解を避けるために, わざわざマッティの足跡をより客観的に記した長文の「解説」を寄せたほどである（伊沢久昭「解説」, D・ヴォトー著, 伊沢久昭訳『世界の企業家7 マッティ——国際石油資本への挑戦者』河出書房新社 [Votaw, *op. cit.*, *The Six-Legged Dog* の邦訳書], 1969年, 所収）。

ヴォトーによれば, イタリア人は, もうひとつの代表的な公企業である IRI

(Istitute per la Ricostruzione Industriale, 産業復興公社）については会社であるとみなしていたが，Eniについてはマッティそのものであるととらえていた[5]。まず，Eniの誕生それ自体が，前身のAGIPの管財人であったマッティの強い主張によるものであった。マッティは，ポー川流域に天然ガスの大型鉱床が存在するとの情報に接すると，AGIPの清算をとりやめ，むしろ探鉱活動を積極的に行い，その成功がEni創設をもたらしたのである[6]。また，Eniが石油・天然ガス産業における垂直統合企業として発展したのも，広汎な関連産業へ多角化したのも，マッティの方針にもとづくものであった[7]。その結果，突然の死を迎えることになった1962年の時点で，マッティは，Eniの総裁であったばかりでなく，Eniグループを構成する主要企業の大半の社長も兼ねていた[8]。

エンリコ・マッティは，1906年に北イタリアのマルケ州アッカラーニャで生まれた[9]。父は憲兵将校であったが，家庭は裕福ではなく，エンリコ・マッティは15歳で学業を断念し，塗装工，製靴工場給仕・支配人，工業設備セールスマンなどになって働いた。やがて1936年には小規模な化学会社を設立するにいたったが，第2次世界大戦の戦火が深まったのを受けて，会社経営から離れ，キリスト教民主党系の反ムッソリーニ・反ファシズムのレジスタンスに身を挺した。「苦難に満ちたレジスタンス活動の経験は，マッティに多くのものを与えた[10]」と言われているが，組織者・指導者としての能力の養成，のちのEni成長のプロセスで威力を発揮することになった人脈の形成，Eni総裁に就任したのちも継続した左翼陣営からの支持などは，その最たるものである。

1953年のEni設立後，エンリコ・マッティは，イタリアの「奇跡の復興」の象徴的な存在として，獅子奮迅の活躍をとげた。そのマッティの死は，あまりにも早く，1962年10月27日に突然訪れた。ローマを飛び立った彼の自家用機が，ミラノのリナーテ空港に到着する寸前，濃霧のなかで墜落したのである。マッティの死は，彼がメジャーズや国内マフィアと対立していたことから，さまざまな憶測を呼んだ。マッティの死を題材にしたイタリア映画 *Il Caso Mattei*（フランチェスコ・ロージ監督，1972年，邦題「黒い砂漠」）は，大きな話題を呼び，1972年度のカンヌ映画祭グランプリ（パルム・ドール）を獲得した。

Eniを率いたエンリコ・マッティの活動は、「一面において、国際石油資本への挑戦であるといっても過言ではない[11]」。彼のメジャーズへの挑戦は、次の5点において明らかであった[12]。

第1は、1953年のEni設立のきっかけとなったポー川流域の天然ガス開発において、メジャーズの動きを封じ込めたことである。イタリアでは、戦前からニュージャージー・スタンダード（1972年にエクソンと改称）、ロイヤル・ダッチ・シェル、アングロ・イラニアン・オイル（1954年にブリティッシュ・ペトロリアム［BP］と改称）などのメジャーズが強い地盤を有しており、これら各社は、ポー川流域のガス田開発利権の獲得をめざした。しかし、マッティは、イタリア政府に強く働きかけ、この利権をEniが確保することに成功したのである。

第2は、1957年にイラン政府と、利益配分イラン側75：Eni側25の石油開発利権協定を締結することによって、メジャーズの海外石油開発戦略に打撃を与えたことである。当時、メジャーズは、資源ナショナリズムの高まりを受けて、石油開発利権協定の締結にあたって、50：50の利益配分方式を中東でしぶしぶ認め始めたところであった。マッティの決断でEniが導入した75：25の新しい利益配分方式は、産油国の資源ナショナリズムをさらに勢いづかせるものであり、メジャーズにとって大きな脅威となったのである。

第3は、Eniが1959年にソ連原油の大量輸入を開始したことである。伊沢によれば、当時、「国際石油資本は、ソ連石油が自由世界に進出してくることに対して極度に神経をとがらせてい[13]」た。マッティがソ連原油の輸入を決断したのは、Eniの原油処理量を増やすためと、生産コストを低減させてそのメリットを消費者に還元するためとであったが、マッティの行動は、メジャーズの強い反発を招くことになったのである。

第4は、Eniグループに属するアニッチとニュージャージー・スタンダードとの合弁会社であるスタニッチ石油工業の運営をめぐって、ニュージャージー・スタンダードと激しく対立したことである。ニュージャージー・スタンダードの契約不履行（精製技術に関するノウハウの不提供）を理由に損害賠償を請求する訴訟を起こしたマッティは、一時、スタニッチ石油工業の解散準備を

進めるなど，ニュージャージー・スタンダードとの対決姿勢を強めた（この紛争は，マッティの死後，1963年に解決をみた）。

第5は，イタリア政府に働きかけて，1960年に，イタリア国内の石油製品市場において，Eni に有利でメジャーズに不利な価格決定方式を導入させたことである。伊沢によれば，「これによって，イタリア市場において，国際石油資本は著しく不利な立場に追込まれたのである[14]」。

Eni を率いたエンリコ・マッティの活動の特徴は，メジャーズへの挑戦だけに限られていたわけではなかった。彼の活動のもうひとつの特徴は，Eni が国有企業であったにもかかわらず，イタリア政府との関係において，つねに主導権を保ち続けたことに求めることができる。ヴォトーは，マッティが活躍した時代において，イタリア政府が国有企業である Eni に与える影響は，アメリカ政府が民間企業であるニュージャージー・スタンダードに及ぼす影響よりもはるかに小さかった，と記している[15]。また，伊沢は，この点について，さらに詳しく，次のように説明している。

> マッティによって設立され，率いられるエニ〔Eni のこと――引用者〕が民間企業であるならば，事業家による企業の設立ということで，とくに異とするに当たらないが，国家資本を導入した公企業を設立したところに特異性がある。一般に，公企業は，特定の個人が設立し，自分の思いのままに動かすべきものではない。この原則を破ったマッティは，公的機関を私物化したとのそしりを免れない。しかし，かれがエニの経営を通して権力欲を満す場合，私利私欲の追求のみに走らず，エネルギー不足の緩和というイタリアの国民的願望に応える方向をたどったことは，マッティのためにも，イタリアのためにも幸いなことであった[16]。

ここまでの検討から，戦後のイタリアで国際競争力をもつナショナル・フラッグ・オイル・カンパニーである Eni が誕生したのは，強烈な個性をもつエンリコ・マッティの企業家活動によるものだったことは，明らかである。それでは，戦後の日本には，マッティと比肩しうる石油企業家は存在したのだろうか。この点を掘り下げるために，節を改めることにしよう。

2. 出光佐三と出光興産

　戦後の日本の石油業界においても，イタリアのエンリコ・マッティと対比しうる企業家が皆無だったわけではない。誰もがすぐに想起するのは，エンリコ・マッティと同様に，イラン政府と直接取引するとともに，ソ連原油の輸入を成功裏に断行した出光佐三であろう。

　ただし，出光佐三と彼が率いた出光興産については，本書のこれまでの章で詳しく論じてきた。したがって，ここでは重複を避け，前章までで明らかになったポイントだけを確認することにしよう。

　本書の第8章でも言及したように，出光佐三は，日本で最も人気のある石油業経営者である。その第1の理由は，彼が，「民族系石油会社の雄」として，メジャーズに真っ向から挑戦した点に求めることができる。

　日本中の主要都市が灰燼に帰した第2次世界大戦での敗戦からわずか8年後の1953年，出光佐三率いる出光興産は，イギリス系メジャー，アングロ・イラニアン・オイルの国有化問題でイギリスと係争中であったイランに，自社船の日章丸（二世）をさし向け，大量の石油を買い付けて国際的な注目をあびた。これは，「生産者から消費者へ」，「大地域小売業」，「消費者本位」という出光佐三の事業理念を実行に移したものであった。

　出光佐三と彼が社長をつとめる出光興産は，外資と提携しない「民族系石油会社の雄」として，この「日章丸事件」に示されるように積極果敢な経営戦略を展開した。出光興産は，徳山製油所を建設して石油精製業に進出したのちも，東京銀行や東海銀行の資金的援助を受けながら，1957年の徳山製油所の建設，1962年の日章丸三世の建造，1963年の千葉製油所の建設など，設備投資を活発に遂行した。

　出光佐三が人気を博する第2の理由は，彼が，日本政府による規制に終始抵抗したアントゥルプルヌアー（企業家）だった点に求めることができる。

　第2次世界大戦の終結後に限っても出光佐三は，日本政府による石油産業への介入に対抗する姿勢をとり続けた。中東原油の大幅増産を背景にメジャーズ

が消費地生産方式の採用へ方針転換したことを受けて,日本政府は戦後,石油製品の輸入を厳しく制限するようになったが,これに対して出光佐三は,1950年に強く抗議した。結局,この抗議は受け入れられず,出光興産は1957年に徳山製油所を新設して輸入原油の精製へ進出することを余儀なくされたが,今度は政府による石油精製業の統制に対して出光佐三は反発するようになった。1962年の石油業法の制定に最後まで反対したこと,通商産業省の行政指導の装置となっていた石油連盟(日本における石油精製・販売業の業界団体)から出光興産が1963年に一時的に脱退したことなどは,それを端的に示す出来事であった。

ここで注目すべき点は,1962年の石油業法が,現実には,日本の石油市場で当時急速にシェアを伸ばしつつあった出光興産を封じ込めるためのものだったことである[17]。出光佐三が社長をつとめた時代の出光興産は,その存在自体が規制へのアンチテーゼ(対立命題)だったのである。

3. 山下太郎とアラビア石油

戦後の日本の石油業界においては,出光佐三以外にも,エンリコ・マッティと対比しうる企業家が,もう1人存在した。中東での石油開発に成功し,「アラビア太郎」と呼ばれた,アラビア石油の山下太郎が,その人である。この節では,山下太郎の企業家活動を,アラビア石油の発展過程と関連させて検討する[18]。

1960年,アラビア石油は,サウジアラビアとクウェートとのあいだの中立地帯において,カフジ油田の試掘第1号井で原油を掘り当てるという快挙をなしとげた。この快挙について,アラビア石油が1993年に刊行した同社の35年史は,次のように述べている。

カフジ油田の発見がいかに幸運に恵まれていたかは,油田開発の歴史と統計をみるとよくわかる。
　試掘による商業油田発見の成功率は,近年の世界統計によるとおよそ3%

といわれている。〔中略〕だが，カフジ油田は最初の1坑で油田を掘り当てたのだ。

　しかも，カフジ油田の埋蔵量は世界有数のものであった。〔中略〕カフジ油田の生産開始前埋蔵量を油田ランキングでみると，世界30位である（石油公団・石油鉱業連盟共編『石油開発資料1992』による）[19]。

　アラビア石油によるカフジ油田開発の成功は，戦後初の海外における「日の丸原油」の獲得を意味するものであり，大きな国民的反響を呼んだ。また，カフジ油田開発の有望性については，ヴォトーが，1960年代初頭の時点では，Eniの海外油田開発の将来性を上回っていたという，高い評価を与えている[20]。

　カフジ油田の開発に成功したアラビア石油は，同社初代社長となった山下太郎のリーダーシップによって，1958年に設立された。1889年に秋田県で生まれた山下は，1912年に札幌農学校を卒業後，山下商会を創設し，南満洲鉄道等の社宅建設などで巨利を博し，戦前は「満洲太郎」と呼ばれた。しかし，彼は，敗戦で旧満洲での事業資産をすべて喪失することになった。

　戦時中に「石油の一滴は血の一滴」であることを思い知った山下は，再起をかけて，1956年に石油の加工貿易に携わる日本石油輸出株式会社を創設した。しかし，「日本で精製された石油製品は世界のメジャー・オイル各社のかたい販売網の壁にさえぎられて，なかなか思うように輸出できなかった[21]」。

　メジャーズの前に一敗地にまみれた山下に失地回復のチャンスが訪れたのは，1957年のことであった。サウジアラビア政府が，民族意識の高まりを受けて，自国の石油開発利権を非アングロサクソン系諸国，とくに日本へ開放する用意があるとの情報がはいったのである。サウジアラビア政府は，当初，フランスへの利権提供を想定していたが，1956年のスエズ動乱でフランスとアラブ諸国との関係が悪化したため，日本に白羽の矢が立つことになった。山下は，このチャンスにすばやく反応し，電光石火の行動で，1957年中に，サウジアラビア政府とのあいだで中立地帯沖合の石油開発利権協定を締結した。さらに，山下は，翌1958年には，この協定を遂行する担い手としてアラビア石

油株式会社を設立し，自ら初代社長に就任するとともに，中立地帯のもうひとつの当事国であるクウェートとのあいだでも，石油開発利権協定を締結した。そして，前述した1960年のカフジ油田試掘第1号井の成功へと結びつけた山下は，今度は，「アラビア太郎」と呼ばれるようになったのである。

　ここで注目すべき点は，アラビア石油に対しては日本政府の出資は行われず，同社は純粋な民間会社として設立されたことである。この点で，アラビア石油は，イタリアのEniと異なっていたし，1967年の石油開発公団（1978年に石油公団と改称）創設後次々と誕生した日本の多くの石油開発企業とも異なっていた。たしかに，日本政府はアラビア石油に対して間接的な支援を行ったから，出光興産の場合とは異なり，アラビア石油の場合には，政府との関係は対立的ではなかった。しかし，諸外国のナショナル・フラッグ・オイル・カンパニーのケースに比べれば，政府によるアラビア石油への支援は限定的なものにとどまったと言える。

　アラビア石油がカフジ油田の生産を開始したのは1961年のことであったが，それから6年後の1967年に山下太郎は死去した。山下の死後，アラビア石油のトップマネジメントは通商産業省の出身者が占めるようになり，「天下り」の弊害が顕在化して，同社は，当初もっていた民間企業としての活力を徐々に失っていった。アラビア石油は，中立地帯以外の石油開発で成果をあげることもなかったし，石油産業の下流部門へ本格的に展開することもなかった。また，電力会社やガス会社と戦略的に提携して，総合エネルギー企業をめざすこともなかった。

　アラビア石油の活力の喪失は，結局，大きな事業上の後退をもたらすことになった。サウジアラビア政府との利権更改交渉が暗礁に乗り上げ，2000年にアラビア石油は，カフジ油田を含む中立地帯におけるサウジアラビア所有分の石油開発利権を喪失することになったのである。もし，アラビア石油が活力を維持し，(1)水平統合に立脚したより大規模な石油開発企業であり，中立地帯以外でも有力な油田をいくつか保有していたのだとすれば，(2)石油下流にも展開する垂直統合企業であり，サウジアラビア側に同国産の石油・天然ガスの確実な販路を保証しえたのだとすれば，(3)電力会社やガス会社と戦略的に提携した

総合エネルギー企業であり，やはりサウジアラビア側に確実な販路を保証しえたのだとすれば，アラビア石油のバーゲニングパワーは著しく高まり，サウジアラビア政府との交渉の帰趨も，現実とはかなり異なったものになったことであろう。

2000年のアラビア石油・サウジアラビア政府間の利権更改交渉においては，日本政府が資源外交を展開し，アラビア石油を本格的に支援するという事態は生じなかった。もし，アラビア石油が創業当初の活力を維持し，ナショナル・フラッグ・オイル・カンパニーへ成長していたならば，日本政府の姿勢も，現実とはかなり異なったものになっていたことであろう。

要するに，アラビア石油の利権喪失は，日本にナショナル・フラッグ・オイル・カンパニーが存在しないことがもたらした「悲劇」だったのである。

4. イタリアと日本を分けたもの

第1・2・3節では，エンリコ・マッティ，出光佐三，山下太郎の企業家活動を，それぞれが活躍の舞台としたEni，出光興産，アラビア石油の発展過程と関連させて，検討してきた。彼ら3人は，いずれも企業家精神あふれる石油業経営者であったばかりでなく，敗戦国において，メジャーズに対して正面から挑戦し，国民的支持を得た点でも共通していた。しかし，彼らの企業家活動の帰結は異なった。マッティの活躍によりイタリアではナショナル・フラッグ・オイル・カンパニーであるEniが誕生したが，出光と山下が活動した日本では今日までナショナル・フラッグ・オイル・カンパニーが登場することはなかった。この日伊間の差異はなぜ生じたのだろうか。別言すれば，エンリコ・マッティの企業家活動と出光佐三・山下太郎の企業家活動とでは，どこがどう違っていたのだろうか。

第1の相違は，石油事業に取り組むにあたって追求したビジネスモデルの違いであり，具体的に言えば，マッティが当初から垂直統合をめざしたのに対して，出光は下流に特化し，山下は上流に特化したこと，つまり，出光と山下は垂直統合をめざさなかったことである。

石油産業では，収益性は高いが安定性が低い上流部門と，収益性は低いが安定性が高い下流部門とを組み合わせて経営することが有利だと言われている[22]。メジャーズはもとより，多くのナショナル・フラッグ・オイル・カンパニーが垂直統合戦略をとっているのは，このためである。エンリコ・マッティも，同様の考えにもとづいて，Eniを，上・下流両部門に携わる石油・天然ガス企業に育て上げた。

これに対して，出光佐三の場合には，石油産業の上流部門に事業展開する意識はそれほど強くなかった。イラン政府と取引する場合でも，彼の関心の中心は石油の買い付けにあり，マッティのように同国で石油開発を行うことにはあまり固執しなかった。出光が掲げた事業理念が「生産者から消費者へ」，「大地域小売業」，「消費者本位」だったことからわかるように，彼の関心は，基本的には下流部門，それもそのなかの石油販売に集中していた。戦前・戦時期に出光商会は，「大陸の石油商」として活動した。戦後，出光興産が，石油販売事業に加えて，同じ下流部門のなかの石油精製事業に展開したのも，消費地精製方式の採用という日本政府の国策にいわば「強要」された面がある。その後，出光興産は，一時期，上流部門での事業展開に積極的な姿勢を示しはしたものの，今日まで，基本的には，下流部門に特化する形で事業を展開してきた。これは，石油販売に関心を集中した創業者，出光佐三の事業観を反映したものとみなすことができる。

一方，山下太郎の場合には，石油産業の下流部門に事業展開する意識をほとんど持ち合わせていなかった。彼の関心は，あくまで，海外での石油開発にあった。そして，その石油開発事業についても，「山下は創業することそれ自体の興味にとりつかれた男だった[23]」との指摘がなされていることを忘れてはならない。極言すれば，山下の関心は他人が行いえないような事業を「創業することそれ自体」にあり，その対象がたまたま石油開発だったに過ぎないのである。山下のこのような事業観から石油産業における垂直統合戦略が導かれなかったのは，ある意味では，当然のことなのである。

マッティと出光・山下との第2の相違は，自らの企業家活動に当該国政府の協力を取り付けたか否かという点に求めることができる。

海外での石油開発事業を成功裏に進めるためには，資源外交等の本国政府の協力が重要な意味をもつと言われている。この点は，非産油国・石油輸入国のナショナル・フラッグ・オイル・カンパニーにあてはまるだけでなく，メジャーズにさえあてはまる。エンリコ・マッティは，Eni を国有企業として育成しつつ，経営の主導権はしっかりと把握したままだった。そして，イタリア政府の資源外交等の協力を受けつつ，海外での石油開発事業を積極的に展開したのである。

　これに対して，出光佐三と山下太郎の場合には，彼らの企業家活動に対する日本政府の協力は，けっして十分なものではなかった。それどころか，出光と日本政府との関係は，極言すれば，敵対的なものであった。既述のように，「出光佐三が社長をつとめた時代の出光興産は，その存在自体が規制へのアンチテーゼ（対立命題）だった」。1962 年制定の石油業法は，出光興産を封じ込めるためのものだったのである。

　山下太郎のアラビア石油に対しても，日本政府は十分な支援を行ったわけではなかった。アラビア石油は，政府出資を受けない純然たる民間企業として，海外での石油開発事業に携わってきた。同社は，多くの石油開発企業が石油公団を通じて政府出資を受けてきた日本の石油産業の上流部門において，異例の存在だと言うことができる。そして，純然たる民間企業であることは，2000 年のサウジアラビア政府との利権更新交渉の際に，アラビア石油にとって，不利に作用した。日本政府が一民間企業への支援に関して及び腰になり，本格的な資源外交を展開しなかったこともあって，アラビア石油は，中立地帯におけるサウジアラビア所有分の石油開発利権を喪失することになったのである。

　ここまで検討してきたように，エンリコ・マッティの企業家活動と出光佐三・山下太郎の企業家活動とでは，①前者が垂直統合をめざしたのに対して後者はそれをめざさなかった，②前者が自国政府の協力を取り付けたのに対して後者はそれを取り付けることがなかった，という 2 点で，大きく異なっていた。戦後のイタリアでは国際競争力をもつナショナル・フラッグ・オイル・カンパニーが誕生し，日本ではそれが今日まで登場することはなかったことに示される両国間の差異は，マッティと出光・山下との企業家活動のあり方の違い

をある程度反映したものだったのである。

小　括

　本章では，ともに第2次世界大戦の敗戦国で非産油国・石油輸入国でありながら，有力なナショナル・フラッグ・オイル・カンパニー（Eni）が存在するイタリアと，ナショナル・フラッグ・オイル・カンパニーが存在しない日本との差異がなぜ生じたかを問題にし，その主要な理由のひとつが両国における企業家活動のあり方の違いにあることを明らかにしてきた。したがって，冒頭に掲げた本章の課題は前節までの検討でほぼ達成されたと考えるが，ここまでの議論をふまえるならば，さらに敷衍しておきたい論点が存在する。それは，今後の日本においてナショナル・フラッグ・オイル・カンパニーが登場する可能性についてである。

　今後，日本においてもナショナル・フラッグ・オイル・カンパニーが登場する可能性はあるのだろうか。この論点に立ち入る際には，当然のことながら，まず，議論の前提として，日本にとって，はたして，ナショナル・フラッグ・オイル・カンパニーが必要であるのか，という点を検討する必要がある。

　石油・天然ガス産業の場合に限らず，一般的に言って，産業の規制緩和や自由化を論じる時には，市場で行動するプレイヤーの役割にも注目することが重要である。1980年代半ば以降の世界的な市場主義の高まりを受けて，1990年代には，石油・天然ガス産業を含むエネルギー産業の分野でも市場の登場と政府の退場とが声高に喧伝された。大局的には市場原理の拡大は当然の方向性だと言えるが，他方で，そのことだけを指摘し，「ともかく規制緩和をすればそれで良し」とする姿勢をとることには，看過しがたい難点があることも忘れてはならない。なぜなら，市場の効能を語る時にはそれを引き出すプレイヤーのあり方についても語る必要があり，プレイヤーの視点を欠いた市場万能論は，多くの場合，政府万能論に匹敵するほどの混乱をもたらすからである。エネルギー産業を対象にして市場原理の拡大を追求する場合にもプレイヤーの視点の導入は避けて通ることのできない手続きであり，エネルギー産業の規制緩和を

めぐっては，政府介入を期限つきで活用しながら，政府介入そのものが不要となるように産業の体質を強化する（強靱なプレイヤーを育成する）という，現実的で柔軟な発想をとり入れなければならない。

　石油や天然ガスをめぐる世界市場において注目すべきプレイヤーは，誰もがすぐに思い浮かべるメジャーズや産油国の国策石油企業だけではない。石油業界では，非産油国・石油輸入国のナショナル・フラッグ・オイル・カンパニーが，メジャーズや産油国国策石油企業と肩を並べるほどの重要な役割をはたしている。メジャーズが本拠地をおかず，産油国でもないような国々においてナショナル・フラッグ・オイル・カンパニーが存在するという事実は，エネルギー面でのナショナル・セキュリティをいかに確保すべきかという問題に解答を与えるうえできわめて示唆的である。端的に言えば，ナショナル・フラッグ・オイル・カンパニーという世界市場で活躍する強靱なプレイヤーを擁することが，石油・天然ガスの供給を輸入に依存する非産油国・石油輸入国にとって，基本的なエネルギー安全保障策のひとつとなっているのである。そして，このことは，日本の場合にも，そのままあてはめることができる。つまり，日本にとって，ナショナル・フラッグ・オイル・カンパニーを擁することは，発展しつつある石油・天然ガスの世界市場から効能を引き出し，エネルギー面でのナショナル・セキュリティを確保するうえで，是非とも必要な措置なのである[24]。

　それでは，今後，日本においても，ナショナル・フラッグ・オイル・カンパニーが登場する可能性はあるのだろうか。結論を先取りすれば，この問いに対しては，肯定的に答えることができる。

　本章の序章で紹介したPIWの世界石油企業上位50社ランキングの2001年に関するものによれば，日本の石油企業である日石三菱は，下流に関するランキングにおいて，Eni（17位）を上回る13位を占める[25]。しかし，日石三菱は，上流部門の事業展開に限界があるため，総合順位では，PIWの上位50社ランキングに登場しない。この事実は，現時点における日本の石油産業の脆弱性が，「上流・下流の分断」および「上流部門の脆弱性」という2点に由来することを端的な形で示している。

表 9-1　上流部門の事業規模の比較（1997 年）

企業名	石油生産量	天然ガス生産量
Eni	65万バレル／日	2080百万立方フィート／日
日本の上流企業全体	68万バレル／日	1646百万立方フィート／日

出所）資源エネルギー庁資料。

　このうち，石油産業の「上流部門の脆弱性」については，厳密に表現すれば，「上流部門における過多・過小の企業乱立」ということになる。日本の場合，過多・過小の企業乱立は，長いあいだ，下流部門においても観察された[26]。しかし，特定石油製品輸入暫定措置法（特石法）廃止や石油業法廃止など規制緩和が進むなかで，1999年の日本石油と三菱石油の合併による日石三菱の誕生，2010年の新日本石油（2002年に日石三菱から改称）と新日鉱ホールディングスの経営統合によるJXホールディングスの登場に代表されるように，下流企業の統合が進展し，「下流部門における過多・過小の企業乱立」は，克服されつつある。

　一方，日本の石油産業の「上流部門における過多・過小の企業乱立」は，現時点でも，解消されたとは言えない。日本の上流企業全体とEniとの石油・天然ガス生産量を比較した表9-1からわかるように，日本石油産業の上流部門全体の事業規模は，Eni1社分の事業規模にほぼ匹敵する。したがって，仮に，日本の石油産業の上流部門が1社に統合されていたとすれば，その企業の事業規模は世界有数の水準に達していたことであろう。しかし，現実には，日本石油産業の上流部門に事業展開する企業の数はきわめて多い。日本では，これまで，石油産業の上流部門に展開する場合，石油公団を通じて政府資金の投融資を受けることができたが，石油公団投融資プロジェクトの親会社（最大民間株主である企業）とその他の石油公団出資会社との合計企業数は，1997年度末の時点で28社に達した[27]。要するに，石油産業の上流部門において，Eni1社分に相当する事業規模を，日本では約30社で分け合っているのである。これでは，日本の上流企業の規模は，過度に小さくならざるをえないのである[28]。

　日本の石油産業の「上流部門における過多・過小の企業乱立」を克服するには，2つの道がある。第1は，統合を通じて大規模化しつつある下流企業が，

垂直統合を行う形で，上流企業を合併・買収し，結果として，上流部門での水平統合が進行する道である。第2は，多数存在する上流企業のなかから有力な優良企業が出現し，その企業が中心になって上流部門での水平統合が進展する道である。

　第1の道は，日本の石油産業がもつ「上流・下流の分断」および「上流部門の脆弱性」という2つの弱点を同時に解消するものであるから，より望ましい方策だと言うことができる。しかし，現実には，第1の道が実現する可能性は低い。なぜなら，日本の石油産業の下流部門では，1980年代半ば以降規制緩和が進展し企業統合の動きが見られたにもかかわらず，産業の体質強化は進まず，最大の課題である低収益体質からの脱却という面で見るべき成果が得られていないからである。

　このような事態が生じた原因は，石油業法や特石法などの強固な規制が存在していた時代に，「産業の弱さが政府の介入を生み，その政府の介入がいっそうの産業の弱さをもたらして，それがまた政府の追加的な介入を呼び起こすという悪循環，別の言い方をすれば，下向きのらせん階段，下方スパイラル[29]」が定着し，その影響が規制緩和後も根強く残っている点に求めることができる。石油産業の下流部門のように，この下方スパイラルが長年にわたって作用していた産業では，それに携わる諸企業の組織能力が総じて脆弱化している。そのため，規制緩和が進みながらも，産業の体質強化は進展しないという，一種の閉塞状況が見受けられる。下流企業の組織能力の弱体化は，「下流企業が，垂直統合を行う形で，上流企業を合併・買収し，結果として，上流部門での水平統合が進行する」という第1の道の実現性を，著しく低下させている。

　現在の総合エネルギー調査会石油分科会の前身である石油審議会は，2000年に，事実上，日石三菱を中心的担い手として，第1の道をめざす方針を打ち出した（石油審議会開発部会基本政策小委員会『中間報告』2000年8月[30]）。しかし，現実には，ここで説明したような要因が作用して，この方針は，大きな成果をあげなかったのである。

　第2の道に関しては，長らく「過多・過小の企業乱立」が続いてきた日本石油産業の上流部門において，本当に，「有力な優良企業が出現し」うるのかと

いう問いが，当然のことながら生じるであろう。ところが，やや意外なことに，この問いに対しては，肯定的に答えることができそうである。というのは，最近になって，上流企業のなかから，申告所得額が日本の全大法人中第38位（2001年度）を占める，注目すべき優良企業が登場したからである。INPEX（インペックス）と呼ばれる国際石油開発株式会社が，それである。

INPEX は，1966年に北スマトラ海洋石油資源開発㈱として設立され，インドネシア・東カリマンタン沖であいついで油田を発見したのち，1975年に社名をインドネシア石油㈱と変更した。1990年代にはインドネシア周辺で事業規模を拡大するとともに，最近では，北カスピ海，イラン，南カスピ海等でも大規模な油田探鉱・開発の権利を獲得した。2001年に再度，社名を国際石油開発㈱と改めた INPEX は，今日では，石油・天然ガスの保有埋蔵量についてみれば，準メジャーズ級に迫る国際的な石油企業となり，高率配当を維持して，日本を代表する優良企業のひとつとなっている。

総合資源エネルギー調査会石油分科会開発部会石油公団資産評価・整理検討小委員会『石油公団が保有する開発関連資産の処理に関する方針』（2003年3月）は，解散する石油公団の資産処理を通じて，事実上，INPEX を中心的担い手として，日本においてもナショナル・フラッグ・オイル・カンパニーを構築するという方針を打ち出した（同答申は，「ナショナル・フラッグ・カンパニー」ないし「中核的企業」という言葉を使用している）。つまり，総合資源エネルギー調査会は，石油審議会開発部会基本政策小委員会『中間報告』（2000年8月）が第1の道を追求しながら十分な成果をあげることができなかった経緯をふまえて，第2の道を政策面で支持する姿勢を打ち出したことになる。第2の道が第1の道と決定的に異なる点は，INPEX の企業活動という明確な推進力が存在することであり，この推進力をさらに強めるような適切なインセンティブの付与が行われるならば，第2の道が成果をあげる可能性は高いのである。

第2の道が現実化し，INPEX[31)] を中心的担い手として日本石油産業の上流部門で水平統合が進展すれば，統合を通じて誕生する「中核的企業」は，「自国内のエネルギー資源が国内需要に満たない国の石油・天然ガス開発企業で

あって，産油・産ガス国から事実上当該国を代表する石油・天然ガス開発企業として認識され，国家の資源外交と一体となって戦略的な海外石油・天然ガス権益獲得を目指す企業体」となるであろう（その場合，民間企業に近い組織形態をとるであろう）。つまり，日本においてもナショナル・フラッグ・オイル・カンパニーが登場する可能性は存在するのである。

　もちろん，上流企業の水平統合を通じてナショナル・フラッグ・オイル・カンパニーが登場したとしても，それだけでは，「上流・下流の分断」という日本の石油産業の脆弱性が解消されたことにはならない。しかし，ナショナル・フラッグ・オイル・カンパニーの出現は，この脆弱性を克服するうえでの重要なステップとなりうる。なぜなら，ナショナル・フラッグ・オイル・カンパニーと石油産業の下流部門に携わる企業との間で，あるいは，ナショナル・フラッグ・オイル・カンパニーと電力業やガス産業に従事する企業との間で，戦略的提携が成立する可能性が高いからである。そうなれば，石油産業において垂直統合が実現しなかった戦後日本の悲劇は（比喩的な言い方をすれば，エンリコ・マッティの活動が出光佐三の活動と山下太郎の活動に分断された戦後日本の悲劇は），ようやく終息に向かうのである。

［注］

1）日本の石油産業が有する脆弱性について詳しくは，橘川武郎「日本におけるナショナル・フラッグ・オイル・カンパニーの限界と可能性」（「アジアのエネルギー・セキュリティー」日米共同研究会［平成11年度石油精製合理化基盤調査事業］『アジアのエネルギー・セキュリティーと日本の役割に関する調査報告書』㈶石油産業活性化センター，2000年），同「GATS・電力自由化と日本のエネルギー産業」（『日本国際経済法学会年報』第11号，2002年）も参照。

2）ここでのEniに関する記述は，石油公団『欧州国営（国策）石油会社の自立成功要因』1998年，12, 15頁，石油公団企画調査部『欧米先進国の石油開発に対する国家の関与』1998年，84-88, 102-103頁，津村光信『西欧主要国政府の自国石油産業育成』1999年，3頁，㈶日本エネルギー経済研究所『欧米主要国の自主開発政策における石油産業と政府の関係』2003年，16-20頁による。

3）津村前掲書『西欧主要国政府の自国石油産業育成』3頁。

4）このほか，エンリコ・マッティについては，いくつかの評伝が発表されている。英語

第9章　なぜナショナル・フラッグ・カンパニーは生まれなかったのか　245

で刊行されたものとしては，例えば，Paul H. Frankel, *Mattei : Oil and Power Politics*, Faber and Faber, London, 1966, がある。
5）Votaw, op. cit., *The Six-Legged Dog*, p. 3.
6）伊沢前掲「解説」237-239 頁参照。
7）同前，245, 249 頁参照。
8）Votaw, op. cit., *The Six-Legged Dog*, p. 71.
9）以下のエンリコ・マッティの生涯についての記述は，主として，Votaw, op. cit., *The Six-Legged Dog*, 伊沢前掲「解説」による。
10）伊沢前掲「解説」235 頁。
11）同前，262 頁。
12）以下のマッティのメジャーズへの挑戦についての記述は，主として，伊沢前掲「解説」262-266 頁による。
13）伊沢前掲「解説」263 頁。
14）伊沢前掲「解説」264 頁。
15）Votaw, op. cit., *The Six-Legged Dog*, p. 2.
16）伊沢前掲「解説」244 頁。
17）この点については，橘川武郎「革新的企業者活動の条件——出光佐三（出光商会・興産）」（伊丹敬之・加護野忠男・宮本又郎・米倉誠一郎編『ケースブック日本企業の経営行動 4　企業家の群像と時代の息吹き』有斐閣，1998 年）121-122 頁参照。
18）以下の記述は，主として，アラビア石油株式会社『アラビア石油——創立 10 周年記念誌』1968 年，同『湾岸危機を乗り越えて——アラビア石油 35 年の歩み』1993 年，による。
19）前掲『湾岸危機を乗り越えて——アラビア石油 35 年の歩み』47 頁。
20）Votaw, op. cit., *The Six-Legged Dog*, p. 19.
21）前掲『湾岸危機を乗り越えて——アラビア石油 35 年の歩み』31 頁。
22）上流部門の安定性が低いのは，原油価格の変動によるものである。原油価格が高水準である場合は，上流部門の収益性は著しく高い。しかし，原油価格が低落した場合には，上流部門の収益性は低下し，赤字に転落することもある。ただし，原油価格が低落した場合でも，当該石油企業が下流部門を兼営しているのであれば，石油製品価格の低下がもたらす需要拡大のメリットを享受することができ，収益悪化をある程度防止することができる。
23）阪口昭「石坂泰三——高度成長期をリードした自由主義財界人」（下川浩一・阪口昭・松島春海・桂芳男・大森弘『日本の企業家(4) 戦後篇』有斐閣，1980 年）64 頁。
24）日本にナショナル・フラッグ・オイル・カンパニーが存在しないことは，エネルギー面でのナショナル・セキュリティ確保を困難にする，さまざまな問題を引き起こした。例えば，2000 年当時，日本を含む東アジア諸国が中東原油を欧米諸国より割高な価格

で輸入していたこと（いわゆる「アジア・プレミアム」問題）や，一大輸入国でありながら日本がLNG（液化天然ガス）を不利な条件で購入していたことなどは，その現れである。これらの問題については，橘川武郎「石油ショック・トラウマからの脱出」（『論座』2000年11月号）109-110頁参照。

25) "PIW Ranks The World's Top Oil Companies," *PIW* (*Petroleum Intelligence Weekly*), Special Supplement, December 23, 2002, p. 4. ここでは，*PIW* 2002年12月23日号に掲載された世界石油企業上位50社ランキングのデータにより，石油精製能力と石油製品販売量の2要素についてそれぞれ順位づけを行って，それらの単純平均を求めて下流部門に関するランキングを決定した。したがって，*PIW* 2002年12月23日号の世界石油企業上位50社ランキングに登場しない石油企業は，もともと検討対象から外されていることになる。

26) 前掲拙稿「日本におけるナショナル・フラッグ・オイル・カンパニーの限界と可能性」VII・16-17頁，同「GATS・電力自由化と日本のエネルギー産業」79頁。

27) 前掲拙稿「日本におけるナショナル・フラッグ・オイル・カンパニーの限界と可能性」VII・16, 18頁参照。

28) その後2000年代にはいって，INPEX帝石が急成長をとげ，日本の石油産業の「上流部門における過多・過小の企業乱立」は克服されつつある。ただし，それは，まだ道半ばであると評価するのが，適切であろう。

29) 橘川武郎「『石油の安定的な供給の確保のための石油備蓄法等の一部を改正する等の法律案』に関する参考人意見陳述」『第百五十一回国会衆議院経済産業委員会議事録』第9号，2001年4月10日，4頁。

30) 石油審議会開発部会基本政策小委員会『中間報告』(2000年8月) は，「政府介入を期限つきで活用しながら，政府介入そのものが不要となるように産業の体質を強化する（強靱なプレイヤーを育成する）という，現実的で柔軟な発想をとり入れ」た点では，画期的な意義をもっていた。なお，筆者は，同小委員会の委員であった。

31) INPEXは，2006年に帝国石油㈱と経営統合して，INPEX帝石（国際石油開発帝石ホールディングス㈱）となった。

第10章　日本石油産業の脆弱性とその克服策

　本書の第9章では，日本石油産業の脆弱性について，主として，企業家活動のあり方という視点から検討した。これに対して，本章では，その脆弱性に関し，政府規制のあり方という観点から検討を加える。

　やや一般的な言い方をすれば，本章の課題は，政府による産業の規制がその業界を構成する諸企業の行動を決定的に規定づける，いわゆる「規制産業」において，近年進行した規制緩和がいかなる意味をもち，いかなる問題に直面しているかを，ケース・スタディを通じて明らかにすることにある。その際，具体的に取り上げるのは，長いあいだ，通商産業省（通産省）が管轄する代表的な規制産業であった石油産業の事例である。

　日本の政府・業界間関係をめぐって筆者（橘川）は，これまで，いくつかの論文を発表してきた[1]。一連の検討を通じて得られた結論のひとつは，政府の出番が大きい規制産業が出現するのは当該業界の秩序化能力ないし調整能力が不十分だからであるということ，端的な形で別言すれば，業界の脆弱性が規制を喚起するという点である（この点については，本章の第1節で詳述する）。それでは，そのような規制産業において，外部的要因によって規制が緩和され，政府の関与が後退すると，業界のサイドではどのような事態が生じるのであろうか。規制緩和による市場原理の導入という一種の外科手術の施行は，もともと不十分な業界の秩序化能力ないし調整能力を養成することに本当に役立つのだろうか。

　もし，それがすぐには役立たないのだとすれば，規制緩和を真に意味あるものとするために，どのような措置を講じなければならないか。本章で検討を試みるのは，これらの問題群である。

以下では，まず第1節で，問題の所在を明確にするため，政府による規制と産業の脆弱性との相互増幅作用について，やや立ち入って説明する。次いで第2節で，日本の石油産業における近年の規制緩和のプロセスを概観し，そこで生じた問題に光を当てる。そのうえで，第3節ではメジャーズ（大手国際石油企業）とヨーロッパ非産油国・石油輸入国の国策石油企業との動向に目を向け，それを踏まえて，第4節では日本の石油産業の進路と規制緩和のあり方について提言を行う。小括は，本章のまとめにあたる部分であり，そこでは，石油産業のケース・スタディから得られたインプリケーションをやや一般的な形で明らかにする。

1. 規制と産業の脆弱性との相互増幅作用

　近年の日本ではさまざまな規制産業において規制緩和が進められてきたが，その際に論拠とされたのは，①国際化への対応，②消費者便益の増大，③規制（政府による資金面での支援を含む）に関わる経費の節約，④産業自身の体質強化，などの論点であった。これらの諸論点のなかで，本章に最も直接的に関係するのは，④の論点である。というのは，規制緩和が当該産業に与えたインパクトを検討することが，本章の課題だからである。

　④の論点が登場する背景には，政府による規制（支援）は産業の体質を脆弱なものにするという認識が存在する。そして，この認識自体は，石油産業の事例を見ても，妥当なものだと言うことができる。

　国際的に見た場合，日本の石油産業の構造的な弱点がどこにあるかについて，1990年の時点で済藤友明は，次のように指摘している。

わが国石油企業は，欧米の石油企業と比較してそもそも産業構造においてハンディキャップを負っているといわれる。つまり，石油事業は垂直統合システムによって安定した経営が成り立つという論理である。欧米の有力石油企業は上流部門で獲得した利益で下流部門を支えているが，わが国の石油企業は収益性の低い下流部門だけを有している。加えて，元売で11社，精製で

29社と市場規模に比べて企業数が多いため各社のシェアは小さい。西欧の石油企業は精製能力の集中度が日本より高いし、集中度がわが国より低い米国では自社給油所の比率が高く、各社が異なる販売地域で高いシェアをあげている。日本の場合には、元売の大多数が全国的規模で販売を行っている。こうした他国に比べて不利な産業構造を背景として、さらにわが国独自の構造的問題を形成してきたことが重なって、石油産業は慢性的な過当競争体質から脱却できないでいる[2]。

つまり、済藤は、日本の石油産業の構造的弱点として、垂直統合が進まず上流部門（探鉱・採掘）と下流部門（精製・販売）とが分断されていること、及び主要な石油企業が事業展開する下流部門が「過当競争体質」を有していること、の2点をあげているわけである。そして、これらの弱点は、日本政府による石油産業への介入や規制のあり方と密接に関連している。

日本の石油産業における上流部門と下流部門の分断を固定化するうえで重要な意味をもったのは、1962年に制定された石油業法である。この法律は、①通産大臣が石油供給計画を作成する（3条）、②石油精製業を許可制とする（4条-6条）、③特定の精製設備の新、増設も許可制とする（7条）、④石油製品生産計画と石油輸入計画については届出制とする（10条及び12条）、⑤必要な場合には通産大臣が石油製品販売価格の標準額を告示する（15条）、などの諸点を主要な内容とするものであり、端的にいえば、精製業をコントロールすることによって、石油の安定供給を達成しようとするものであった。

ここで注目する必要があるのは、石油業法の制定過程で重要な役割を果たした1961年設置のエネルギー懇談会（通産大臣の諮問機関）の席上、脇村義太郎委員が、次のような少数意見を展開したことである。

現在においても国の影響下におけるシエアーは十分確保されており、将来はその比率が上昇することこそあれ低下するおそれはないと思われるので、石油業法制定の必要性は認められず、法的規制はかえってそのシエアーの低下を来たすおそれがある。また石油の安定供給を確保するための対策としては、現在は、過去のように精製業を対策の重点とする段階ではなく、むしろ

原油生産およびタンカーの部門において，総合的に検討すべきであると思われる[3]。

つまり，脇村は，精製部門（下流部門）を切り離して重点的に取り扱うことに異議を唱え，原油生産部門（上流部門）と輸送部門の重要性を指摘して，石油業法の必要性そのものを否定したわけである。しかし，この脇村の少数意見は，結果的には無視された。エネルギー懇談会の多数意見に従って制定された石油業法は，精製部門を重点的にコントロールする政策を法定することによって，日本の石油産業における上流部門と下流部門との分断を固定化したのである。

日本政府の石油産業への介入は，上流部門と下流部門との分断を固定化しただけではなく，下流部門（精製部門と販売部門）内部の「過当競争」をも引き起こした。下流部門の「過当競争」の原因としては，しばしば，①精製設備の過剰，②製販ギャップ（精製能力が販売能力を上回るという意味でのギャップ）の存在，③製品価格体系の歪み（具体的には，ガソリンの独歩高），④給油所の資本的独立と過多，などの諸点があげられる[4]が，これらのうち最も基本的なものは，互いに深く関連する①と②の要因である。これら2つの要因が顕在化するうえで重要な意味をもったのは，石油業法の運用過程において，十分な販売能力をもたない共同石油等の民族系石油企業に対して，精製設備の新・増設許可の面で優遇的な措置が講じられたという事情であった。日本の石油産業の下流部門がもつ脆弱性は，政府による規制と密接に関連して発現したと言うことができる。

ところで，日本の石油産業が有する脆弱性は，済藤友明が指摘した，上流部門と下流部門との分断や下流部門内部の「過当競争体質」だけにとどまるものではない。探鉱部門と採掘部門から成る上流部門もまた，(1)小規模な石油開発企業の乱立や，(2)リスクの大きい探鉱に偏重した事業展開という，構造的問題を抱えている（これらの問題については，解決のための方向性も合わせて，本章の第4節で再論する）。(1)の問題を引き起こしたのは，石油公団法（1967年に制定された石油開発公団法が，1978年の改正の際に改称したもの）にもとづく石油公

団（1967年に発足した石油開発公団が，石油備蓄関連業務の開始にともない1978年に改称したもの）の石油開発企業への投融資が，小規模企業の存立を可能にする機会均等主義の原則にもとづいて遂行されたという事情であった[5]。また，(2)の問題も，石油公団の投融資対象の選定にあたって，既発見油田の買収よりも新規油田の開発が優先されたことの帰結であった。日本の石油産業の上流部門がもつ脆弱性もまた，政府による介入のあり方と深く関連して発現することになったのである。

これまでの記述から明らかなように，石油業法や石油公団法に代表される政府のさまざまな規制（政府による資金面での支援を含む）は，日本の石油産業における上流と下流との分断を固定化し（別言すれば，垂直統合の進展を妨げ），上流部門と下流部門のそれぞれにおいて構造的な諸問題を発生させる要因となってきた。つまり，政府による規制（支援）が産業の体質を脆弱化させることは，日本の石油産業の事例においても確認することができるわけである。

しかし，ここで，上記の点だけを指摘することには，大いに問題がある。なぜなら，政府の規制と産業の脆弱性とのあいだには，前者が後者を規定する関係が見られるだけではなく，後者が前者を規定する関係も存在するからである。

そして，この「産業の脆弱性が政府の規制を規定する関係」を把握するためには，日本の政府・業界間関係の実態に広く目を向ける必要がある。

日本の政府・業界間関係の実態を知るうえで手がかりとなるのは，同じような発展段階にあり所管官庁が同一である似たような産業どうしのあいだでも，政府の出番が大きかったり小さかったりするのはなぜか，という問題である[6]。

そして，この問題を考察する際に恰好の糸口を与えるのは，発展段階に大きな違いのない電力業と石油産業にそれぞれ適用された，電気事業法と石油業法との相互比較である。

電気事業法と石油業法とのあいだには，両者とも，通産省の所管事項である，公益性の高いエネルギー産業に関わる法律であり公益規制に関する条項を含む，適用範囲が特定産業に限定される個別事業法である，ほぼ同時に制定さ

れた（石油業法は1962年，電気事業法は1964年），などの共通点が存在する。しかし，電気事業法と石油業法を政府の役割という観点から比較すると，両者間には対照的といえるほどの差異があることが判明する。

電気事業法は，既存の民営9電力体制を法的に追認した[7]。その意味で同法は，1939年以来の電力国家管理を廃止し，民営9電力体制を生み出して，電力業に対する政府の介入を制限した1951年の電気事業再編成の基本精神を，継承したものとみなすことができる。

一方，石油業法のねらいは，石油産業に対する政府の介入を継続，強化することにあった。設備の新増設の許可，生産調整，標準価格の告示などの権限を政府に与えた同法は，「個別企業の事業活動に対する極めて強力な行政介入の手段となった[8]」。

電気事業法と石油業法とでは政府（通産省）の役割に関する位置づけが違うという事実は，日本の政府と業界との関係についての議論に一石を投ずる意味をもつ。従来の通説のように，通産省の産業政策に注目しそれを一方的に論じるという手法に立つ限り[9]，このような違いが生じる理由を論理的に説明することは，困難である。そのことは，政府の側に主に光を当て，政府・業界間関係をとらえる見方そのものの限界性を示している。

政府・業界間関係をとらえる際に，政府の役割にまず注目する従来のアプローチが問題をもつとすれば，どのような方法をとるべきなのだろうか。結論的にいえば，政府と業界との関係をとらえる際には，まず業界の秩序化能力ないし調整能力に注目し，それを補完するものとして政府の役割を意味づけるべきだ，ということになる。つまり，政府の役割に注目する従来のアプローチとは逆に，第一義的には業界の側に光を当てるわけである。

日本の電力業界は，電気事業法の制定に際して，主導性を発揮した。地域独占が成立している電力業の場合には業界内の調整が容易だという反論が予想されるが，ここでは，1931年までは地域独占が未成立で電力各社が激烈な競争を展開していたこと，その時期にも電力業界は自主的な調整能力をもっていたこと，を忘れてはならない。1928年に東邦電力副社長の松永安左エ門が，戦後の電気事業再編成の内容を23年前に見通した「電力統制私見」を発表した

ことは，当時の電力業界が有した調整能力の高さを端的に示している（電気事業再編成の際に松永がリーダーシップを発揮したのは，このためであった）。地域独占が成立したのちの電気事業法の制定過程においても，電力業界は，所管官庁である通産省の異論を押し切り，電源構成の火主水従化や火力発電用燃料の油主炭従化などの合理化努力を重ねた。このように自らの力で合理化を遂行しうる電力業界の秩序化能力は，電気事業法による民営9電力体制の法的追認をもたらす重要な原動力となった。

電力業界の場合とは対照的に日本の石油業界は，石油業法の制定に際して，主導性を発揮することはなかった。この場合には，石油業界内の一部の勢力が，競争関係にある他の勢力を封じ込めるために，政府の規制を利用しようとした。当時急速に販売シェアを伸ばしつつあった出光興産を抑え込もうとした外資系石油会社などがそれであるが，石油業法を利用しようとした諸企業は，同法に盛り込まれた自己に不利な条項をも，容認せざるをえなかった[10]。こうして，電力業界に比べて，秩序化能力ないし調整能力という点で不十分性をもつ石油業界は，政府介入を特徴とする石油業法の規制下に置かれることになった。

ここまで検討してきた電気事業法と石油業法の事例は，「同じような発展段階にあり所管官庁が同一である似たような産業どうしのあいだでも，政府の出番が大きかったり小さかったりするのはなぜか」という問題に関して，重要な示唆を与えてくれる。それは，業界が秩序化能力ないし調整能力をもつ場合には政府の出番は限定され，そうでない場合には政府の出番は大きくなる，ということである。電気事業法は前者の事例であり，石油業法は後者の事例であるが，このことは，単に電力業や石油産業のみならず，他の多くの産業についてもあてはまるものと考えられる。

上記の議論を要約すると，政府の出番が大きい規制産業が出現するのは，第一義的には，当該業界の秩序化能力ないし調整能力が不十分だからだということになる。つまり，産業の脆弱性が政府の規制を喚起するわけである。

本節では，政府の規制と産業の脆弱性との関係について，まず，前者が後者の原因となる側面を論じたのち，続いて後者が前者を喚起する側面に目を向け

た。政府の規制と産業の脆弱性とのあいだには一種の相互増幅作用が存在するわけであるが，そのような作用が典型的な形で観察されるのは規制産業においてである。

それでは，規制産業において，政府の関与が後退し規制が緩和されると，業界のサイドではどのような事態が生じるのであろうか。仮に，政府の規制と産業の脆弱性との関係が相互増幅的なものではなく，前者が後者の理由となるだけの一方的なものであったとすれば，規制緩和による市場原理の導入という外科手術の施行は，業界の脆弱性を克服することに直結しえたのかもしれない。

しかし，現実には，両者の関係は相互増幅的なものなのであり，一面では，業界の脆弱性が規制を喚起する側面も存在する。この側面を視野に入れても，規制緩和による市場原理の導入が，もともと不十分な業界の秩序化能力ないし調整能力を養成することに役立つと，本当に言いうるのだろうか。節を改め，石油産業の事例に即して，この点を検討することにしよう。

2. 石油産業の規制緩和プロセスとその問題点

1）第1次規制緩和期

規制緩和による市場原理の導入が，もともと不十分であった石油業界の秩序化能力ないし調整能力を養成することに役立ったか否かという論点を検討するためには，まず，規制緩和の事実経過を把握する必要がある。

1985年12月，「特定石油製品輸入暫定措置法」（特石法）が制定された。この法律は，一定の秩序のもとでガソリン・灯油・軽油の輸入を促進することを目的としていたが，「一定の秩序」に関して厳しい条件を課したため，ガソリン・灯油・軽油の輸入の担い手を事実上，精製業者に限定する意味合いをもった。

しかし，1980年代後半にはいると，世界的な規制緩和の流れが，日本の石油産業にも及ぶようになった。その動きは，具体的には，1987-1993年の第1次規制緩和，1996-2002年の第2次規制緩和という形をとった。

第1次規制緩和の基本方針を決定したのは，1986年11月，石油審議会石油

部会に設置された「石油産業基本問題検討委員会」であった。同委員会は，1987年6月に「1990年代に向けての石油産業，石油政策のあり方について」と題する報告書をまとめた。それにもとづいて，
○ 1987年7月　二次精製設備許可の弾力化
○ 1989年3月　ガソリン生産枠指導（PQ）の廃止
○ 1989年10月　灯油の在庫指導の廃止
○ 1990年3月　SS（サービス・ステーション）建設指導と転籍ルールの廃止
○ 1991年9月　一次精製設備許可の弾力化
○ 1992年3月　原油処理枠指導の廃止
○ 1993年3月　重油関税割当（TQ）制度の廃止
などの措置が順次講じられたのが，第1次規制緩和の概要である。

　この第1次規制緩和のプロセスでは，石油業法や揮発油販売業法などが，運用上，平常時においても石油産業の精製・販売活動を競争制限的に規制していた点について，見直しが図られた。第1次規制緩和のねらいは，国内石油市場を，一定の枠組みのもとで，競争的市場に再構築することにあった。

2) 第2次規制緩和期

　第1次規制緩和を経て，石油産業の精製・販売分野においてはある程度競争が活発化したが，輸入に関しては規制が相変らず残存していた。とくに，ガソリン，灯油，軽油の輸入については，特石法によって，その担い手が，事実上，精製業者に限定されたままであった。

　1990年代半ばになると，バブル経済の崩壊や円高の進行などの経済情勢の変化を受けて，石油製品供給の安定化と効率化をバランスよく追求することが，いっそう求められるようになった。そのような社会的要請にこたえるため，石油産業における競争原理の導入を輸入分野にまで拡張したのが，1997年にスタートした第2次規制緩和である。

　規制緩和の基本的な考え方を検討していた経済改革研究会は，1993年12月，「石油にかかわる規制は必要最小限のものとし，可能な場合は『平常時自由，緊急時制限』方式を導入する」ことを提言した[11]。これを受けて，翌

(年)	平常時	緊急時
1960	62年7月　石油業法　原油輸入の自由化に対応，石油産業の基本法として制定	
1965		73年12月　緊急時二法 国民生活安定緊急措置法 / 石油需給適正化法 石油危機の経験をふまえて制定
1975	76年4月　石油備蓄法　石油の安定供給確保の観点から制定	
	77年5月　揮発油販売業法 ガソリンなどの安定供給と品質管理の徹底などを目的として制定	
1985	86年1月　特定石油製品輸入暫定措置法（特石法） ガソリン・灯油・軽油を一定秩序のもとで輸入促進する観点から制定	
	第一段階の規制緩和： 87年7月　二次精製設備許可の弾力化	
	89年3月　ガソリンの生産枠（PQ）指導の廃止	
	89年10月　灯油の在庫指導の廃止	
1990	90年3月　SS建設指導と転籍ルールの廃止	
	91年9月　一次精製設備許可の運用弾力化	
	92年3月　原油処理枠指導の廃止	
	93年3月　重油関税割当制度（TQ）の廃止	
1995	96年3月　特石法の廃止（石油製品の輸入自由化）	
	第二段階の規制緩和： 96年4月　品質確保法（揮発油販売業法の改正） 1 強制規格，SQマークの導入 2 指定地区制度の廃止など	
	96年4月　石油備蓄法改正	
	97年4月　石油製品輸出承認制度見直し （包括承認制の導入・輸出の自由化）	
	97年12月　SSの供給元証明制度の廃止	
	98年4月　有人給油方式のセルフSS解禁	
2000	2001年12月　石油業法の廃止（需給調整規制の廃止）	
	2002年1月　新石油備蓄法施行	

図 10-1　日本における石油関連規制と規制緩和の推移（1962-2002年）

出所）経済産業省編『エネルギー白書 2005年版』2005年，136頁。

1994年12月に取りまとめられた石油審議会の報告書「今後の石油製品供給のあり方について」は，特石法の廃止と揮発油販売業法の改正を打ち出した。

1995年4月，特石法の廃止を盛り込んだ「石油製品の安定的かつ効率的な

供給の確保のための関係法律の整備に関する法律」(石油関連整備法)が公布された。同時に,揮発油販売業法も改正され,「揮発油等の品質の確保等に関する法律」(品確法)に改められた。この品確法は,石油製品輸入の自由化にともなう国内市場での石油製品の多様化に対応し,ガソリンのみならず,灯油,軽油についても,品質の確保を図ることを目的としたものであり,揮発油販売業者の登録制度や,規格に適合しない燃料油の販売規制などを定めた。特石法は,1996年3月に廃止された。

その後,1997年6月には,石油審議会において,石油流通のいっそうの効率化,透明化,公正化に向けた報告書が取りまとめられた。そして,それにもとづいて,

○ 1997年4月　石油製品輸出承認制度の見直し(包括承認制の導入・輸出の自由化)
○ 1997年12月　SSの供給元証明制度の廃止

などの措置が講じられた。また,総務省消防庁の「給油取扱所の安全性等に関する調査検討委員会」での検討をふまえて,1998年4月には,監視員が常駐する有人給油方式でのセルフ給油が解禁された。

さらに,1998年6月に発表された石油審議会石油部会基本政策小委員会報告書は,石油政策の基本的な考え方として,市場が機能しない場合に備えた政策展開の必要性を指摘しつつも,国際石油市場の機能を評価し,平時における石油精製業の需給調整規制を廃止することを提言した。この提言にもとづき,2001年12月に石油業法が廃止され,我が国石油産業の自由化は,一応の完成をみた。図10-1は,石油業法の制定から廃止にいたるまでの全期間における石油関連規制と規制緩和の推移を鳥瞰したものである。

3) 規制緩和の成果

2次にわたる規制緩和の進行は,石油業界のあり方に大きな影響を及ぼした。石油製品の輸入やSS(サービス・ステーション)経営への新規参入の活発化,セルフSSの増加,ガソリン価格の低下とガソリン独歩高の価格体系の是正などが進み,全体として,石油製品の利用者は大きなメリットを享受したの

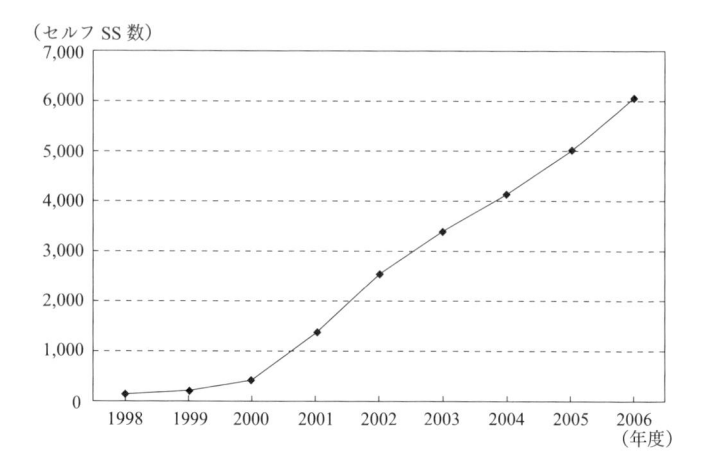

図 10-2　日本におけるセルフ SS 数の推移（1998-2006 年度）
出所）資源エネルギー庁資源・燃料部石油精製備蓄課『規制緩和による効果』(2007年)。

である。

　特石法の廃止による石油製品輸入自由化などの規制緩和措置を受け，従来の精製・元売会社に加えて，総合商社等が新たに石油製品の輸入に従事するようになった。また，大手流通業者等の異業種従事者や外資系企業も，SS 経営に参入した。さらに，セルフ SS も急増した。その様子は，図 10-2 に明瞭に示されている。

　規制緩和にともなう新規参入の活発化は，石油販売業界における競争を激化させた。競争激化を受けて，製品価格とくにガソリン価格は低下した。先進各国における税抜きのガソリン小売価格の推移を表した図 10-3 からわかるように，特石法廃止以前には，我が国におけるガソリン小売価格は，国際的に見て割高であった。しかし，同法廃止後，ガソリン小売価格の国際格差は縮小に向かい，2002 年以降，日本のガソリン価格は，他の先進諸国のそれとほぼ同水準で推移するようになった[12]。なお，2004 年から各国のガソリン小売価格が上昇傾向をたどったのは，原油価格の高騰を反映したものであった。

　我が国では，石油危機後，灯油などの価格統制が長く続いたため，元売各社

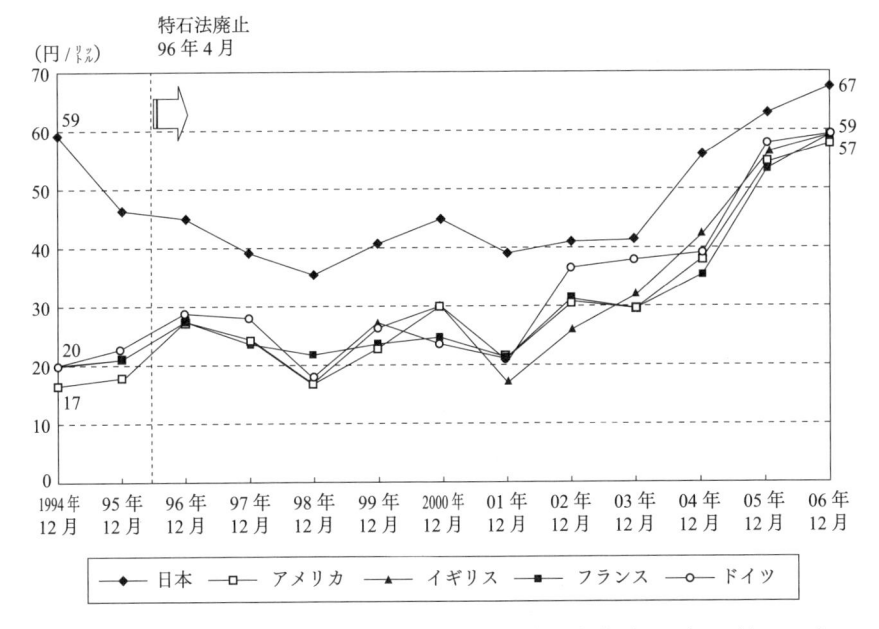

図 10-3 先進各国におけるガソリン小売価格（税抜き）の推移（1994 年 12 月-2006 年 12 月）
出所）前掲『規制緩和による効果』。

や販売業者はガソリンで採算をとることを余儀なくされ，「ガソリン独歩高」という歪んだ価格体系が定着することになった。しかし，規制緩和によるガソリン小売価格の低下は，「ガソリン独歩高」の終焉をもたらした。その点は，図 10-4 から確認することができる。

規制緩和が進んだ結果，石油製品の利用者は，大きなメリットを享受した。内閣府の試算によれば，規制緩和の開始年度と比較した 2005 年度における消費者余剰の増加額は，石油製品に関して 2 兆 1,410 億円に達した[13]。

4）石油業界の再編

規制緩和の進行は，利用者にメリットをもたらす一方で，石油業界全体に，そのあり方を変化させるほどの影響を及ぼした。

規制緩和による影響が最も端的な形で表れたのは，レギュラーガソリンのグ

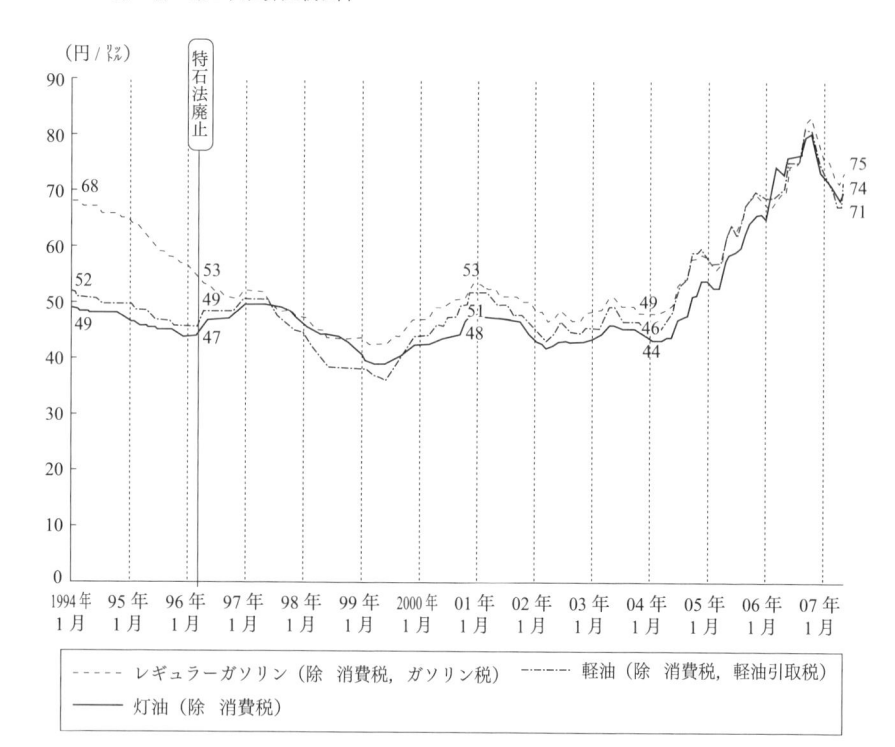

260　第 II 部　第 2 次世界大戦以降

図 10-4　日本における石油製品小売価格（税抜き）の推移（1994 年 1 月-2007 年 1 月）
出所）前掲『規制緩和による効果』。

凡例：
- - - - - レギュラーガソリン（除 消費税，ガソリン税）
-・-・- 軽油（除 消費税，軽油引取税）
――― 灯油（除 消費税）

　ロスマージンの低下である。グロスマージンとは，税抜き小売価格から原油価格を差し引いたものであり，精製・流通・販売にかかるコストに利益を加えたものである。図 10-5 に見られるように，レギュラーガソリンのグロスマージンは，特石法廃止前年の 1995 年から 1998 年にかけて急速に縮小し，1999 年以降も増加に転じることはなかった。

　レギュラーガソリンのグロスマージンの縮小は，石油の精製部門や販売部門の経営を圧迫した。そのため，両部門とも，根本的な再編・合理化を余儀なくされた。

　精製部門では，図 10-6 が示すように，1995-2003 年にかけて製油所数が減少し，2000 年代にはいると原油処理能力が縮小した。また，図 10-7 に見られ

(円/リットル)

図 10-5 日本におけるレギュラーガソリンのグロスマージンの推移（1988-2005 年）
出所）前掲『規制緩和による効果』。

るように，1990 年代後半および 2000 年代前半には，石油会社の従業員数は，大幅に減少した。このような状況を受けて，1980 年代半ばに端を発した石油元売会社の再編・提携は，特石法廃止以降いっそう拍車がかかり，図 10-8 が示すように，1999 年から 2010 年にかけて，業界地図は様変わりの様相を呈した。

販売部門でも，レギュラーガソリンのグロスマージンが縮小した影響は大きかった。図 10-9 にあるように，石油販売業を営む事業者数は，それ以前から減少傾向にあったが，1995 年を契機にして，減少の度合いがさらに著しくなった。また，横ばいないし微増傾向にあった SS 数も，1995 年を転機にして，急速に減少するにいたった。

5）規制緩和で石油産業の脆弱性は克服されたか

以上のような経緯をたどった日本の石油産業における規制緩和を進行させたものは，業界内部の状況変化という内的な要因ではなく，1980 年代の終わり

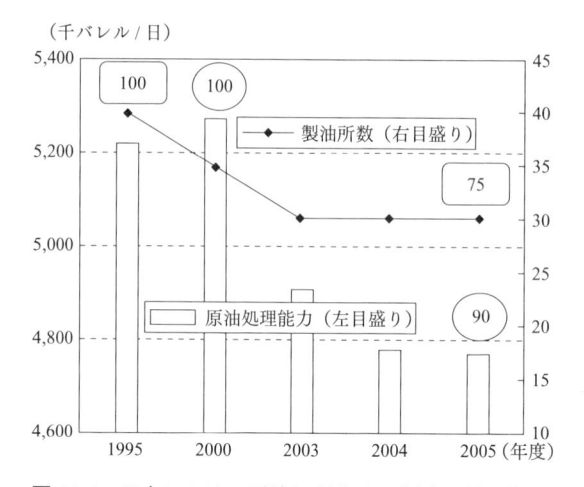

262　第Ⅱ部　第2次世界大戦以降

図 10-6　日本における原油処理能力と製油所数の推移（1995-2005 年度末）
出所）前掲『規制緩和による効果』。
注）数字は指数。

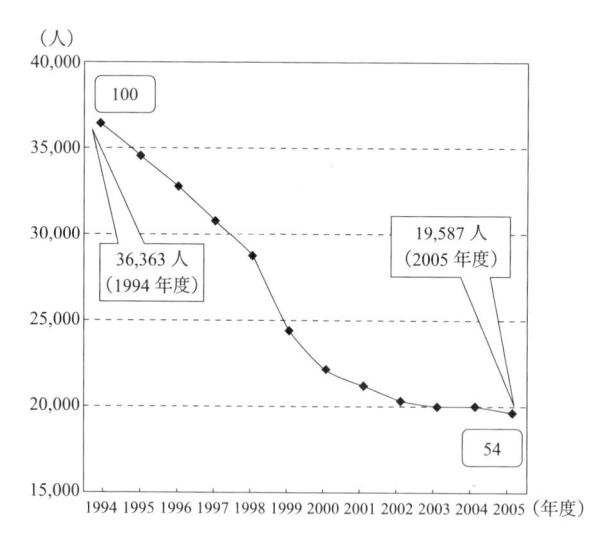

図 10-7　日本における石油会社従業員数の推移（1994-2005 年度末）
出所）前掲『規制緩和による効果』。
注）数字は指数。

頃から高まった規制緩和それ自体を求める社会的風潮（石油業界から見れば「外圧」）という外的な要因であった。そのことは、特石法の廃止を打ち出した1994年の石油審議会石油部会石油政策基本問題小委員会や、石油業法の根本的見直しを提言した1998年の石油審議会石油部会基本政策小委員会の審議過程からも、窺い知ることができる。これら2つの審議会においては、①石油元売・精製企業の代表委員が特石法や石油業法の存続や実質的継承を主張し、②それらの法律の廃止を主張する他の委員と石油業界代表の委員とのあいだの見解の対立が解消されないまま、③最終的にはある種の政治的判断によって法律の廃止や根本的見直

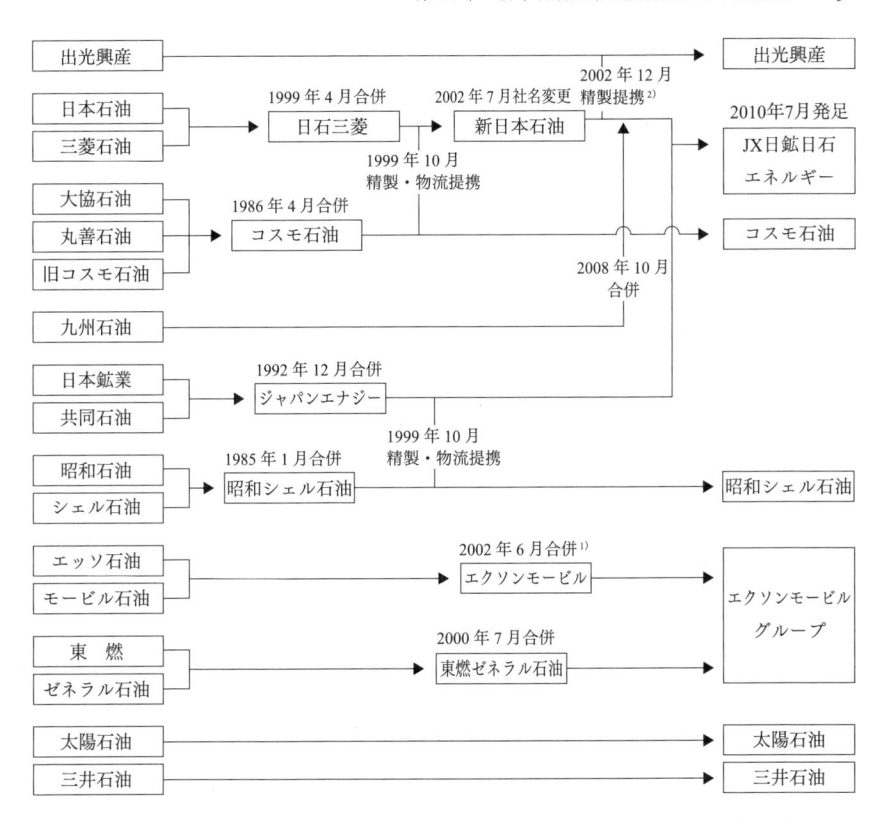

図 10-8 日本における石油元売会社の再編と提携（2010 年 7 月現在）

出所）石油連盟『今日の石油産業 2010』2010 年，32 頁。
注 1 ）エッソ石油，モービル石油，エクソンモービル・マーケティングサービス，エクソンモービル・ビジネスサービスの有限会社 4 社の統合。
　 2 ）新日本石油と出光興産は 1995 年に物流部門での提携を行っている。

しが打ち出される，というプロセスが繰り返された[14]（1999 年発足の石油審議会開発部会基本政策小委員会においても，石油開発企業の利害を代表する石油鉱業連盟の幹部が石油公団の投融資制度の存続と拡充を主張するという，①とあい通じる状況が見られた[15]）。①の事情は，石油産業の規制緩和が，業界内部の要請にもとづいて推進されたものではないことを示している。また，②と③の事情は，各小委員会の最終局面において「外圧」が作用し，「意見の違いはあっても，ともかく規制緩和を進めなければならない」という政治的判断が優先した

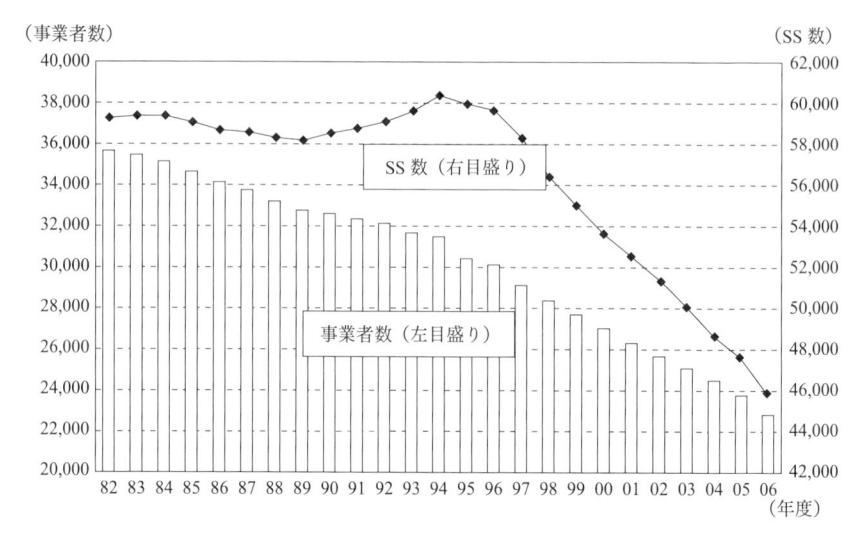

図10-9　日本における石油販売業者数およびSS数の推移（1982-2006年度末）
出所）前掲『規制緩和による効果』。

ことを強く示唆している。日本の石油産業における規制緩和は，基本的には，内的要因によってではなく，外的要因によって進行したとみなすのが，妥当であろう。

　外的要因によって規制が緩和され，政府の関与が後退したことは，もともと不十分であった石油業界の秩序化能力ないし調整能力を養成することに役立ったのであろうか。残念ながら，この問いに対する回答は，否定的なものにならざるをえない。これまでのところ，「規制なれ」した日本の石油企業は，規制緩和に伴う目先の局面変化への対応のみに目を奪われて，戦略的な革新を十分にはなしえないでいるのである。

　日本の石油企業が直面する「規制緩和にともなう目先の局面変化」とは，端的にいえば，収益性の急速な低下である。この点について，特石法廃止前後の時期の『石油年鑑』と『資源エネルギー年鑑』は，次のように記述している。

　　『石油年鑑1995』……「一連の規制緩和措置は完全自由化へのソフトラン

ディングを意図したものだが，現状は必ずしも意図通りには運んでおらず，ハードランディングを迫られる恐れも強い[16]」。

『石油年鑑 1997』……「特石法廃止から 1 年間，石油産業の収益性は大きく落込んだ。96 年度には石油精製・元売 29 社の経常利益は 1,142 億 5,900 万円，95 年度の 1,875 億 7,400 万円比 39.1％減と 4 割近い減益に追い込まれた。1,000 億円台割れはどうにか回避できたが，85 年度決算以来の最悪の業績であった[17]」。

『1997/1998 資源エネルギー年鑑』……「特石法廃止の検討が開始された平成 6 年〔1994 年——引用者〕初以来，自由化を先取りした競争が激化し，石油製品価格が大幅に下落したことにより，石油元売各社の経営状況は急激に悪化している[18]」。

『石油年鑑 1998』……「特石法廃止後の競争激化によって市況低迷が蔓延し，販売マージン圧縮によって収益性が低下，石油産業の財務体質悪化が著しい。〔中略〕97 年度の売上高経常利益率は全産業では 2.77％，製造業平均では 3.92％であるのに対して石油 29 社平均はわずか 0.40％にすぎない。〔中略〕総資本経常利益率も全産業の 2.60％，製造業平均の 3.60％に対し石油 29 社平均は 0.53％とはるかに低水準である。〔中略〕石油 29 社の売上高経常利益率は前年度〔1996 年度——引用者〕には 0.73％，総資本経常利益率は 0.98％であり，やはり主要業種中最も低位であったが，97 年度はそれ以上に収益性が落ちてしまった[19]」。

『1999/2000 資源エネルギー年鑑』……「特石法廃止により，ガソリン価格の大幅な低下，大手流通業者のガソリンスタンドへの参入が進み，石油産業は競争激化による厳しい経営環境に直面している[20]」。

規制緩和（とくに特石法の廃止）とともに顕在化した急速な収益悪化に直面して，「日本の石油精製・元売会社は，経費節減によって採算性を確保するため，競ってリストラを打ち出し，ぎりぎりまで合理化・効率化を追求せざるをえない[21]」状況に追い込まれることになった。1999 年 4 月の日本石油と三菱石油の合併（日石三菱の新発足）を契機にして業界再編成のある程度の進展は

見られたものの，全体的に見れば，最近にいたる日本の石油企業のビヘイヴィアは，収益性低下に対する対症療法的反応の域を出るものではなかった。「規制が緩和され，政府の関与が後退したことは，もともと不十分であった石油業界の秩序化能力ないし調整能力を養成することに役立ったのであろうか」，という問いに対する回答が否定的なものにならざるをえないのは，このためである。

　ここまで述べてきたように，現時点において日本の石油産業は，規制緩和が進みながら，体質強化が進まないという，一種の閉塞状況に陥っている。このような閉塞状況を前進的に打開する活路は，規制緩和を取りやめることでもないし，「ともかく規制緩和をすればそれで良し」とする姿勢をとり続けること[22]でもない。それでは，日本の石油産業は，いかなる進路をとるべきなのだろうか。そして，その進路を切り開くために，石油産業における規制緩和は，今後，どのように遂行されるべきなのであろうか。これらの問題に対する解答を導くためには，そのためのヒントを与えるメジャーズの動向やヨーロッパ非産油国・石油輸入国の国策石油会社の動向に，目を向ける必要がある。

3. メジャーズとヨーロッパ非産油国・石油輸入国国策石油会社の動向

　日本の石油産業が進むべき進路を明確にするためには，メジャーズ（大手国際石油企業）の動向やヨーロッパ非産油国・石油輸入国の国策石油企業の動向を知ることが有用である。メジャーズの収益構造は，石油産業における上流部門の重要性を示している。また，ヨーロッパ非産油国・石油輸入国の国策石油企業の事例は，規制緩和と産業の体質強化との関わりを理解するうえで，極めて示唆的である。

　表10-1は，1996-98年におけるメジャーズの部門別純利益を示したものである。この表からわかるように，1996年と1997年の場合には，表中の6社のすべてにおいて，上流部門純利益が下流部門純利益を大きく上回った。その後，1997年12月以降の原油価格低落の影響を受けて，1998年には各社とも上流部門の純利益が激減したが，それでも表中の6社のうち3社において，ひき

第10章　日本石油産業の脆弱性とその克服策　267

表 10-1　メジャーズの部門別純利益（1996-98 年）
（単位：百万ドル）

企業名	年	上流部門純利益	下流部門純利益	その他純利益	純利益合計
Exxon	1996	5,058	885	1,567	7,510
	1997	4,693	2,063	1,704	8,460
	1998	2,708	2,458	1,204	6,370
Mobil	1996	2,109	913	－58	2,964
	1997	2,212	1,025	35	3,272
	1998	644	1,016	44	1,704
British Petroleum[1]	1996	4,778	1,059	702	6,540
	1997	4,854	1,492	740	7,086
	1998[2]	3,147	2,564	726	6,437
Royal Dutch Shell	1996	4,871	2,779	1,236	8,886
	1997	4,569	2,042	1,142	7,753
	1998	－247	1,128	－531	350
Texaco	1996	1,601	657	－240	2,018
	1997	1,754	832	78	2,664
	1998	421	555	－373	603
Chevron	1996	2,298	419	－110	2,607
	1997	2,253	899	104	3,256
	1998	1,072	600	－333	1,339

出所）各社アニュアル・レポート。
注 1 ）British Petroleum については，税引き前の数値。
　 2 ）British Petroleum の 1998 年は，BP-Amoco の数値（税引き前の数値）。

続き上流部門純利益が下流部門純利益を凌駕した。これらの事実は，石油産業の収益面における上流部門の重要性を物語っている。

表 10-2 は，メジャーズを含む OECD（経済協力開発機構）諸国の石油開発企業の事業規模と日本の石油産業全体の事業規模とを，1997 年について比較したものである。この表から，①上流部門（表中の「生産量」を参照）の事業規模の点で上位を占めるのはメジャーズ各社である，②ヨーロッパ非産油国・石油輸入国の国策石油会社（フランスの Elf と Total-Fina，イタリアの Eni など。このほか，事業規模はそれほど大きくないが，スペインにも Repsol が存在する）も，上流部門の事業規模の点でメジャーズ各社に続く地位を占める，③これらのメジャーズ各社やヨーロッパ非産油国・石油輸入国の国策石油会社は，上流部門

表 10-2 OECD 諸国の石油開発企業の事業規模と日本の石油産業全体の事業規模（1997 年）

企業名	国	生産量 石油 (千バーレル/日)	生産量 ガス (百万立方フィート/日)	埋蔵量[1] 石油 (百万バーレル)	埋蔵量[1] ガス (兆立方フィート)	精製能力 (千バーレル/日)	製品販売量 (千バーレル/日)
ExxonMobil[2]	アメリカ	2,526	10,895	10,279	59	6,658	8,773
Royal Dutch Shell	オランダ, イギリス	2,328	8,001	9,681	56	4,030	6,560
BP-Amoco	イギリス	1,888	5,805	9,108	31	2,884	4,465
Chevron	アメリカ	1,071	1,849	4,506	10	1,629	2,079
Texaco	アメリカ	833	2,177	3,267	6	1,548	2,585
Elf	フランス	795	1,312	1,134	5	924	864
Arco-Union Texas	アメリカ	699	2,195	2,873	16	462	544
Total-Fina	フランス	675	2,060	3,446	13	1,608	2,254
Eni	イタリア	646	2,080	2,844	13	853	985
Statoil	ノルウェー	507	669	2,051	13	230	372
Conoco	アメリカ	453	1,203	1,624	6	753	1,048
Phillips	アメリカ	246	1,472	994	5	395	536
Amerada Hess	アメリカ	219	569	595	2	545	509
BHP	オーストラリア	205	524	624	5	95	90
Repsol	スペイン	187	229	462	1	872	660
Marathon	アメリカ	164	1,219	878	3	575	775
Petro Canada	カナダ	95	760	432	3	286	305
日本全社合計[3]		683	1,646	4,461	12	5,323	4,191

出所）通商産業省資源エネルギー庁石油部開発課調べ。
注 1 ）埋蔵量には，既発見未開発分を含まない。
　 2 ）1998 年に合併を発表したため，Exxon と Mobil を一括計上している。
　 3 ）日本全社合計は，1997 年度の数値。

だけでなく下流部門（表中の「精製能力」と「製品販売量」を参照）にも事業展開する垂直統合企業である，④日本の石油産業の上流部門は，全社合計で，ヨーロッパ非産油国・石油輸入国の国策石油会社（Elf ないし Total-Fina ないし Eni）1 社分にほぼ匹敵するほどの事業規模である，⑤日本の石油産業の下流部門は，全社合計で，メジャーズ 1 社分にほぼ匹敵するほどの事業規模である，などの事実が判明する。なお，1998 年に解散したため表 10-2 の掲載対象となっていないが，ドイツにも，1996 年に石油生産量 186 千バレル / 日，ガス生産量 299 百万立方フィート / 日という生産実績をあげた国策石油開発企業 Deminex が存在した[23]。

　ここで注目すべき点は，上で言及したヨーロッパ非産油国・石油輸入国の国

策石油会社が，いずれも，経済的自立を達成したことである。この点について，石油公団企画調査部の報告書は，「DEMINEX 社を最後として，すべての企業が経常的に利益を計上し，TOTAL，ELF，ENI＝AGIP は，規模的にも大きく成長し旧7大メジャーズに次ぐ存在になり，最早国家の財務的支援を必要としなくなった[24]」，と述べている。同報告書によれば，Elf, Total, Eni, Deminex の1996年における対資本金純利益率は，それぞれ，4.7%, 5.4%, 19.6%, 27.2%であった[25]。また，スペインの Repsol についても，同社の財務内容が改善されたため，スペイン政府による探鉱助成金の支給は，1990年に打ち切られた[26]。

日本の石油開発企業の多くがその当時石油公団の投融資に大きく依存していたこととは対照的に，上流部門に携わるヨーロッパ非産油国・石油輸入国の国策石油会社が経済的自立を達成しえたのは，なぜだろうか。㈶石油開発情報センターがまとめた1996年の報告書によれば，その最大の理由は，新規油田の開発だけでなく既発見油田の買収にも積極的に取り組み，コア・エリアを確保した点に求めることができる[27]。同報告書によれば，コア・エリアとは，「当該会社の全生産量のなかで顕著なシェアを相当期間にわたって占め続け，会社の安定収入に顕著な寄与をする地域であり，他地域での探鉱展開の資金源を産む地域でもある[28]」。現在，Elf は西アフリカと北海，Total は中東とインドネシア，Eni は北アフリカと西アフリカ，Repsol は中東に，それぞれ，コア・エリアを有している（1998年に解散した Deminex のコア・エリアは，北海とシリアであった）[29]。

ヨーロッパの各非産油国・石油輸入国では，国策石油会社の経済的自立達成をあと追いする形で石油産業に対する政府介入の後退，規制緩和が進行した[30]。フランスでは，Elf に関しては，1986年から，Total に関しては1992年から政府持株の民間への放出が漸次行われ，1996年には政府の出資比率が Elf については0%，Total については1%まで低下した[31]。イタリアでは，1992年の民営化方針決定を踏まえて，1995年から政府所有 Eni 株式の民間放出が徐々に進められ，1998年末の時点で Eni 株式の政府所有比率は37%にまで低下した。スペインでは，1980年代半ばに10年間で Repsol を民営化する政策

が打ち出され，1992 年以来同社株式の民間放出が数次にわたって行われた結果，Repsol は 1997 年に完全な民間会社となった。ドイツでは，1989 年を最後に Deminex への政府助成金支給制度が打ち切られ，1998 年には Deminex が解散して，同社の事業は民間の 3 つの石油会社（VEBA Oel, RWE-DEA, 及び Wintershall）に継承された。

　ここで強調すべき点は，ヨーロッパ非産油国・石油輸入国における石油産業への政府介入の後退（規制緩和）が，「ともかく規制緩和をすればそれで良し」とする発想によって遂行されたものではないことである。ヨーロッパでの政府介入の後退は，国策石油会社の経済的自立化という内的要因の成熟を踏まえて，実行に移された。その意味で，それは，「外圧」を背景に外的要因によって進行した日本の石油産業における規制緩和とは，対照的なものだったのである。

　ヨーロッパのいくつかの非産油国・石油輸入国では，石油産業に対する政府介入の存続期間が予め限定され，その期限が到来するまでのあいだ，国内石油企業の体質を強化するために政府介入が活用されるという，興味深い現象が見られた。このような現象が典型的な形で生じたのはドイツにおいてであったが，それについては，次節で後述する。

4. 日本の石油産業の進路と規制緩和のあり方

　前節で検討したメジャーズの動向やヨーロッパ非産油国・石油輸入国の国策石油会社の動向は，日本の石油産業が進むべき進路に関して，重要なヒントを与えている。

　その主要な内容は，①上流部門と下流部門の双方に事業展開する垂直統合企業の構築を目指すべきである，②上流部門においても下流部門においても石油企業の水平統合を進める必要がある，③上流部門においては，コア・エリアを確保することを目指し，既発見油田の買収も含めて，事業を戦略的に展開しなければならない，④政府規制（政府支援）の存続期間を限定したうえで，その期限が到来するまでのあいだ，産業の体質を強化するために規制（支援）を活

用することが有効である，などの諸点にまとめることができる。以下では，これら4つの論点について，順次掘り下げてゆく。

まず，①の点について。メジャーズ各社やヨーロッパ非産油国・石油輸入国の国策石油会社の多くは，上流部門だけでなく下流部門にも事業展開する垂直統合企業である[32]。また，メジャーズ各社の収益全体のなかで上流部門純利益は，大きなウエートを占める。これに対して，日本の主要な石油企業は，事実上，下流部門に集中する形で事業を展開している。「欧米の有力石油企業は上流部門で獲得した利益で下流部門を支えているが，わが国の石油企業は収益性の低い下流部門だけを有している」との指摘は，これらの事実を踏まえたものである。日本の石油産業の体質強化にとって，上流部門と下流部門の双方に事業展開する垂直統合企業を構築することは，最も基本的な課題だと言うことができる。

次に，②の点について。1997年の時点で日本の石油産業の事業規模は，上流部門については全社合計でヨーロッパ非産油国・石油輸入国の国策石油会社1社分にほぼ匹敵するほどであり，下流部門については全社合計でメジャーズ1社分にほぼ肩を並べるほどであった。にもかかわらず，日本の石油産業の下流部門では，「元売で11社，精製で29社と市場規模に比べて企業数が多い」状況が，現出していた。この点は，上流部門でも同様であり，表10-3 からわかるように，石油公団出資プロジェクト[33]の親会社（最大民間株主である企業）とその他の石油公団出資会社との合計企業数は，実に28社にのぼった。上流部門の企業数が過多であることは，経営資源の分散，資金調達力の低下，バーゲニングパワーの減退，戦略的行動の可能性の縮小などの事態を招き，日本の石油産業が抱える大きな構造的弱点のひとつとなっている。日本の石油産業の体質を強化するためには，上流部門においても下流部門においても，石油企業の水平統合を進める必要がある。

つづいて，③の点について。ヨーロッパ非産油国・石油輸入国のいくつかの国策石油会社が経済的自立を達成できたのは，新規油田の開発だけでなく既発見油田の買収にも積極的に取り組み，コア・エリアを確保することに成功したからであった。

表 10-3 石油公団出資プロジェクトの親会社とその他の石油公団出資会社（1998 年 3 月末現在）

- 石油公団出資プロジェクトの親会社[1]（20 社）
  - 上流専業（4 社）
    アラビア石油，石油資源開発，帝国石油，インドネシア石油
  - 精製元売（6 社）
    日本石油，コスモ石油，ジャパンエナジー，三菱石油，出光興産，昭和シェル石油
  - 商社・統括系（9 社）
    三菱商事，三菱石油開発，伊藤忠石油開発，三井物産，三井石油開発，丸紅，兼松，住友商事，住友石油開発
  - ガス会社（1 社）
    大阪ガス
- その他の石油公団出資会社[2]（8 社）
    ペルー石油公社，ジャパン石油開発，日本ペルー石油，サハリン石油開発協力，日本インドネシア石油開発協力，日中石油開発，北極石油，サハリン石油ガス開発

出所）石油公団調べ。
注 1）「石油公団出資プロジェクトの親会社」は，ナショナル・プロジェクトを除く石油公団出資プロジェクトの最大民間株主である企業。
　 2）「その他の石油公団出資会社」は，ナショナル・プロジェクト等。

　これに対して，日本の石油開発企業は，石油公団の投融資方針に沿う形で，新規油田の開発を最優先させ，既発見油田の買収に消極的な姿勢をとってきた。

　つまり，日本の石油産業の上流部門は，リスクの大きい探鉱に偏重した事業展開という，構造的問題を抱えているのである。この問題を解決するためには，日本の石油開発企業が，コア・エリアの創設を目指し，既発見油田の買収も含めて戦略的に事業を展開できるよう，経営環境を整備することが肝要である。

　その際の環境整備のポイントは，政策的資金の主要な投融資対象に既発見油田の買収も含めるようにすること，戦略的行動の可能性を拡大するため上流部門における石油企業の水平統合を推進すること，などの諸点に求めることができる。

　最後に，④の点について。この点に関して，示唆に富むのは，Deminex に対するドイツ政府（1990 年のドイツ再統一以前は，西ドイツ政府）の介入のあり方である。1996 年に刊行された㈶石油開発情報センターの報告書は，その特徴

を，日本の場合との対比で，次のように論じている。

　DEMINEX に集約された西独の助成制度をわが国の海外石油探鉱開発助成制度と見比べると，次のような相違を指摘できる。
――助成対象である国産原油生産企業をひとつにまとめて新会社〔Deminex をさす――引用者〕を設立させ，その事業を助成することとした。
――当初，助成は探鉱資金の成功払い融資とした点は同じだが，無利子とし不成功プロジェクト分はその時点で補助金に切り替えることとした。
――助成時期と総金額を限定した。これは，その後は会社が自立することを建て前としたものであり，その代わり，生産量については目標を決めていない。
――既定の期限が切れた後については，その時点で実情に即して株主と諮って対応したが，その際，助成は探鉱資金のみでなく，産油資産の買収資金も補助することとした[34]。

　ここでは，石油産業に対する西ドイツ政府の介入が上流部門の水平統合を実現し Deminex を誕生させたこと，同政府の Deminex への助成金支給は期限つきで行われた（支給期間は 1969-1985 年[35]）のであり Deminex の将来における経済的自立を想定したものだったこと，同政府の Deminex への助成金が既発見油田の買収資金をも支給対象としていたことなどが，とくに重要である。

　また，上記の引用文は 1996 年時点のものなので当然言及していないが，1998 年に解散した Deminex の事業が，上流部門だけでなく下流部門にも事業展開する垂直統合したドイツの石油企業 3 社に継承され，結果的に Deminex が垂直統合企業の構築に貢献したことも，忘れてはならない[36]。Deminex に対するドイツ政府の介入のあり方は，「政府規制（政府支援）の存続期間を限定したうえで，その期限が到来するまでのあいだ，産業の体質を強化するために規制（支援）を活用することが有効である」ことを，体現するものだったのである。

　繰り返しになるが，日本の石油産業の進むべき道は，垂直統合企業の構築を目指す，水平統合を進める，上流部門においては既発見油田の買収も含めて事

業を戦略的に展開する，などの方向性に求めることができる。これらを実現する原動力が石油企業自身の経営努力にあることは言うまでもないが，そこに，政府の出番がないわけではない。ドイツの事例が示すように，規制緩和の進め方を工夫すれば，政府規制（支援）の存続期間を限定したうえで，その期限が到来するまでのあいだ，石油産業の体質を強化するために規制（支援）を活用することが可能となるからである。

小　　括

　本章では，石油産業に関するケース・スタディを通じて，規制産業において近年進行した規制緩和がいかなる意味をもち，いかなる問題に直面しているかを，検討してきた。検討結果から得られたインプリケーションは，以下の3点にまとめることができる。

　第1は，そもそも，政府の規制と産業の脆弱性とのあいだには一種の相互増幅作用が存在することである。規制緩和について考える際には，規制が産業の脆弱性の原因となる側面（〈a〉の側面）だけではなく，逆に，産業の脆弱性が規制を喚起する側面（〈b〉の側面）にも目を向けなければならない。

　第2は，上記の相互増幅作用が典型的な形で観察されるいわゆる「規制産業」においては，外的要因によって規制緩和が進んだとしても，そのことが，産業の体質強化にすぐには結びつかないことである。このような事態が生じる根拠は，相互増幅作用そのもののなかに求めることができる。比喩的に言えば，規制産業を構成する諸企業の体力は，多くの場合，規制緩和による市場原理の導入という外科手術に耐えうるほど強靱ではないのである。

　第3は，規制産業における規制緩和を真に意味あるものとするためには，産業の体質強化につながるよう，規制緩和の進め方に工夫をこらす必要があることである。そこでは，規制（政府による資金面での支援も含む）の存続期間を限定したうえで，その期限が到来するまでのあいだ，産業の体質を強化するために規制（支援）を活用するという方法が有効である。その際のポイントは，①一定の時間をかけて規制緩和を行うこと，②その間に規制産業を構成する諸企

業の体力が強まるよう，規制（支援）を使ってサポートすること，の2点にある。

ここで，第2のインプリケーションとして指摘したように，現時点において日本の規制産業の多くは，規制緩和が進みながら，体質強化が進まないという，一種の閉塞状況に陥っている。このような閉塞状況を前進的に打開する活路は，進行中の規制緩和を取りやめること（Aの方策）でもないし，これまでありがちだった「ともかく規制緩和をすればそれで良し」とする姿勢をとり続けること（Bの方策）でもない。Aの方策は，上記の相互増幅作用の〈a〉の側面に目をつぶるものであり，Bの方策は，相互増幅作用の〈b〉の側面を等閑視するものである。規制産業における規制緩和を真に意味あるものとするためには，Aの方策やBの方策から離れて，期限つきで規制を活用しながら規制そのものを必要としないように産業の体質を強化するという，現実的で柔軟な発想を導入しなければならないのである。

[注]

1) 例えば，橘川武郎「電気事業法と石油業法——政府と業界」（『年報近代日本研究13 経済政策と産業』山川出版社，1991年），同「日本の政治経済システムと政府・企業間関係」（東京大学『社会科学研究』第47巻第2号，1995年），同「戦後日本の政府・企業間関係」（*The Journal of Pacific Asia*［日本語版］Vol. 3, 1996年），同「産業政策の成功と失敗——石油化学工業と産業政策」（伊丹敬之・加護野忠男・宮本又郎・米倉誠一郎編『ケースブック日本企業の経営行動1 日本的経営の生成と発展』有斐閣，1998年），同「経済開発政策と企業——戦後日本の経験」（東京大学社会科学研究所編『20世紀システム4 開発主義』第9章，東京大学出版会，1998年），など参照。

2) 済藤友明「石油」（米川伸一・下川浩一・山崎広明編『戦後日本経営史 第II巻』東洋経済新報社，1990年），266-267頁。

3) エネルギー懇談会『石油政策に関する中間報告』1961年11月20日「（少数意見）1」。

4) 例えば，済藤前掲論文，267-268頁参照。

5) この点に関連しては，「石油公団がこれまで行ってきた石油開発会社への投融資はいわば護送船団方式」（オイル・リポート社『石油年鑑1998』1998年，27頁），との指摘がなされている。

6) このような問題を提起するのは，ダニエル沖本が，Daniel I. Okimoto, *Between MITI*

and the Market : Japanese Industrial Policy for High Technology, Stanford University Press, 1989,（邦訳書は，渡辺敏訳『通産省とハイテク産業――日本の競争力を生むメカニズム』サイマル出版会，1991年），のなかで展開した議論を意識しているからである。沖本は，「日本の産業政策の徹底した首尾一貫性は過大評価されている傾向がある」と指摘し，従来の研究史の問題点として，「産業部門別にみた政策の相違を明らかにする努力が十分に行われてはいない」，「同一産業部門内でさえ相違があることも十分には注目されていない」，という2点をあげた（沖本前掲邦訳書，6-7頁）。つまり，ここでは，①政府の役割が産業部門によって異なる，②同一産業部門内でも産業政策の有効性に違いが生じる，という2つの問題が提起されたのである。

　この沖本の問題提起は鋭いものであったが，それに対する彼の答えは，必ずしも説得力に富むものではなかった。沖本は，まず①について，通産省が所管していない産業部門では「非効率の残存地帯」が残った事例が多いが，「通産省の所管に属する産業に対しては，産業政策ははるかに首尾一貫して前向きであり，建設的だった」という解答を導いた（沖本前掲邦訳書，341-342頁）。

　次に②については，産業のライフサイクルという観点を導入して，ある産業の発展初期や衰退期には産業政策が大きな役割を果たし，その中間の成熟期には役割が後退すると説明した（沖本前掲邦訳書，72-76頁参照）。しかし，戦後の日本で生じた事柄は，沖本の説明を越える複雑さを有していた。現実には，(A)同じような発展段階にあり所管官庁が同一な似たような産業どうしのあいだでも，政府の出番が大きかったり小さかったりした，(B)同一産業に対する同一時期の産業政策であっても，政策内容によって，その効果があったりなかったりした，などの事態が生じたのである。

　本章で取り上げるのは，このうち(A)の問題である。なお，(B)の問題に関する筆者（橘川）の見解については，前掲拙稿「産業政策の成功と失敗――石油化学工業と産業政策」参照。

7）以下の電力業に関する記述について詳しくは，橘川武郎『日本電力業の発展と松永安左ヱ門』（名古屋大学出版会，1995年），同『日本電力業発展のダイナミズム』（名古屋大学出版会，2004年）参照。

8）日本石油株式会社・日本石油精製株式会社社史編さん室編『日本石油百年史』1988年，639頁。

9）従来の通説の代表的なものとしては，Chalmers Johnson, *MITI and the Japanese Miracle*, Stanford University Press, 1982（邦訳書は，チャーマーズ・ジョンソン著，矢野俊比古監訳『通産省と日本の奇跡』ティビーエス・ブリタニカ，1982年），がある。

10）例えば，石油業法による石油精製設備の新増設許可の運用に関して，外資系石油会社は，相対的に不利な取り扱いを受けた。

11）同じ1993年12月には，石油審議会基本政策小委員会が，「安定供給と効率的供給の要請との適切なバランスをとった今後の石油製品供給体制のあり方を検討することが必

要である」と指摘した，中間報告を取りまとめた．
12) 図 10-3 に示された先進各国におけるガソリン小売価格の推移は，為替変動の影響も受けることに，留意する必要がある．
13) 資源エネルギー庁資源・燃料部石油精製備蓄課『規制緩和による効果』2007 年，参照．
14) 1994 年の石油審議会石油部会石油政策基本問題小委員会の審議過程については，オイル・リポート社『石油年鑑 1995』1995 年，259-269 頁，302-306 頁，1998 年の石油審議会石油部会基本政策小委員会の審議過程については，前掲『石油年鑑 1998』293-316 頁，をそれぞれ参照．
15) この主張は，1999 年 6 月 3 日に開催された石油審議会開発部会第 5 回基本政策小委員会の席上，展開された．
16) 前掲『石油年鑑 1995』159 頁．
17) オイル・リポート社『石油年鑑 1997』1997 年，215 頁．
18) 資源エネルギー庁監修『1997/1998 資源エネルギー年鑑』1997 年，221 頁．
19) 前掲『石油年鑑 1998』157 頁．
20) 資源エネルギー庁監修『1999/2000 資源エネルギー年鑑』1999 年，263 頁．
21) 前掲『石油年鑑 1998』157 頁．
22) 規制緩和を標榜して 1990 年代の日本で影響力を強めた市場主義が，具体的で建設的なヴィジョンに欠ける点については，橘川武郎「日本の企業システムと『市場主義』」（『組織科学』第 32 巻第 2 号，1998 年）15 頁参照．
23) 石油公団企画調査部『欧米先進国の石油開発に対する国家の関与』1998 年，107 頁参照．
24) 同前，87 頁．
25) 同前，88 頁参照．
26) 津村光信「西欧主要国政府の自国石油産業育成」1999 年，5 頁参照．なお，この資料は，津村光信（元石油公団理事）に対する 1999 年 5 月 25 日のヒアリングの席上，氏から筆者に手渡されたものである．
27) （財）石油開発情報センター『平成 8 年度外国石油会社の国際上流事業の展開と成果の実情報告書』（石油公団，1996 年）［要旨］8 頁参照．具体的には，この報告書は，「会社〔Deminex や Repsol などの外国石油会社——引用者〕の成功の要件は，一定期間の安定生産の基盤となる"コア・エリア〔中略〕"を築くことに要約される．さらに，長期の安定成長の要件は，複数のコアを持ち生産量を長期に維持できることである．このため，生産鉱区と探鉱鉱区との双方で適切な地理的ポートフォリオを持つことが肝要とされている」（8 頁），「ホスト国が広い面積の鉱区を一社に与えることを好まなくなった今日，各地に分散する鉱区で漫然と探鉱を繰り返すだけでコア・エリアを築くことができるのは希有で，他社の産油資産の買収時には会社そのものの買収や，鉱区のスワップ

を併用して積極的にコア・エリアを造成する意志を持つことが肝要である」(8頁), と述べている。
28) ㈶石油開発情報センター前掲『平成8年度外国石油会社の国際上流事業の展開と成果の実情報告書』10頁。
29) この点については, ㈶石油開発情報センター前掲『平成8年度外国石油会社の国際上流事業の展開と成果の実情報告書』62, 70頁, 石油公団『欧州国営（国策）石油会社の自立成功要因』1998年, 11-15頁, 及び津村前掲「西欧主要国政府の自国石油産業育成」2-5頁参照。
30) 以下のヨーロッパ非産油国・石油輸入国における石油産業への政府介入の後退についての記述は, 津村前掲「西欧主要国政府の自国石油産業育成」による。
31) この点については, 石油公団企画調査部前掲『欧米先進国の石油開発に対する国家の関与』89-90, 99, 101頁参照。
32) ヨーロッパ非産油国・石油輸入国の国策石油会社のうち, 1998年に解散したドイツのDeminexは, 上流部門専業である点で, 例外的な存在であった。ただし, Deminex解散後, 同社の事業を継承した元株主の3社（VEBA Oel, RWE-DEA, およびWintershall）は, いずれも, 上流部門だけでなく下流部門にも事業展開する垂直統合した石油企業である。以上の点について詳しくは, 津村光信「DEMINEX解散の背景」（石油公団『石油/天然ガスレビュー』1998年12月号）参照。
33) 石油公団の調査によれば, 1998年3月末の時点で, 石油公団が出資するプロジェクトの数は, ナショナル・プロジェクトを除いて, 129であった。
34) ㈶石油開発情報センター前掲『平成8年度外国石油会社の国際上流事業の展開と成果の実情報告書』60-61頁。
35) 津村前掲「西欧主要国政府の自国石油産業育成」4頁参照。
36) ただし, ドイツの場合には, フランスのElfやTotalのような事業規模の大きい垂直統合石油企業が成立しなかったことも事実である。これは, Deminexが上流部門専業の石油企業にとどまったことを反映したものであろう。

第11章　競争力構築をめざす新しい動き

　リーマン・ショックの2カ月前の2008年7月に1バレル[1] 147ドルの史上最高値を記録した原油価格（ニューヨーク原油先物市場におけるWTI[2] 原油の価格）は、ショック後急落し、2008年末から2009年初にかけては、1バレル30ドル台にまで低下した。しかし、その後徐々に回復し、2009年10月と2010年1月には、1バレル80ドル台に乗った[3]。原油価格は、大きく言えば、需給要因と金融要因とによって決まるが、2009年10月-2010年12月の1バレル70-80ドル台という水準は、ほぼ正確に需給要因を反映しているという見方が、支配的である。したがって、2010年以降もこの水準の前後で推移する可能性が高い。

　原油価格が1バレル70-80ドル台前後で推移すれば、1バレル30ドル台に急落した時には一時的に注目度が下がったエネルギー・セキュリティ（安全保障）への関心が、日本でも再び高まるだろう。日本でエネルギー・セキュリティを確保するためには、油田の権益を獲得するという従来方式のアプローチだけでなく、製油所や石油化学工場を産油国に建設するという新しいアプローチ（「下流の技術力で上流を攻める」アプローチ）も必要になる。住友化学のラービグ・プロジェクト（サウジアラビア）や、出光興産・三井化学のニソン・プロジェクト（ベトナム）などは、その先駆けと言える。

　日本の石油精製企業や石油化学企業の本格的な海外直接投資は、日本国内での需要低迷および設備過剰とあいまって、石油産業の本格的な業界再編につながる可能性がある。新日本石油と新日鉱ホールディングスの経営統合は、大規模な業界再編の序曲になるかもしれない。業界再編が本格化すれば、その対象は、石油元売会社だけにはとどまらず、石油化学企業にまで及ぶ可能性があ

る。

　本章は，このような2010年末時点の見通し[4]に立って，石油資源開発をめぐる日本の国際競争力について，現状分析を試みるものである。第1節では日本の石油産業がかかえる脆弱性について再確認し，第2節ではそれを克服するための2つの施策（(a)上流部門での水平統合と(b)下流石油企業の組織能力向上）を提示する。そのうえで，第3節では(a)の施策を，第4節では(b)の施策を，それぞれ掘り下げる。小括は，本章全体のまとめに当たる部分である。

1. 日本石油産業の脆弱性

　本書の序章で検討したように，石油や天然ガスをめぐる世界市場では，メジャーズ，産油国国策石油企業，非産油国国策石油企業（ナショナル・フラッグ・オイル・カンパニー）という，3つのタイプのプレイヤーが重要な役割をはたしている。これに対して，*PIW* の2010年版の石油企業上位50社ランキングには，日本の石油企業がまったく登場せず，わが国には，世界トップクラスのナショナル・フラッグ・オイル・カンパニーが存在しないことを示している。

　世界の石油企業ランキングの上位50社にはいるようなナショナル・フラッグ・オイル・カンパニーが存在しないのは，日本の石油産業が固有の脆弱性を有しているからである。その脆弱性としては，①上流部門（開発・生産）と下流部門（精製・販売）の分断，②上流企業の過多・過小，の2点をあげることができる。

　まず，①の上流部門と下流部門の分断についてであるが，*PIW* のランキングの上位を占める(1)メジャーズ（大手国際石油企業），(2)石油・天然ガス輸出国における国策石油企業，(3)石油・天然ガス輸入国におけるナショナル・フラッグ・オイル・カンパニーのうち(1)と(3)は，石油産業の上流部門にも下流部門にも展開する垂直統合企業である。本来，上流部門に基盤をもつ(2)も，最近では下流部門への展開を強めつつある。これらの企業は，通常時には「儲かる上流部門[5]」で利益をあげる一方，1998年のように原油価格が低落した場合には，

製品価格の低下で需要が拡大する下流部門の収益増で上流部門の利益減を補填する。このような垂直統合による経営安定化のメカニズムは，上下流が分断された日本の石油業界では，作用しないのである。

　PIW の世界の石油企業上位 50 社ランキングに日本企業が登場しないのは，上流部門と下流部門が分断されているからだけではない。いまひとつの理由として，石油企業の過多性と過小性も指摘すべきであろう。

　日本の石油産業においてこのような過多・過小の業界構造が形成され，維持されていることについても，政府の介入のあり方が大きな影響を与えたと考えられる。

　まず，下流部門について見れば，石油業法を運用するにあたって，日本政府は，精製業者の既存のシェアをあまり変動させないよう留意した。この現状維持方針によって，競争による淘汰は封じ込められ，結果的には，護送船団的もたれ合いに近い状況が現出して，過多過小な企業群がそのまま残存することになった。

　護送船団的状況は，上流部門でも発生した。石油公団の石油開発企業への投融資は，戦略的重点を明確にして選択的に行われたわけではなく，機会均等主義の原則にもとづいて遂行された。このため，小規模な開発企業が乱立することになった。しかも，乱立した企業が開発に成功せず，赤字を抱え込んで実質的に財務が破綻した場合にも，石油公団による投融資が資金繰りを支えたため，破綻企業の淘汰も進まなかった。

　ただし，日本石油産業の過多・過小の業界構造は，下流部門については，2000 年までに大きく改善されることになった。1996 年の特定石油製品輸入暫定措置法（特石法）廃止など規制緩和が進むなかで，1999 年に日本石油と三菱石油が合併し日石三菱が誕生した[6]ことに代表されるように，下流企業の統合が進展し，「下流部門における過多・過小の企業乱立」は，解消に向かいつつあるからである。

　この事実をふまえて，ここでは，日本石油産業の第 2 の脆弱性について，「上流企業の過多・過小」と表現した。本書の序章では，②の脆弱性を「石油企業の過多・過小」と表記したが，本章では，現実の進展をふまえて，問題の

対象を上流部門にしぼり込んだわけである。

2. 脆弱性克服への2つの途

1) ナショナル・フラッグ・オイル・カンパニーの必要性

　今後，日本の石油産業が脆弱性を克服し，わが国においてもナショナル・フラッグ・オイル・カンパニーが登場する可能性はあるのだろうか。この論点に立ち入る際には，当然のことながら，まず，議論の前提として，日本にとって，はたして，ナショナル・フラッグ・オイル・カンパニーが必要であるのか，という点を検討する必要がある。この論点については，すでに本書の第9章で言及したが，その要点を，再度確認しておこう。

　石油・天然ガス産業の場合に限らず，一般的に言って，産業の規制緩和や自由化を論じる時には，市場で行動するプレイヤーの役割にも注目することが重要である。1980年代半ば以降の世界的な市場主義の高まりを受けて，1990年代後半から2000年代前半にかけての時期には，石油・天然ガス産業を含むエネルギー産業の分野でも市場の登場と政府の退場とが声高に喧伝された。大局的には市場原理の活用は当然の方向性だと言えるが，他方で，そのことだけを指摘し，「ともかく規制緩和をすればそれで良し」とする姿勢をとることには，看過しがたい難点があることも忘れてはならない。なぜなら，市場の効能を語る時にはそれを引き出すプレイヤーのあり方についても語る必要があり，プレイヤーの視点を欠いた市場万能論は，多くの場合，政府万能論に匹敵するほどの混乱をもたらすからである。エネルギー産業を対象にして市場原理の拡大を追求する場合にも，プレイヤーの視点の導入は避けて通ることのできない手続きであり，エネルギー産業の規制緩和をめぐっては，政府介入を期限つきで活用しながら，政府介入そのものが不要となるように産業の体質を強化する（強靱なプレイヤーを育成する）という，現実的で柔軟な発想をとり入れなければならない。

　石油や天然ガスをめぐる世界市場において注目すべきプレイヤーは，誰もがすぐに思い浮かべるメジャーズや石油輸出国の国策石油企業だけではない。同

業界では，石油輸入国のナショナル・フラッグ・オイル・カンパニーが，メジャーズや石油輸出国の国策石油企業と肩を並べるほどの重要な役割をはたしている。メジャーズが本拠地をおかず，石油輸入に依存せざるをえないような国々においてナショナル・フラッグ・オイル・カンパニーが存在するという事実は，エネルギー面でのナショナル・セキュリティをいかに確保するべきかという問題に解答を与えるうえできわめて示唆的である。端的に言えば，ナショナル・フラッグ・オイル・カンパニーという世界市場で活躍する強靱なプレイヤーを擁することが，石油・天然ガスの供給を輸入に依存する国々にとって，基本的なエネルギー安全保障策のひとつとなっているのである。そして，このことは，日本の場合にも，そのままあてはめることができる。つまり，日本にとって，ナショナル・フラッグ・オイル・カンパニーを擁することは，発展しつつある石油・天然ガスの世界市場から効能を引き出し，エネルギー面でのナショナル・セキュリティを確保するうえで，是非とも必要な措置なのである。

それでは，今後，日本においても，ナショナル・フラッグ・オイル・カンパニーが登場する可能性はあるのだろうか。結論を先取りすれば，この問いに対して，最終的には肯定的に答えることができる。

2） 基本的な脆弱性克服策とその問題点

日本においてもナショナル・フラッグ・オイル・カンパニーが必要であるとすれば，①上流部門と下流部門の分断，および②上流企業の過多・過小という，わが国石油産業の脆弱性をどのように解消すれば良いであろうか。これらの脆弱性を克服するための基本的な施策としては，経営統合を通じて大規模化しつつある下流石油企業が，垂直統合を行う形で，上流石油企業を合併・買収し，結果として，上流部門での水平統合をも推進することをあげることができる。

この施策は，日本の石油産業がもつ①上流・下流の分断，および②上流企業の過多・過少という2つの弱点を同時に解消するものであるから，理想的なものだと言える。しかし，現実には，上記の基本的施策が実現する可能性は低い。なぜなら，日本の石油産業の下流部門では，1980年代半ば以降規制緩和

が進展し企業統合の動きが見られたにもかかわらず、産業の体質強化が本格的には進まず、最大の課題である低収益体質からの脱却という面で決定的な成果があがっていないからである。

このような事態が生じた原因は、石油業法や特石法などの強固な規制が存在していた[7]時代に、「産業の弱さが政府の介入を生み、その政府の介入がいっそうの産業の弱さをもたらして、それがまた政府の追加的な介入を呼び起こすという悪循環、別の言い方をすれば、下向きのらせん階段、下方スパイラル[8]」が定着し、その影響が規制緩和後も根強く残っている点に求めることができる。石油産業の下流部門のように、この下方スパイラルが長年にわたって作用していた産業では、それに携わる諸企業の組織能力が総じて減退している。そのため、規制緩和が進みながらも、産業の体質強化は進展しないという、一種の閉塞状況が見受けられる。下流企業の組織能力の減退は、「下流石油企業が、垂直統合を行う形で、上流石油企業を合併・買収し、結果として、上流部門での水平統合をも推進する」という基本的施策の実現性を、著しく低下させている。

現在の総合資源エネルギー調査会石油分科会の前身である石油審議会は、2000年に、事実上、日石三菱を中心的担い手として、上記の基本的施策の実行をめざす方針を打ち出した[9]。しかし、現実には、ここで説明したような要因が作用して、この方針は、大きな成果をあげなかったのである。

3）現実的な2つの道と石油政策の動向

前項で述べたような事情から、日本の石油産業がもつ①上流・下流の分断、および②上流企業の過多・過少という2つの脆弱性を克服するために、「下流石油企業が、垂直統合を行う形で、上流石油企業を合併・買収し、結果として、上流部門での水平統合をも推進する」という基本的施策を実行に移すことは、すぐには難しいと言わざるをえない。そうであるとすれば、基本的施策とは区別される現実的な対応策が求められる。そのような現実的な方策としては、(a)上流部門での水平統合、(b)下流石油企業の組織能力強化、という2点をあげることができる。

このうち(a)の方策は，多数存在する上流企業のなかから有力な優良企業が出現し，その企業が中心になって上流部門での水平統合を進展させる道である。これは，日本の石油産業において1990年代には解消されることがなかった「上流部門における過多・過小の企業乱立」という上記の②の脆弱性を，①の脆弱性と切り離して先に克服しようとするものである。

一方，(b)の方策は，①と②の脆弱性を同時に解決する基本的施策の実行を可能にする前提条件として，基本的施策の担い手となる下流石油企業の組織能力を向上させようとする道である。組織能力向上のポイントは，日本国内でコンビナートの高度統合を進め石油精製事業の国際競争力を強化すること (b1)，および世界の石油産業の常識である「上流部門で儲ける」というメカニズムを取り込むため「下流の技術力で上流を攻める」という新しいアプローチを採用すること (b2) にある。

(a)と(b)の現実的な2つの道は，最近になって，日本政府の石油政策にも明確に反映されるようになった。本節の最後に，この点を確認しておこう。

2006年の初夏に，日本の石油政策のあり方に大きな影響を及ぼす2つの報告書が，いずれも総合資源エネルギー調査会によって，発表された。同年5月に総合部会がとりまとめた『新・国家エネルギー戦略』と，同月に石油分科会が作成した『石油政策小委員会報告書』とが，それである[10]。

『新・国家エネルギー戦略』は，

《1》国民に信頼されるエネルギー安全保障の確立，

《2》エネルギー問題と環境問題の一体的解決による持続可能な成長基盤の確立，

《3》アジア・世界のエネルギー問題克服への積極的貢献，

という3つの目標を掲げ，これらを実現するために，2030年までに，以下の数値目標を達成することを打ち出した。それは，

[1] 省エネルギーに関して，さらに30％以上の効率改善を実現する，

[2] 1次エネルギー供給における石油依存度（2003年現在47％）を，40％以下とする，

[3] 運輸部門燃料に関する石油依存度（2000年度現在98％）を，80％程度と

する，

［4］発電電力量に占める原子力発電の比率（2004年現在29％）を，30-40％程度以上とする，

［5］引取量ベースでの自主開発原油の比率（2004年現在15％）を，40％程度とする，

の5点である（以上，経済産業省『新・国家エネルギー戦略』2006年）。

　ここで注目されるのは，『新・国家エネルギー戦略』が提示した5つの数値目標のうち3つ（［2］・［3］・［5］）が，直接的に石油にかかわるものだった点である。『新・国家エネルギー戦略』を実現するうえでは石油政策が鍵を握ると言えるが，その方向性を具体的に打ち出したものが，もうひとつの報告書である『石油政策小委員会報告書』にほかならない。

　『石油政策小委員会報告書』は，「石油・天然ガスに係る我が国の重層的かつ多様なセキュリティの向上を図るため」，

(A)石油・天然ガスの我が国に対する安定供給の確保，

(B)供給基盤の強化による安定供給のより確実な確保，

(C)需要の多様化によるリスクの低減，

(D)石油の調達が困難になった場合の対応等，

に取り組むことを明らかにした。そして，

(A)の石油・天然ガス確保に関しては，金融面等での政策的支援の拡充（A-1）や，技術資源の動員による産油・産ガス国との関係緊密化（A-2），

(B)の供給基盤強化に関しては，重質油分解能力の拡充（B-1），石油精製間および石油精製・石油化学間の事業統合（B-2），流通部門の経営体質強化（B-3）など，

(C)の需要多様化に関しては，運輸部門燃料へのバイオエタノールやGTL（Gas to Liquid）等の導入（C-1），

(D)の緊急時対応に関しては，石油製品国家備蓄の開始（D-1）や，石油国家備蓄放出の機動性向上（D-2），

などの具体的施策を提案した（以上，総合資源エネルギー調査会石油分科会石油政策小委員会『石油政策小委員会報告書』2006年）。このうちA-1とA-2は

『新・国家エネルギー戦略』の［5］の数値目標に，C-1 は［2］・［3］の数値目標に，それぞれ対応している。

『新・国家エネルギー戦略』と『石油政策小委員会報告書』に共通する最大の特徴は，それらが，エネルギー安全保障（セキュリティ）の確保を前面に押し出している点に求めることができる。国際的な原油価格高騰を背景にして，日本の石油政策は，エネルギー安全保障を最重要視する方向へ，明確な転換をとげたと言える。

『石油政策小委員会報告書』は，A-1（金融面等での政策的支援の拡充）を，中核的な上流石油企業を対象にして展開する方針を打ち出した。「中核的な上流石油企業」とは，「有力な優良企業が出現し，その企業が中心になって上流部門での水平統合を進展させる」という，先述した(a)の道の担い手となる「有力な優良企業」に該当するものである。

また，『石油政策小委員会報告書』の A-2（技術資源の動員による産油・産ガス国との関係緊密化）は，(b2) の「『上流部門で儲ける』というメカニズムを取り込むため『下流の技術力で上流を攻める』という新しいアプローチを採用すること」に当たる。さらに，B-1（重質油分解能力の拡充）と B-2（石油精製間および石油精製・石油化学間の事業統合）は，(b-1) の「日本国内でコンビナートの高度統合を進め石油精製事業の国際競争力を強化すること」に相当する。『石油政策小委員会報告書』は，(a)の道のみならず，下流石油企業の組織能力強化という(b)の道も，明確に打ち出したと言うことができる。

3. 上流部門での水平統合

1）中核的企業＝INPEX 帝石の成長

前節で指摘した現実的な 2 つの道のうち(a)の「有力な優良企業が出現し，その企業が中心になって上流部門での水平統合を進展させる」という道に関しては，長らく「過多・過小の企業乱立」が続いてきた日本石油産業の上流部門において，本当に，「有力な優良企業が出現し」うるのかという問いが，当然のことながら生じるであろう。ところが，先にも見たように，この問いに対し

ては，肯定的に答えることができそうである。というのは，2000 年代にはいって，上流企業のなかから，申告所得額が日本の全大法人中第 38 位（2001 年度）を占める，注目すべき優良企業が登場したからである。INPEX（インペックス）と呼ばれる国際石油開発株式会社が，それである。

　INPEX は，1966 年に北スマトラ海洋石油資源開発㈱として設立され，インドネシア・東カリマンタン沖であいついで油田を発見したのち，1975 年に社名をインドネシア石油㈱と変更した。1990 年代にはインドネシア周辺で事業規模を拡大するとともに，最近では，アラブ首長国連邦，北カスピ海，南カスピ海，イラン，オーストラリア等でも大規模な油・ガス田探鉱・開発の権利を獲得した。2001 年に再度，社名を国際石油開発㈱と改めた INPEX は，2006 年には帝国石油㈱と経営統合して INPEX 帝石（国際石油開発帝石ホールディングス㈱）となった。今日では INPEX 帝石は，石油・天然ガスの保有埋蔵量についてみれば，Eni 等の準メジャーズ級に迫る国際的な石油企業となり，高率配当を維持して，日本を代表する優良企業のひとつとなっている[11]。

　このような INPEX 帝石の成長にとって大きな意味をもったのは，石油公団の解散とその資産処理のあり方であった。石油公団は，2001 年末に閣議決定された「特殊法人等整理合理化計画」にもとづき，2005 年 3 月に廃止された。石油公団は，政府から 1 兆 2,000 億円の出資を受け，2 兆 1,000 億円にのぼる出融資を石油・天然ガス開発企業に投じながら，多額の欠損金を残して解散するにいたった。したがって，石油公団を廃止することは，単なる「失政の帰結」，つまり，「前向きでないトピック」に思われた。

　しかし，そのような見方は，事の半面を見ているにすぎない。実は，石油公団は，優良な石油・天然ガス開発企業数社（国際石油開発㈱，サハリン石油開発協力㈱，石油資源開発㈱等）の株式など価値ある資産を有しており，それを適切に処理することによって，長年低迷を続けてきた日本の石油・天然ガス開発事業を「前向き」に再構築することが可能であった。石油公団が保有する良好な資産が，最も優良な石油・天然ガス開発企業（具体的には，INPEX）に集中的に継承されることによって，「前向き」な開発事業再構築への道が開かれたのである。

解散する石油公団の資産処理のあり方を方向づけた総合資源エネルギー調査会石油分科会開発部会石油公団資産評価・整理検討小委員会『石油公団が保有する開発関連資産の処理に関する方針』(2003年)は，同公団の資産処理を通じて，事実上，INPEXを中心的担い手として，日本においてもナショナル・フラッグ・オイル・カンパニーを構築するという方針を打ち出した（同『方針』は，「ナショナル・フラッグ・カンパニー」ないし「中核的企業」という言葉を使用している）。つまり，総合資源エネルギー調査会は，石油審議会開発部会基本政策小委員会『中間報告』(2000年)が先述の基本的施策（「下流石油企業が，垂直統合を行う形で，上流石油企業を合併・買収し，結果として，上流部門での水平統合をも推進する」という施策）を追求しながら十分な成果をあげることができなかった経緯をふまえて，より現実的な2つの道のうちの(a)の道（「有力な優良企業が出現し，その企業が中心になって上流部門での水平統合を進展させる」という道）を政策面で支持する姿勢を打ち出したことになる。(a)の道が基本的施策と決定的に異なる点は，INPEXの企業活動という明確な推進力が存在することであり，この推進力をさらに強めるような適切なインセンティブの付与が行われることによって，(a)の道がある程度成果をあげたのである。

　(a)の道が現実化し，INPEX帝石を中心的担い手として日本石油産業の上流部門で水平統合が進展すれば，統合を通じて誕生する「中核的企業」は，「自国内のエネルギー資源が国内需要に満たない国の石油・天然ガス開発企業であって，産油・産ガス国から事実上当該国を代表する石油・天然ガス開発企業として認識され，国家の資源外交と一体となって戦略的な海外石油・天然ガス権益獲得を目指す企業体」となるであろう（その場合，中核的企業は民間企業に近い組織形態をとるであろう）。つまり，日本においても，総合資源エネルギー調査会石油分科会開発部会石油公団資産評価・整理検討小委員会の2003年の『石油公団が保有する開発関連資産の処理に関する方針』が描き出した意味でのナショナル・フラッグ・オイル・カンパニーが登場する可能性は存在するのである。

　もちろん，上流企業の水平統合を通じて上記の意味でのナショナル・フラッグ・オイル・カンパニーが登場したとしても，それだけでは，「上流・下流の

分断」という日本の石油産業の脆弱性が解消されたことにはならない。しかし，そのようなナショナル・フラッグ・オイル・カンパニーの出現は，この脆弱性を克服するうえでの重要なステップとなりうる。なぜなら，ナショナル・フラッグ・オイル・カンパニーと石油産業の下流部門に携わる企業とのあいだで，あるいは，ナショナル・フラッグ・オイル・カンパニーと電力業やガス産業に従事する企業とのあいだで，戦略的提携が成立する可能性が高いからである。そうなれば，石油産業において垂直統合が実現しなかった戦後日本のエネルギー・セキュリティ上の弱点は，解消へ向けて大きな一歩を踏み出すのである。

2）JOGMECのリスクマネー供給機能の本格化

　2005年の石油公団の解散にともない，同公団が保有していた優良な資産はINPEXやJAPEX（石油資源開発株式会社[12]）に継承されたが，それ以外の油・ガス田開発のためのリスクマネー供給機能や石油・プロパンガスの国家備蓄機能は，同じ2005年に発足した独立行政法人石油天然ガス・金属鉱物資源機構（JOGMEC）に引き継がれた。そのJOGMECが，2008年度決算で44億円の当期損失を計上した。その報に接したとき，多額の欠損を出して解散した石油公団の「二の舞い」ではないかと想像した向きも少なくないだろう。しかし，そのような想像は，二重の意味で，完全に間違ったものである。

　第1に，2008年度の当期損失計上は，想像とは逆に，実は，JOGMECが本来のリスクマネー供給業務をきちんと遂行したことを示す証左である。2008年度，JOGMECは，油・ガス田の探鉱のために201億円を新規出資した。これらの出資は，将来，JOGMECに利益をもたらす可能性を十分にもっている。現に，過去の出資は利益を生んでおり，2006-07年に出資したカスピ海でのパイプラインプロジェクトは，2008年だけで2.3億円の配当収入をもたらした。それを含めて，JOGMECが石油公団から継承した8プロジェクトの出資案件のうち3プロジェクトは，すでに，生産・操業段階にはいっている（カスピ海のほかは，ブラジルでの石油とインドネシアでの天然ガス）。したがって，201億円の出資は相当の利益を生むものと予測されるが，それが実現するのは将来の

ことであり，2008年度の決算に盛り込むことはできない。一方，現行の会計制度のもとでは，リスクマネーの供給に関して，出資額の半額を当該年度に，株式評価損として，自動的に計上しなければならない。したがって，JOGMECの2008年度の決算には，株式評価損100億円が，機械的に盛り込まれている。にもかかわらず，同年度の当期損失が44億円にとどまったのは，JOGMECが経営努力を重ね，55億円もの自己収入をあげたからである（その中には，独立行政法人としては最大級の7億円の特許料収入も含まれる）[13]。今回の損失について，「実は，JOGMECが本来のリスクマネー供給業務をきちんと遂行したことを示す証左である」と述べたのは，このような事情が存在するからである。

第2に，石油公団が多額の欠損を残したととらえること自体が，事実に反する。たしかに石油公団は，2005年の解散時点では，5,243億円の欠損を計上した。しかし，その後，①国が石油公団から承継した株式（石油資源開発・日本ノースシー石油・タイ沖石油開発の株式）を売却して得た利益（売却額から出資額を引いた純益）は1,070億円，②国が石油公団から承継した株式で2008年度末までに得た配当金は583億円，③国が石油公団から承継した上場株式（国際石油開発帝石と石油資源開発の株式）の含み益は5,216億円（2009年6月23日現在），④国が石油公団から承継した非上場株式の含み益は954億円（2007年度経産省財務諸表による）に達する。①-④の合計値は7,823億円に及び，石油公団の出融資は，2009年6月の時点では，差し引き2,580億円（7,823億円－5,243億円）の利益をもたらしているというのが，真の姿なのである。

地球温暖化対策が進めば非化石燃料の利用が拡大することは間違いないであろうが，それでも，石油および天然ガスが，将来にわたり，人類全体にとって枢要なエネルギー源であり続けることは，否定しがたい事実である。石油・天然ガスをほぼ全量輸入する日本の場合には，海外で油・ガス田の開発を積極的に進めることが，安全保障上きわめて重要な意味をもつ。2008年度の決算が示すように，JOGMECが油・ガス田探鉱のためのリスクマネーの供給に本腰を入れ始めたことは，日本石油産業の上流部門の国際競争力強化に貢献するとともに，国益全体にもかなう動きだと評価することができる。

4. コンビナート高度統合と「下流の技術力で上流を攻める」

1）コンビナート高度統合への高い位置づけ

　前節では，日本石油産業の脆弱性を克服するための現実的な 2 つの道のうち，(a)の「上流部門での水平統合」をめぐる最近の動きを概観した。それでは，もうひとつの道である(b)の「下流石油企業の組織能力強化」をめぐる状況はどうであろうか。この(b)は，「日本国内でコンビナートの高度統合を進め石油精製事業の国際競争力を強化すること」(b1)，および「世界の石油産業の常識である『上流部門で儲ける』というメカニズムを取り込むため『下流の技術力で上流を攻める』という新しいアプローチを採用すること」(b2) という，2 つのポイントからなっていた。まず，(b1) をめぐる状況から見ておこう。

　ともに 2006 年 5 月にまとめられた『新・国家エネルギー戦略』と『石油政策小委員会報告書』は，いずれも，エネルギー安全保障を確保するためには，国際競争力をもつ強靭なエネルギー企業の形成が必要不可欠であるとの認識に立っていた。そして，強いエネルギー企業を形成するための施策の一環として，コンビナートの高度統合に高い位置づけを与えた。

　まず，『新・国家エネルギー戦略』は，その結論部分で「強い企業の形成促進」をとくに強調し，「資源確保の局面において海外の企業と伍していける中核的企業の形成促進」，「原子力発電の推進を含めた中長期的な投資を担えるエネルギー企業の形成促進」，「省エネルギー技術，クリーンコール技術，原子力技術などのアジア展開に取り組む企業の活動への支援」とともに，「コンビナートにおける業種・企業の壁を越えた連携への支援」の重要性を指摘している[14]。また，『石油政策小委員会報告書』は，さらに踏み込んで，

　精製業を取り巻く不確実な環境や，環境問題等の社会的要請に的確に対応するためには，一製油所，一企業単位で部分最適を図ろうとする取組は限界に直面しており，それらを超えた地域レベル，グループレベル等での取組によって国際競争力を向上させることが重要である。

国際競争力の向上に向けて一層のコスト削減や精製能力の適正化，省エネルギーやCO_2削減に向けた取組を図る上では，従来の製油所における取組では限界があり，製油所単位，企業単位の枠を超えて，石油企業間で連携を図り，共同投資，統合化等による製造・物流コスト削減を図ることが必要である。同時に今後の需要構造変化に対応した重質油分解等による先端技術による白油生産・石化素材生産等にかかる大規模設備投資や装置構成の最適化を進めていかねばならない。さらに，製油所単位の枠を超えた連携に当たっては，石油産業の内部に閉じることなく，石油化学産業等の業種を超えた連携をも視野に入れ，コンビナートの全体最適の達成による競争力の強化・省エネルギー効率の最大化を図る必要がある[15]，

と記述している。先に紹介した『石油政策小委員会報告書』中の諸施策のうち，「重質油分解能力の拡充」(B-1)や，「石油精製間および石油精製・石油化学間の事業統合」(B-2)などの施策が大きな意味をもつことを，明記しているのである。

2）RING事業と『コンビナート高度統合研究会報告書』

　『新・国家エネルギー戦略』と『石油政策小委員会報告書』は，成算なしにコンビナート高度統合を重点施策として打ち出したわけではない。その背景には，「コンビナート・ルネッサンス」と呼ばれるように，日本の各コンビナート内における石油精製企業と石油化学企業との事業統合が，近年，着実に進展しているという，注目すべき事実がある。

　2000年5月の石油コンビナート高度統合運営技術研究組合（Research Association of Refinery Integration for Group-Operation，略称RING）の設立によって始まった日本の石油精製企業と石油化学企業によるコンビナート統合の動きは，2000-02年度の第1段階（RING I）および2003-05年度の第2段階（RING II）を経て，2006-09年度には第3段階（RING III）に達した。コンビナート・ルネッサンスは，これまでのところ，主としてRING事業の展開を通じて具現化してきたと言えるのである。

表 11-1　石油コンビナート高度統合運営技術研究組合のメンバー企業（2009 年 4 月現在）

旭化成ケミカルズ	コスモ石油	住友化学	徳山オイルクリーンセンター
出光興産	山陽石油化学	大陽日酸	日本ゼオン
ヴイテック	JSR	帝人ファイバー	日本ポリウレタン工業
大阪ガス	ジャパンエナジー	東亜石油	富士石油
鹿島石油	昭和シェル石油	東ソー	丸善石油化学
鹿島アロマティックス	新日本石油	東燃ゼネラル石油	三井化学
極東石油工業	新日本石油精製	トクヤマ	三菱化学

出所）石油コンビナート高度統合運営技術研究組合ホームページ。

　石油コンビナート高度統合運営技術研究組合の 2009 年 4 月時点でのメンバー企業は，表 11-1 のとおりである。同組合は，RING I で，鹿島・川崎・水島・徳山・瀬戸内の 5 地区において，コンビナート内設備の共同運用による製品や原材料の最適融通などに取り組んだ。ついで，RING II では，鹿島・千葉・堺＝泉北・水島・周南の 5 地区において，コンビナート内における新たな環境負荷低減技術の確立や，副生成物の高度利用，エネルギーの統合回収・利用などに力を入れた。そして，RING III では，鹿島・千葉・水島の 3 地区において，コンビナートとしての全体最適を図るための技術開発を進めている。

　コンビナート高度統合の意義と展望については，石油コンビナート高度統合運営技術研究組合によって組織されたコンビナート高度統合研究会[16]が 2006 年 3 月にとりまとめた報告書のなかで，詳細な検討がなされている。この『コンビナート高度統合研究会報告書』では，コンビナート連携・統合における全体最適の形態として，

I．石油産業同士の連携（R-R，R は Refinery）
II．石化産業同士の連携（C-C，C は Chemical Plant）
III．石油産業と石化産業の連携（R-C）

の 3 つを指摘している。そのうえで，焦点を III の R-C 連携に合わせ，連携・統合のオプションとして，

　（i）リファイナリー＋エチレンクラッカー
　　　石油／石化のシナジー効果を最大限に生かすために，相互融通できる留分の存在，エネルギーの効率利用，類似運転技術等により，オペレー

ションの効率化など効率操業を目指すもの。
(ii) リファイナリー＋エチレンクラッカー・モノマー設備
①の領域をさらに拡大し，一部モノマーまで生産することでさらに効率化を進めるものであり，大規模で競争力優位のモノマーまで生産することでさらに価値を高めることを目指すもの。
(iii) リファイナリー＋エチレンクラッカー・モノマー設備・誘導品設備
研究開発力に裏づけられた高付加価値製品の生産に直結する誘導（樹脂）設備まで含めて，シナジー効果を追求するもの。

という3つの基本形態をあげている[17]。

3) コンビナート高度統合が国際競争力強化につながる理由

コンビナート高度統合によって，日本の石油産業や石油化学工業の国際競争力が強化され，強い産業が構築されるのは，なぜだろうか。その理由は，コンビナート高度統合がもたらす，以下の3つの経済的メリットに求めることができる。

第1は，原料使用のオプションを拡大することによって，原料調達面での競争優位を形成することである。同一コンビナート内の石油精製企業と石油化学企業とのあいだで，あるいは複数の石油精製企業間で，連携や統合が進むと，重質原油やコンデンセートの利用が拡大する。最近の原油高騰局面では，原油価格の重軽格差の拡大が生じたが，コンビナート統合による重質油分解機能の向上やボトムレス化の進展によって，相対的に低廉な重質原油を大量に使用できるようになれば，国際競争上，有利な立場を得ることができる。一方，天然ガスに随伴して産出されることが多いコンデンセートに関しては，一般の原油より軽質でナフサに近い性状を有しながら国際的にあまり利用されてこなかったため，石油精製企業・石油化学企業間の提携・統合により，それを使用することが可能になれば，競争上の優位を確保しうる。

第2は，石油留分の徹底的な活用によって，石油精製企業と石油化学企業の双方が，メリットを享受することである。同一コンビナート内でリファイナリー（石油精製設備）とケミカル（石油化学）プラントとの統合が進めば，リ

ファイナリーからケミカルプラントへ，プロピレンや芳香族など，付加価値の高い化学原料をより多く供給することができる。また，エチレン原料の多様化も進展する。一方，ケミカルプラントからリファイナリーへ向けては，ガソリン基材の提供が可能である。これらの石油留分の徹底的活用によって，石油精製企業も石油化学企業も，競争力を強化することができる。

　第3は，コンビナート内に潜在化しているエネルギー源を，経済的に活用することである。残渣油を使った共同発電，熱・水素の相互融通などがそれであるが，そこで発生した電力や水素については，コンビナート内で消費したうえでなお残る余剰分を，コンビナート外の周辺地域で販売することも可能である。

　上記の3点をふまえれば，高度統合の意義は，「懐の深い」コンビナートの構築にあると言える。この「懐の深さ」は，日本のコンビナートにおいて，すでにある程度実現されている。しかし，それを最大化するためには，石油精製企業・石油化学企業間，ないしは複数の石油精製企業間・石油化学企業間で，連携・統合を本格的に進展させることが必要である。

　既存の日本のコンビナートは，①リファイナリーの2次設備に厚みがある，②ケミカルプラントがプロピレン誘導品や芳香族誘導品の製造面で競争力をもつ，③電力会社・ガス会社・鉄鋼会社の諸プラントに隣接することが多い，などの強みをもっている。これらのうち③の点は，エネルギー源の経済的活用を実現するうえで，重要な条件となる。ただし，この条件は，今のところ，十分には活かされていない。

　他方で日本のコンビナートには，〈1〉全国各地に分散しており，ひとつひとつのコンビナートが小規模である，〈2〉各コンビナートの構成企業が統合されていない，などの弱みがある。〈1〉は「地理の壁」，〈2〉は「資本の壁」，とそれぞれ呼びうる問題であるが，本書で論じているコンビナート高度統合は，このうち〈2〉の「資本の壁」を克服しようとする試みである[18]。長期的には，日本のコンビナートは，連結パイプラインの敷設，小規模コンビナートの統廃合等を通じて，〈1〉の「地理の壁」をも解消する必要がある。

4）コンビナート高度統合から産油・産ガス国との関係強化へ

　コンビナート高度統合の進展は，すでに，「下流石油企業の組織能力強化」（(b)の道）につながる成果を生み出しつつある。それは，いずれも2008年に生じた，日本の石油業界のあり方を変えるような2つの大きな出来事に見てとることができる。

　ひとつは，同年12月に発表された，新日本石油と新日鉱ホールディングスによる「経営統合に関する基本覚書」の締結である。この経営統合は，2010年4月に実現し，売上高で準メジャーズ級海外企業（例えば，イタリアのEni）を上回る大規模石油会社（JXホールディングス）が，日本に誕生することになった。そして，それは，国内の石油元売業界のさらなる再編・統合を引き起こすきっかけともなるであろう。

　もうひとつは，2008年4月にベトナムで，出光興産・三井化学・クウェート国際石油・ペトロベトナムの合弁会社として，「ニソン・リファイナリー・ペトロケミカル・リミテッド社」が設立されたことである。これは，ベトナム北部に出光興産と三井化学の技術によって製油所・石油化学工場を建設し，そこでクウェート産原油を処理して得た製品を，ベトナム国内および中国南部で販売しようという，グローバルなプロジェクトである。このプロジェクトが実行されると，日本の石油業界は，第2次世界大戦後長く続いた消費地精製方式の枠組みから脱却することになる。

　ここで注目すべき点は，これら2つの出来事には，共通の要因が作用していることである。それは，各コンビナートで石油精製企業や石油化学企業の高度統合が進展していたという要因である。新日石・新日鉱の経営統合合意の出発点となったのは，RING Iの成果をふまえ，2006年に始まった水島コンビナート（岡山県）での両社製油所の一体的操業であった。また，ニソン・プロジェクトは，RING IIやRING IIIを通じて，ここ数年千葉コンビナートで進展している出光興産・三井化学間の多面的な事業連携の延長上に実現したと言える。

　2つの出来事のうちニソン・プロジェクトは，コンビナート高度統合が，石油・石化産業の国際競争力強化や地域経済の活性化に貢献するだけではなく，

エネルギー安全保障の確保にも寄与することを示している。日本のエネルギー安全保障確保のためには，省エネルギーのいっそうの推進，運輸部門における燃料の多様化などとともに，海外での石油・天然ガス資源の開発にも力を入れる必要がある。ただし，資源開発競争は世界的規模で激化しており，そのなかでわが国が勝ち抜くためには，産油国・産ガス国が求める高付加価値技術，つまり石油精製技術や石油化学関連技術を提供する（場合によっては，産油国・産ガス国へ石油精製企業や石油化学企業が直接進出する[19]）ことが重要になる。クウェートとともにベトナムも産油国・産ガス国であり，ニソン・プロジェクトは，このようなメカニズムが作用する好例となるであろう。

　日本国内で石油・石化企業の連携・統合が進み，国際競争力あるコンビナートが構築されれば，そこで得られた技術面での知見を，産油国や産ガス国でも，大いに活用することができる。そのことが，国際的な資源開発競争において，わが国にとって有利に作用することは，言うまでもない。原料使用のオプションを拡大し，石油留分や潜在的エネルギーを徹底活用するコンビナート高度統合は，それのみならず，技術資源の動員によって産油・産ガス国との関係を緊密化するという国家的課題の重要な一翼をも担うことになる。つまり，(b)の道の2つのポイントである，(b1)コンビナート高度統合と(b2)「下流の技術力で上流を攻める」こととは，互いに密接に結びつくわけである。

5）中東諸国との関係強化とJCCPの役割

　日本にとって関係を緊密化すべき産油・産ガス国のなかで，筆頭の位置を占めるのは，中東諸国である。2006年現在で，石油は，日本の一次エネルギーの44％を占める。わが国は，原油をほぼ100％輸入しているが，その89％は中東産のものである（2005年度実績）。中東諸国との良好な関係なしに日本のエネルギー・セキュリティがありえないことは，誰の目にも明らかである。

　既述のように，2006年に策定された『新・国家エネルギー戦略』は，2030年までに自主原油比率を40％程度にまで引き上げるという目標を掲げた。この目標を達成するためには，旧ソ連圏，アジア・太平洋，アフリカでの活動が有意義であることに，異論はない。しかし，その目標の成否を決定づける最も

重要な地域が中東であることは，動かしがたい事実である。

　このような状況をふまえれば，中東産油国が日本に期待するものを正確に把握し，それに適切な形で対応することは，我が国のエネルギー・セキュリティを確保するうえで，必要不可欠な施策だと言える。長いあいだ，中東産油国にとって日本は，魅力的な市場であった。この点は，今でも変わりはないが，中国などの強力なライバル（原油輸入面での競争相手）が登場した昨今，それだけでわが国が，中東諸国の心をつなぎとめることはできない。中東産油国が日本に期待するもの，そして中国にはなくて日本にはあるもの，それは，端的に言えば技術力である。その意味で，「下流の技術力で上流を攻める」ことは，中東諸国との関係において，とくに重要だと言うことができる。

　出光興産・三井化学・クウェート国際石油・ペトロベトナムによるベトナムでのニソン・プロジェクトについて，コンビナート高度統合がそのルーツになったと指摘したが，同プロジェクトには，じつは，もうひとつのルーツがある。それは，㈶国際石油交流センター（JCCP）が展開してきた中東における産業基盤整備事業（技術協力事業）である。

　ニソン・プロジェクトは，ベトナム北部に出光興産と三井化学の技術によって製油所・石油化学工場を建設し，そこでクウェート産原油を処理して得た製品を，ベトナム国内および中国南部で販売しようというものである。近年の石油市場では，原油価格の乱高下とともに，重軽格差（重質原油の軽質原油に対する相対的低価格）の拡大も問題となった。重軽格差の拡大にともない，国際的には相対的に重質である中東産原油のなかでもとくに重質であるクウェート産原油は，国際競争上，不利な立場に立たされることになった。石油市場では，世界的に，消費面で軽質製品のウエートが高まり続けている（いわゆる「白油化」の進行）から，クウェートにとって，この問題は深刻さを増していた。一方，出光興産をはじめとする日本の石油精製企業は，重質原油を軽質化する技術を有している。これらの点をふまえて，クウェートでは，JCCPの技術協力事業として，出光興産を中心に，重質原油の直接改質プロジェクトが遂行された。今回のニソン・プロジェクトは，このクウェートでのJCCPの技術協力事業を，もうひとつのルーツとしているのである。

表 11-2 JCCP による研修生受入・専門家派遣の地域別実績（1981-2008 年度）

(単位：人)

	年　度	中　東	アジア	アフリカ	オセアニア	中南米	欧　州	合　計
研修生受入	1981-2008 (A)	4,320	10,487	1,726	35	845	722	18,135
	2001-2008 (B)	2,157	3,508	594	6	434	417	7,116
専門家派遣	1981-2008 (A)	1,249	2,938	165	41	253	129	4,775
	2001-2008 (B)	500	707	28	0	57	77	1,369

出所）JCCP（国際石油交流センター）調べ。
注 1 ）B は A の内数。
　 2 ）企業経由の受入・派遣を含む。
　 3 ）「欧州」は，ロシア・カザフスタン・ウズベキスタン・トルクメニスタン・アゼルバイジャン・ウクライナ・ベラルーシ・リトアニア。

　中東での JCCP の技術協力事業が，その後，発展を見せた事例はほかにもある。サウジアラビアで取り組んだ HSFCC（High-Severity Fluid Catalytic Cracking, 高過酷度流動接触分解技術）については，その成果をふまえて新日本石油（現在は，JX 日鉱日石エネルギー）が水島で実用化へ向けた準備を進め，技術協力のパートナーであるサウジ・アラムコ（Saudi Aramco，サウジアラビアの国営石油会社）からも強い期待が寄せられている。また，アラブ首長国連邦で JCCP が関与した製油所のゼロガスフレアリングは，コスモ石油への IPIC（International Petroleum Investment Company，アブダビ政府が全額出資する国際石油投資会社）の 20％出資を実現させるひとつの促進要因となった。中東での JCCP の技術協力事業は，日本の下流石油企業の組織能力向上に，少なからず貢献しているとみなすことができる。

　1981 年に設立された JCCP は，技術協力事業とは別に，産油国を中心的な対象にして，年間 1,000 人弱規模の石油産業関係者（エンジニア等）を受け入れ，日本で研修活動を行っている。最近では，中東諸国からの受入れ人数も増え，その延べ人数は，2008 年度までに 4,320 人に達する。また，JCCP は，中東地域へ，2008 年度までに延べ 1,249 人にのぼる石油産業の専門家を派遣している。表 11-2 は，JCCP による研修生受入・専門家派遣の実績を，地域別にまとめたものである。この表から，2001 年以降，中東地域のウエートが拡大していることがわかる。

　このほか，JCCP は，産油国との技術協力事業や，産油国キーパースンの日

本への招聘なども実施してきた。これらの活動を通じて日本について知識や親近感をもつにいたった人々が，中東諸国では，徐々に産官学の要職につき始めている。JCCPの活動によって，日本と中東諸国とのあいだには，濃密な人的ネットワークが着実に構築されつつあると言える。

小　括

　本章は，石油資源開発をめぐる日本の国際競争力について，現状分析を試みることを目的としていた。最後に，ここまでの検討結果を要約しておこう。

　現状分析の出発点となるのは，第2次世界大戦後の日本において石油産業が長いあいだかかえてきた脆弱性に関して，正確な認識をもつことである。日本石油産業の脆弱性は，①上流部門（開発・生産）と下流部門（精製・販売）の分断，②上流企業の過多・過小，の2点に整理することができる。

　これらの脆弱性を克服するための基本的な施策は，経営統合を通じて大規模化しつつある下流石油企業が，垂直統合を行う形で，上流石油企業を合併・買収し，結果として，上流部門での水平統合をも推進することに求めるべきである。この施策は，日本の石油産業がもつ①上流・下流の分断，および②上流企業の過多・過小という2つの弱点を同時に解消するものであるから，理想的なものだと言える。しかし，現実には，上記の基本的施策が実現する可能性は低い。なぜなら，日本の石油産業の下流部門では，1980年代半ば以降規制緩和が進展し企業統合の動きが見られたにもかかわらず，産業の体質強化が本格的には進まず，最大の課題である低収益体質からの脱却という面で決定的な成果があがっていないからである。

　基本的施策を実行に移すことがすぐには難しいのであれば，基本的施策とは区別される現実的な対応策が求められる。そのような現実的な方策としては，(a)上流部門での水平統合，(b)下流石油企業の組織能力強化，という2点をあげることができる。このうち(b)は，「日本国内でコンビナートの高度統合を進め石油精製事業の国際競争力を強化すること」(b1)，および「世界の石油産業の常識である『上流部門で儲ける』というメカニズムを取り込むため『下流の

技術力で上流を攻める』という新しいアプローチを採用すること」(b2) という，2つのポイントからなっている。

2000年代にはいって，上記の(a)や(b1)，(b2)は，かなりの進展を見た。(a)では，INPEX帝石の成長にともない，上流部門での水平統合が進んだ。(b1)では，RING事業を中心にしたコンビナート高度統合の進展により，「コンビナート・ルネッサンス」と呼ばれる状況が現出した。そして，その成果は，(b2)の「下流の技術力で上流を攻める」という新しいビジネスモデルを生みつつある。また，(a)についてはJOGMEC（独立行政法人石油天然ガス・金属鉱物資源機構）が，(b1)についてはRING（石油コンビナート高度統合運営技術研究組合）が，(b2)についてはJCCP（国際石油交流センター）が支援する仕組みも，それぞれ有効に機能している。

石油資源開発をめぐる日本の国際競争力の構築という観点に立てば，現状は，けっして悲観すべきものではない。しかし，一方で，国際的な石油資源開発競争がかつてなく激化していることも，否定しがたい事実である。日本は，成果をあげ始めたさまざまな取組みをより迅速，より強力に推進することによって，石油資源開発をめぐる国際競争で遅れをとらないようにしなければならない。

[注]

1) 1バレル＝159リットル。
2) WTIとは，West Texas Intermediateの略称であり，アメリカ・テキサス州で産出される軽質原油のことである。
3) 本章の執筆時点は，2010年12月末日である。
4) 資源エネルギー問題の2010年時点での見通しについては，橘川武郎「2010資源エネルギー・3つのキーワード　地球温暖化対策・エネルギーセキュリティ・石油産業再編」（毎日新聞社『週刊エコノミスト別冊　キーワード予測2010』2009年12月21日臨時増刊号）も参照。
5) 既述のように，日本の石油産業をめぐる最大の不思議は，「上流部門で儲ける」という世界の石油産業の常識が通用しないことである。わが国では，探鉱・採掘という上流部門は，「リスクが大きい」，「政府の支援が必要な」分野と理解されている。しかし，欧米の大手国際石油企業，いわゆるメジャーズは，原油価格が著しく下がった例外的な

時期を除いて，通常は利益の過半を上流部門から得ている。メジャーズが存在しない欧州石油輸入国のナショナル・フラッグ・オイル・カンパニーの場合も，上流部門は収益性の高い分野である。これに対して，日本の石油業界では，「上流部門で儲ける」という意識は，きわめて希薄である。
6）日本石油とカルテックスの資本提携は，1996年4月に解消された。一方，三菱石油に出資していたタイドウォーターは1967年にゲッティ・オイルに買収され，そのゲッティ・オイルは，1984年にテキサコに買収された。テキサコは，ゲッティ・オイル買収に際して，三菱石油の所有株式を三菱系各社に売却した。このように，日本石油と三菱石油の双方が，外資系企業から民族系企業に転身したことが，日石三菱誕生の重要な背景となった。
7）1996年の特石法廃止に続いて，石油業法も2002年に廃止された。
8）橘川武郎「『石油の安定的な供給の確保のための石油備蓄法等の一部を改正する等の法律案』に関する参考人意見陳述」（『第百五十一回国会衆議院経済産業委員会議事録』第9号，2001年4月10日）4頁。
9）石油審議会開発部会基本政策小委員会『中間報告』（2000年8月）。この報告は，「政府介入を期限つきで活用しながら，政府介入そのものが不要となるように産業の体質を強化する（強靱なプレイヤーを育成する）という，現実的で柔軟な発想をとり入れ」た点では，画期的な意義をもっていた。
10）筆者は，このうち総合部会には一委員として，石油分科会石油政策小委員会には委員長として，参画した。
11）その結果，INPEX帝石は，*PIW*の石油企業上位50社ランキングにおいて，2006年度と2007年度に関して，それぞれ第50位と第49位ではあるが，ランクインされることになった（"PIW Ranks The World's Top 50 Oil Companies," *PIW*, [*Petroleum Intelligence Weekly*], Special Supplement Issue, December 3, 2007 and December 1, 2008）。Eniとは異なり，INPEX帝石が下流部門に事業展開していないことを考え合わせれば，このINPEX帝石のランクインは，けっして過小評価されるべきではない。
12）JAPEXは，2009年12月，マレーシアのPetronasと共同で，イラクの大規模油田（ガラフ油田）の落札に成功した。これは，INPEX帝石の成長とともに，日本の石油資源開発事業の発展にとって，大きな意味をもつ出来事である。
13）以上のJOGMECの2008年度決算については，独立行政法人石油天然ガス・金属鉱物資源機構『平成20事業年度事業報告書』（2009年）も参照。
14）経済産業省『新・国家エネルギー戦略』2006年，64頁。
15）総合資源エネルギー調査会石油分科会石油政策小委員会『総合資源エネルギー調査会石油分科会石油政策小委員会報告書』2006年，13頁。
16）筆者は，コンビナート高度統合研究会の委員として，石油コンビナート高度統合運営技術研究組合『コンビナート高度統合研究会報告書』（2006年3月）の策定に関与し

た。
17) 以上の点については，前掲『コンビナート高度統合研究会報告書』参照。
18) RING 事業の成果を引き継ぎ，コンビナート高度統合をさらに推進するため，石油コンビナート高度統合運営技術研究組合は，経済産業省からの補助金を活用して，2009 年度から「コンビナート連携石油安定供給対策事業」に取り組むようになった。
19) 日本の石油化学企業が産油国・産ガス国に直接進出した典型的な事例としては，住友化学がサウジ・アラムコ（Saudi Aramco）と合弁で推進している，サウジアラビアでのラービグ・プロジェクトをあげることができる。同プロジェクトにもとづく生産設備は，2009 年 11 月に竣工した。

終 章　日本石油産業の国際競争力構築

1. 日本石油産業における歴史的文脈

　本書の課題は，日本石油産業の国際競争力構築について，歴史分析をふまえた提言を試みることにあった。国際競争力構築という今日的テーマを取り扱うに当たって，あえて歴史過程に目を向けたのは，本書では応用経営史という分析手法を採用したからである。
　応用経営史とは，経営史研究を通じて産業発展や企業発展のダイナミズムを析出し，それをふまえて，当該産業や当該企業が直面する今日的問題の解決策を展望する方法である。応用経営史的分析においては，
　①問題に直面している産業や企業がおかれている歴史的文脈（コンテクスト）を明らかにする，
　②歴史的文脈をふまえて問題の本質を特定する，
　③問題解決の原動力となる，当該産業や当該企業が内包している（多くの場合，顕在化していない）発展のダイナミズムを発見する，
　④上記の①-③の作業をふまえて，当該産業や当該企業が直面している問題を解決する道筋を可能な限り具体的に展望する，
という，作業手順をふむ。終章では，この①-④の手順に即して，本書の検討結果を総括し，日本石油産業が競争力を構築する途を展望することにしたい。
　まず，①についてであるが，日本石油産業において観察される歴史的文脈としては，以下の諸点が重要である。
　第1は，産業が創始された直後の時期から日本の石油市場に外国石油会社が深く浸透し，誕生したばかりの国内石油会社は市場競争において劣位に立たさ

れたことである。アメリカのスタンダード・オイル・グループの中で新たにアジア向け輸出を担当するようになったソコニーは，アジア市場で台頭しつつあったロシア灯油と対抗するために，従来の委託販売方式に代えて直接販売方式を採用し，1893年，日本に支店を開設した。そのロシア灯油の輸入を日本で担当していたのはサミュエル商会であったが，1890年には同商会の石油部門が独立し，日本法人のライジングサンが設立された。ライジングサンは，設立後まもなく，1903年に誕生したアジアチック（アジアチック・ペトロリアム）の傘下にはいり，イギリス・オランダ系のロイヤル・ダッチ・シェル・グループに所属することになった。これに対し，国内石油会社として1888年に設立された日本石油と1893年に設立された宝田石油は，上流部門から出発して下流部門へと展開する垂直統合戦略を推進して石油販売業にも進出したが，外国石油会社に対して競争優位を確立することはできなかった。そのことは，1910年に成立した日本市場における灯油のカルテル協定である「4社協定」において，内地での販売シェアが，ソコニー43％，ライジングサン22％，宝田石油21％，日本石油14％と決定されたことに，端的に示されている。

　第2は，1920年代半ばに国内石油会社が外国石油会社と対抗するため消費地精製方式をとるようになり，結果的には，そのことが日本石油産業における「上流部門と下流部門の分断」の出発点となったことである。日本石油や小倉石油が原油を輸入し日本で精製する消費地精製方式を採用したのは，生産地精製主義に立ち日本への製品輸入を行う外国石油会社との競争において，優位を確保するためであった。日本政府も，国内石油会社による消費地精製を支援するため，さまざまな政策的措置を講じた。国内石油会社による消費地精製方式にもとづく外国石油会社への対抗はある程度の成果をおさめたが，日本石油市場における外国石油会社の優位という基本的な構造を変化させるまでにはいたらなかった。1932年に成立した日本市場におけるガソリンのカルテル協定である「6社協定」においても，販売シェアは，ライジングサン32％，日本石油24％，ソコニー・ヴァキューム21％，小倉石油13％，三菱石油7％，その他3％と決定された。むしろ，日本石油や小倉石油による消費地精製方式の採用は，上流部門と下流部門の分断をもたらす淵源となるという，歴史的意味を

もったと言える。

　第3は，第2次世界大戦敗北後の占領期に，消費地精製と外資提携によって特徴づけられる，日本石油産業の戦後体制の枠組みが形成されたことである。メジャーズ系を含む外国石油会社の日本市場に対する立場は，第2次大戦を経て，大きく変化した。中東原油の大幅増産や西ヨーロッパでの消費地精製方式の拡大を受けて，日本においても原油輸入を前提とした消費地精製方式を実施する方向へと転換したのである。このような状況変化をふまえ，1945年の終戦から1952年にかけての時期には，消費地精製主義にもとづく欧米の石油会社と日本の石油精製会社とのあいだで提携が急速に進行した。メジャーズと日本の石油精製業者との提携は，両者にとってメリットをもっていた。例えば，日本において，石油精製設備は有するが原油供給力と製品販売網をもたない東亜燃料工業と，原油供給力と製品販売網は有するが精製設備をもたないスタンヴァックとが提携することは，相互補完という意味で自然であった。また，精製面と製品販売面で十分な力をもちながら原油供給面で不十分性を残す日本石油と，原油供給面で十分な力をもちながら精製設備と製品販売網をもたないカルテックスとの提携においても，相互補完の原理は作用していた。その後，長く続くことになった消費地精製と外資提携によって特徴づけられる枠組みは，日本石油産業における上流部門と下流部門の分断を本格化させる意味合いをもった。

　第4は，1962年の石油業法に代表される日本政府の石油政策が，上流部門と下流部門の分断を固定化させただけでなく，「石油企業の過多・過小」をもたらす要因ともなったことである。消費地精製主義の枠組みのもとで1962年に制定された石油業法は，下流部門の精製・販売業をコントロールすることによって石油の安定供給を達成しようとしたものであり，上下流の分断をオーソライズするものであった。石油業法を運用するにあたって，日本政府は，精製業者の既存のシェアをあまり変動させないよう留意した。この現状維持方針によって，競争による淘汰は封じ込められ，結果的に，日本石油産業の下流部門では，護送船団的もたれ合いに近い状況が現出して，過多過小な企業群がそのまま残存することになった。護送船団的状況は，上流部門でも発生した。石油

公団（1967年に発足した石油開発公団が，石油備蓄関連業務の開始にともない1978年に改称したもの）の石油開発企業への投融資は，戦略的重点を明確にして選択的に行われたわけではなく，機会均等主義の原則にもとづいて遂行された。このため，小規模な開発企業が乱立することになった。1962年の石油業法にもとづく石油政策体系は，1970年代の石油危機後にメジャーズ系の力が弱まった過程でも固定的に維持され，上流部門と下流部門の分断および石油企業の過多・過小に示される日本石油産業の脆弱性は構造化した。

　第5は，1980年代後半以降，石油産業の規制緩和が進み，1962年の石油業法にもとづく政策体系が崩壊する（石油業法は2001年に廃止され，石油公団は2005年に解散した）過程でも，ナショナル・フラッグ・オイル・カンパニーの母体となるような強靱な国内石油企業が出現しなかったことである。規制緩和の結果，日本の石油業界における競争は激化し，レギュラーガソリンのグロスマージンは低下した。このような状況変化を見込んで，1996年にカルテックスは，日本石油との資本提携を解消した。また，これより前の1984年には，三菱石油から外資が撤退していた。いずれも外資系石油企業から民族系石油企業へ転身することになった日本石油と三菱石油は，1999年に合併して，日石三菱が誕生した。日石三菱の登場に前後して，日本石油産業の下流部門では水平統合が進展し，「下流企業の過多・過小」は解消に向かった。しかし，水平統合の結果誕生した下流企業のなかから，上流部門に積極的に進出し，「上流と下流との分断」をも解消して，ナショナル・フラッグ・オイル・カンパニーの母体となるような強靱な企業が出現したわけではなかった。その理由は，石油業法などの強固な規制が存在していた時代に，「産業の弱さが政府の介入を生み，その政府の介入がいっそうの産業の弱さをもたらして，それがまた政府の追加的な介入を呼び起こすという悪循環，別の言い方をすれば，下向きのらせん階段，下方スパイラル」が定着し，その影響が規制緩和後も根強く残っている点に求めることができる。この下方スパイラルが長年にわたって作用していた日本石油産業の下流では，それに携わる諸企業の組織能力が総じて弱まっている。下流企業の組織能力の弱体化は，「下流企業が，垂直統合を行う形で，上流企業を合併・買収し，結果として，上流部門での水平統合が進行する」と

いう，ナショナル・フラッグ・オイル・カンパニー形成の途の実現性を低下させている。

2. 日本石油産業の2つの脆弱性

次に，歴史的文脈をふまえた問題の本質の特定という，②の手順に進もう。前節で指摘した一連の歴史的文脈をふまえると，日本石油産業が直面する問題の本質は，
 (1)上流部門（開発・生産）と下流部門（精製・販売）との分断，
 (2)上流企業の過多・過小，
という2つの脆弱性を有している点に求めることができる。

1962年の石油業法のもとでは，石油企業の過多・過小という問題が，上流部門のみならず下流部門にも及んでいた。しかし，日石三菱の誕生に前後して下流企業の統合が進展した結果，「下流部門における過多・過小の企業乱立」は，解消に向かった。その結果，石油企業の過多・過小に関する(2)の脆弱性は，上流部門にしぼり込まれることになった。

3. 脆弱性克服・競争力構築の原動力

続いて，問題解決の原動力となる，当該産業や当該企業が内包している発展のダイナミズムを発見するという，③の手順に移ろう。ここでは，日本石油産業の発展過程において，石油企業経営者の果敢な企業家精神の発揮が随所で観察されたことが重要である。

「天下り」経営者である橋本圭三郎は，日本石油と宝田石油，および日本石油と小倉石油の合併を実現するとともに，外国石油会社と対抗するため，日本石油社長として，消費地精製方式の採用に踏み切った。内部昇進型経営者である中原延平は，東亜燃料工業社長として種々の施策を講じ，資本提携先のスタンヴァック，エクソン，モービルに対する「内側からの挑戦」を続けた（この「内側からの挑戦」は，同じく東亜燃料工業社長となった，中原延平の子息，中原伸

之に引き継がれた)。オーナー経営者である出光佐三は，戦前における中国・朝鮮・台湾市場への進出，戦後における「日章丸事件」(イラン石油の大量買付け)やソ連原油の輸入など，メジャーズに対する「外側からの挑戦」を繰り返した。

　このように日本石油産業の発展過程で活躍したさまざまなタイプの石油企業経営者は，政府の介入が著しかった石油産業を営んでいたにもかかわらず，タイプの違いを超えて，基本的には主体性と自主性を堅持して行動した。そして，彼らの活発な行動は，日本の石油市場で高いシェアを占め続けた外国石油会社の活動を，しばしば制約した。1934年の石油業法の制定過程においても，1962年の石油業法の制定過程においても，それらの法律には外国石油会社に不利な内容が盛り込まれていたにもかかわらず，外国石油会社が目立った抵抗を示さなかったのは，石油業法が，それぞれの時期に活発な行動を展開していた国内石油会社（松方日ソ石油ないし出光興産）を封じ込める機能をはたすことを，外国石油会社が期待したからであった。

　以上の点をふまえれば，日本石油産業の構造的な脆弱性を克服し，同産業の競争力を構築する原動力は，石油企業経営者の企業家活動に求められるべきであろう。日本石油産業発展のダイナミズムを顕在化させるためには，この企業家活動の水準を高めることが求められている（この点では，エンリコ・マッティの企業家活動が準メジャーズ級のナショナル・フラッグ・オイル・カンパニー，Eniの形成に結実した，イタリアの事例が示唆的である）。

4. ナショナル・フラッグ・オイル・カンパニーへの途

　最後に，当該産業や当該企業が直面している問題を解決する道筋を具体的に展望するという，④の手順に歩を進めて，本書の記述を締めくくろう。

　既述のように，日本石油産業の脆弱性は，(1)上流部門と下流部門の分断，(2)上流企業の過多・過小，の2点に整理することができる。これらの脆弱性を克服するための基本的な施策は，経営統合を通じて大規模化しつつある下流石油企業が，垂直統合を行う形で，上流石油企業を合併・買収し，結果として，上

流部門での水平統合をも推進することに求めるべきである。この施策は，日本の石油産業がもつ(1)と(2)の2つの弱点を同時に解消するものであるから，理想的なものだと言える。しかし，現実には，上記の基本的施策が実現する可能性は低い。なぜなら，日本の石油産業の下流部門では，1980年代半ば以降規制緩和が進展し企業統合の動きが見られたにもかかわらず，「産業脆弱性と政府介入との下方スパイラル」の後遺症の影響で産業の体質強化が本格的には進まず，下流石油企業にとっての最大の課題である低収益体質からの脱却という面で決定的な成果があがっていないからである。

　基本的施策を実行に移すことがすぐには難しいのであれば，基本的施策とは区別される現実的な対応策が求められる。そのような現実的な方策としては，(a)上流部門での水平統合，(b)下流石油企業の組織能力強化，という2点をあげることができる。このうち(b)は，「日本国内でコンビナートの高度統合を進め石油精製事業の国際競争力を強化すること」(b1)，および「世界の石油産業の常識である『上流部門で儲ける』というメカニズムを取り込むため『下流の技術力で上流を攻める』という新しいアプローチを採用すること」(b2) という，2つのポイントからなっている。

　2000年代にはいって，上記の(a)や(b1)，(b2)は，かなりの進展を見た。(a)では，INPEX帝石の成長にともない，上流部門での水平統合が進んだ。(b1)では，RING事業を中心にしたコンビナート高度統合の進展により，「コンビナート・ルネッサンス」と呼ばれる状況が現出した。そして，その成果は，(b2)の「下流の技術力で上流を攻める」という新しいビジネスモデルを生みつつある。また，(a)についてはJOGMEC（独立行政法人石油天然ガス・金属鉱物資源機構）が，(b1)についてはRING（石油コンビナート高度統合運営技術研究組合）が，(b2)についてはJCCP（国際石油交流センター）が支援する仕組みも，それぞれ有効に機能している。

　日本石油産業の国際競争力の構築という観点に立てば，現状は，けっして悲観すべきものではない。しかし，一方で，石油産業をめぐる国際競争がかつてなく激化していることも，否定しがたい事実である。厳しい国際競争に耐え抜くナショナル・フラッグ・オイル・カンパニーが形成されたときはじめて，日

本の石油産業は，国際競争力を構築したと言うことができる。

　第2次世界大戦の前夜，日本政府は，石油産業に関して，(A)対外依存度を低下させるために国内精製業を育成することと，(B)戦略物資である石油の絶対量を確保するために一定規模の製品輸入業を継続させること（端的に言えば，(A)の措置に反発して外国石油会社が日本から撤退することを阻止すること）という，ある意味では矛盾する2つの課題を同時に追求し，成果をあげた。この事実は，石油がエネルギー・セキュリティの要諦であることを如実に示しているが，この点は，今後，石油需要が多少減退したとしても，基本的には変わらない。石油・天然ガスの供給を輸入に依存する日本のような非産油国・石油輸入国にとって，基本的なエネルギー安全保障策のひとつは，ナショナル・フラッグ・オイル・カンパニーという世界市場で活躍する強靱なプレイヤーを擁することである。顕在化しつつある日本石油産業発展のダイナミズムが本格的に作動し，(a)上流部門での水平統合，(b)下流石油企業の組織能力強化，という2つの経路を通って，ナショナル・フラッグ・オイル・カンパニーが形成されるとき，我が国のエネルギー・セキュリティは確保される。日本石油産業発展のダイナミズムの担い手である石油企業経営者と，その活動を支援する日本政府の社会的責任は，きわめて大きいのである。

参照文献

【日本語】

『朝日新聞』（1994）「東燃中原社長，事実上の解任」『朝日新聞』1994 年 1 月 14 日付夕刊。
阿部聖（1981）「第 2 次大戦前における日本石油産業と米英石油資本――日本の石油政策に関する一考察」中央大学『商学論纂』第 23 巻第 4 号。
阿部聖（1988）「近代日本石油産業の生成・発展と浅野総一郎」中央大学『企業研究所年報』第 9 号。
鮎川勝治（1977）『反骨商法』徳間書店。
アラビア石油株式会社（1968）『アラビア石油――創立 10 周年記念誌』。
アラビア石油株式会社（1993）『湾岸危機を乗り越えて――アラビア石油 35 年の歩み』。
井口東輔（1963）『現代日本石油産業発達史 II　石油』交詢社。
伊沢久昭（1969）「解説」D・ヴォトー著，伊沢久昭訳『世界の企業家 7 マッティ――国際石油資本への挑戦者』河出書房新社（Votaw, 1964, の邦訳書）。
石井寛治（1985）「産業・市場構造」大石嘉一郎編『日本帝国主義史 I』東京大学出版会。
出光興産株式会社（時期不明）『戦前南方勤務者回顧録（50 年史資料）』。
出光興産株式会社編（1964）『出光略史』。
出光興産株式会社編（1970）『出光五十年史』。
出光興産株式会社人事部教育課編（2008）『出光略史第 11 版』。
出光興産株式会社総務部文書課（1979）『終戦後 30 年間の石油業界と出光の歩み（抜粋）主要資料』。
出光興産株式会社店主室編（1994）『積み重ねの七十年』。
出光佐三（1962）『人間尊重五十年』春秋社。
出光佐三（1972）『我が六十年間　第一巻』。
ウィルキンズ，マイラ（Mira Wilkins）（1971）「アメリカ経済界と極東問題」細谷千博他編『日米関係史 3　議会・政党と民間団体』東京大学出版会（日本語訳は蠟山道雄）。
宇田川勝（1987a）「戦前日本の企業経営と外資系企業（上）」法政大学『経営志林』第 24 巻第 1 号。
宇田川勝（1987b）「戦前日本の企業経営と外資系企業（下）」法政大学『経営志林』第 24 巻第 2 号。
エネルギー懇談会（1961）『石油政策に関する中間報告』1961 年 11 月 20 日。
オイル・リポート社（1994）『石油年鑑 1993/1994』。
オイル・リポート社（1995）『石油年鑑 1995』。
オイル・リポート社（1996）『石油年鑑 1996』。
オイル・リポート社（1997）『石油年鑑 1997』。
オイル・リポート社（1998）『石油年鑑 1998』。

沖本, ダニエル (1991)『通産省とハイテク産業――日本の競争力を生むメカニズム』サイマル出版会 (日本語訳は渡辺敏, Okimoto, 1989, の邦訳書)。
奥田英雄 (1981)『中原延平傳』東亜燃料工業株式会社。
奥田英雄編 (1994a)『中原延平日記 第一巻』石油評論社。
奥田英雄編 (1994b)『中原延平日記 第二巻』石油評論社。
奥田英雄編 (1994c)『中原延平日記 第三巻』石油評論社。
関東州満洲出光史調査委員会・総務部出光史編纂室編 (1958)『関東州満洲出光史及日満政治経済一般状況調査資料集録』。
北沢新次郎・宇井丑之助 (1941)『石油経済論』千倉書房。
橘川武郎 (1989a)「1934年の日本の石油業法とスタンダード・ヴァキューム・オイル・カンパニー(1)」青山学院大学『青山経営論集』第23巻第4号。
橘川武郎 (1989b)「1934年の日本の石油業法とスタンダード・ヴァキューム・オイル・カンパニー(2)」青山学院大学『青山経営論集』第24巻第2号。
橘川武郎 (1989c)「1934年の日本の石油業法とスタンダード・ヴァキューム・オイル・カンパニー(3)」青山学院大学『青山経営論集』第24巻第3号。
橘川武郎 (1990a)「1934年の日本の石油業法とスタンダード・ヴァキューム・オイル・カンパニー(4)」青山学院大学『青山経営論集』第24巻第4号。
橘川武郎 (1990b)「資料 電気事業再編成とGHQ(1)」青山学院大学『青山経営論集』第25巻第3号。
橘川武郎 (1991a)「資料 電気事業再編成とGHQ(2)」青山学院大学『青山経営論集』第25巻第4号。
橘川武郎 (1991b)「資料 電気事業再編成とGHQ(3)」青山学院大学『青山経営論集』第26巻第1号。
橘川武郎 (1991c)「電気事業法と石油業法――政府と業界」『年報近代日本研究13 経済政策と産業』山川出版社。
橘川武郎 (1992a)「1934年の日本の石油業法とスタンダード・ヴァキューム・オイル・カンパニー(5)」青山学院大学『青山経営論集』第27巻第3号。
橘川武郎 (1992b)「外国企業・外資系企業の日本進出に関する研究――国際カルテルと日本の国内カルテル・1932年の石油カルテルをめぐって」青山学院大学総合研究所経営研究センター研究叢書第1号『国際環境の変動と企業の対応行動』。
橘川武郎 (1993a)「1934年の日本の石油業法とスタンダード・ヴァキューム・オイル・カンパニー(6)」青山学院大学『青山経営論集』第27巻第4号。
橘川武郎 (1993b)「シェルのロンドン本社所蔵の日本関連資料について」青山学院大学『青山経営論集』第28巻第1号。
橘川武郎 (1994a)「1934年の日本の石油業法とスタンダード・ヴァキューム・オイル・カンパニー(7)」青山学院大学『青山経営論集』第29巻第2号。
橘川武郎 (1994b)「1934年の日本の石油業法とスタンダード・ヴァキューム・オイル・カンパニー(8)」青山学院大学『青山経営論集』第29巻第3号。
橘川武郎 (1995a)「1934年の日本の石油業法とスタンダード・ヴァキューム・オイル・カンパニー(9)」青山学院大学『青山経営論集』第29巻第4号。
橘川武郎 (1995b)「日本の政治経済システムと政府・企業間関係」東京大学『社会科学研

究』第47巻第2号。
橘川武郎（1995c）『日本電力業の発展と松永安左ヱ門』名古屋大学出版会。
橘川武郎（1996）「戦後日本の政府・企業間関係」*The Journal of Pacific Asia*（日本語版）Vol. 3。
橘川武郎（1998a）「革新的企業者活動の条件――出光佐三（出光商会・興産）」伊丹敬之・加護野忠男・宮本又郎・米倉誠一郎編『ケースブック日本企業の経営行動4 企業家の群像と時代の息吹き』有斐閣。
橘川武郎（1998b）「産業政策の成功と失敗――石油化学工業と産業政策」伊丹敬之・加護野忠男・宮本又郎・米倉誠一郎編『ケースブック日本企業の経営行動1 日本的経営の生成と発展』有斐閣。
橘川武郎（1998c）「経済開発政策と企業――戦後日本の経験」東京大学社会科学研究所編『20世紀システム4 開発主義』東京大学出版会。
橘川武郎（1998d）「日本の企業システムと『市場主義』」『組織科学』第32巻第2号。
橘川武郎（2000a）「日本におけるナショナル・フラッグ・オイル・カンパニーの限界と可能性」「アジアのエネルギー・セキュリティー」日米共同研究会（平成11年度石油精製合理化基盤調査事業）『アジアのエネルギー・セキュリティーと日本の役割に関する調査報告書』財団法人石油産業活性化センター。
橘川武郎（2000b）「石油ショック・トラウマからの脱出」朝日新聞社『論座』2000年11月号。
橘川武郎（2001）「『石油の安定的な供給の確保のための石油備蓄法等の一部を改正する等の法律案』に関する参考人意見陳述」『第百五十一回国会衆議院経済産業委員会議事録』第9号，2001年4月10日。
橘川武郎（2002）「GATS・電力自由化と日本のエネルギー産業」『日本国際経済法学会年報』第11号。
橘川武郎（2004）『日本電力業発展のダイナミズム』名古屋大学出版会。
橘川武郎（2006）「経営史学の時代――応用経営史の可能性」『経営史学』第40巻第4号。
橘川武郎（2009a）『シリーズ情熱の日本経営史① 資源小国のエネルギー産業』芙蓉書房出版。
橘川武郎（2009b）「2010資源エネルギー・3つのキーワード 地球温暖化対策・エネルギーセキュリティ・石油産業再編」毎日新聞社『週刊エコノミスト別冊 キーワード予測2010』2009年12月21日臨時増刊号。
橘川武郎（2010）「石油開発ビジネスにおける日本企業の動向」株式会社日本政策金融公庫国際協力銀行国際経営企画部国際調査室編『国際調査室報』第4号。
橘川武郎（2012）『戦前日本の石油攻防戦』ミネルヴァ書房。
経済改革研究会（1993）『経済改革について』1993年12月。
経済産業省（2006）『新・国家エネルギー戦略』2006年5月。
経済産業省編（2005）『エネルギー白書2005年版』。
興亜院華中連絡部編（1941）『中支石油事情』。
『神戸新聞』（1933）「ガソリン協定正式調印終る」『神戸新聞』1933年8月15日付。
済藤友明（1988）「スタンダード石油のアジア戦略――戦前と戦後」工学院大学『研究論叢』第26号。

済藤友明（1990）「石油」米川伸一・下川浩一・山崎広明編『戦後日本経営史 第 II 巻』東洋経済新報社．
阪口昭（1980）「石坂泰三――高度成長期をリードした自由主義財界人」下川浩一・阪口昭・松島春海・桂芳男・大森弘『日本の企業家(4) 戦後篇』有斐閣．
GHQ/SCAP（1949a）「太平洋岸製油所の操業と原油輸入についての覚書」(SCAPIN2027, 1949 年 7 月 13 日)．
GHQ/SCAP（1949b）「太平洋岸石油製油所の操業と原油輸入について 1949 年 11 月 28 日附日本政府宛覚書」（SCAPIN6983-1）．
シェル石油株式会社編（1960）『シェル石油 60 年の歩み』．
塩見治人・堀一郎編（1998）『日米関係経営史』名古屋大学出版会．
資源エネルギー庁監修（1997）『1997/1998 資源エネルギー年鑑』．
資源エネルギー庁監修（1999）『1999/2000 資源エネルギー年鑑』．
資源エネルギー庁資源・燃料部石油精製備蓄課（2007）『規制緩和による効果』．
下関出光史調査委員会・総務部出光史編纂室編（1959）『下関出光史調査集録並に本店概況』．
上海油槽所史調査委員会・総務部出光史編纂室編（1959）『出光上海油槽所史並中華出光興産状況調査集録（原稿）』．
商工省（1937）「揮発油市価の移推(ママ)」『石油業法関係資料』．
ジョンソン，チャーマーズ（1982）『通産省と日本の奇跡』ティビーエス・ブリタニカ（日本語監訳は矢野俊比古，Johnson, 1982, の邦訳書）．
(財)石油開発情報センター（1996）『平成 8 年度外国石油会社の国際上流事業の展開と成果の実情報告書』石油公団．
石油公団（1998）『欧州国営（国策）石油会社の自立成功要因』．
石油公団企画調査部（1998）『欧米先進国の石油開発に対する国家の関与』．
石油公団・石油鉱業連盟編（1992）『石油開発資料 1992』．
石油コンビナート高度統合運営技術研究組合（2006）『コンビナート高度統合研究会報告書』2006 年 3 月．
石油審議会（1994）「今後の石油製品供給のあり方について」1994 年 12 月．
石油審議会開発部会基本政策小委員会（2000）『中間報告』2000 年 8 月．
石油審議会基本政策小委員会（1993）『中間報告』1993 年 12 月．
石油審議会石油部会基本政策小委員会（1998）『報告書』1998 年 6 月．
石油審議会石油部会石油産業基本問題検討委員会（1987）「1990 年代に向けての石油産業，石油政策のあり方について」1987 年 6 月．
石油通信社『石油資料』各年版．
(独)石油天然ガス・金属鉱物資源機構（2009）『平成 20 事業年度事業報告書』．
石油連盟（2010）『今日の石油産業 2010』．
仙波恒徳（1979）「対日賠償政策の推移」産業政策史研究所『産業政策史研究資料』．
総合資源エネルギー調査会石油分科会開発部会石油公団資産評価・整理検討小委員会（2003）『石油公団が保有する開発関連資産の処理に関する方針』2003 年 3 月．
総合資源エネルギー調査会石油分科会石油政策小委員会（2006）『総合資源エネルギー調査会石油分科会石油政策小委員会報告書』2006 年 5 月．

総合資源エネルギー調査会石油分科会石油部会石油市場動向調査委員会（2010）「平成22〜26年度石油製品需見通し」2010年4月。
高倉秀二（1983）「石油民族資本の確立者・出光佐三」中央公論社『歴史と人物』1983年10月号。
滝口凡夫（1973）『創造と可能への挑戦』西日本新聞社。
竹内伶（1987）『東燃高収益戦略』アイペック。
武田晴人（1979）「資料研究――燃料局石油行政前史」産業政策史研究所『産業政策史研究資料』。
田中敬一（1984）『石油ものがたり――モービル石油小史』モービル石油株式会社広報部。
田中敬一（1989）「モービル石油外史⑦ 古くから縁の深いモービルと三井」モービル石油株式会社広報部『モービル日本』1989年2-3月号。
朝鮮出光史調査委員会・総務部出光史編纂室編（1959）『朝鮮出光史及朝鮮政治経済一般状況調査資料集録』。
通商産業省編（1980）『商工政策史 第23巻 鉱業（下）』。
通商産業省編（1992）『通商産業政策史 第3巻 第I期戦後復興期(2)』。
津村光信（1998）「DEMINEX解散の背景」石油公団『石油 / 天然ガスレビュー』1998年12月号。
津村光信（1999）「西欧主要国政府の自国石油産業育成」。
東亜燃料工業株式会社（1971）『東燃三十年史 上巻』。
東亜燃料工業株式会社（1971）『東燃三十年史 下巻』。
東亜燃料工業株式会社編（1956）『東燃十五年史』。
東燃株式会社編（1991）『東燃五十年史』。
富永武彦（1976）「ジャワの思出」[手書き資料] 出光興産株式会社『戦前南方勤務者回顧録（50年史資料）』。
内藤隆夫（1998）「日本石油会社の成立と展開」『土地制度史学』第158号。
内藤隆夫（2000）「宝田石油の成長戦略」『社会経済史学』第66巻第4号。
『日経産業新聞』（1994）「東燃中原社長，事実上の解任 / 迫る米高配当軍団 / 人事が災い，社内立たず」『日経産業新聞』1994年1月17日付。
㈶日本エネルギー経済研究所（2003）『欧米主要国の自主開発政策における石油産業と政府の関係』。
日本経営史研究所編（1990）『脇村義太郎対談集』。
『日本経済新聞』（1994）「中原東燃社長退任へ」『日本経済新聞』1994年1月14日付夕刊。
『日本経済新聞』（2010）「石油精製能力25％削減」『日本経済新聞』2010年11月2日付。
日本石油株式会社編（1958）『日本石油史』。
日本石油株式会社・日本石油精製株式会社社史編さん室編（1988）『日本石油百年史』。
燃料局（1937a）「礦油関税改正ニ関スル資料」。
燃料局（1937b）「内外原料油別内地石油製品生産高調」『石油業法関係資料』。
燃料局（1937c）「内地石油需給表」『石油業法関係資料』。
野田富男（1985）「戦前期燃料国策と英・米石油資本――石油業法の成立過程における外資との交渉について」西南学院大学『経営学研究論集』第5号。
博多出光史調査委員会・総務部出光史編纂室編（1959）『博多出光史並一部本店状況調査集

録』。
長谷川慶太郎（1994）「メジャーの暴走——東燃社長解任劇」『文藝春秋』1994年3月号。
モービル石油株式会社（1976）『モービル小史——あるフロンティア・スピリットの物語』。
モービル石油株式会社編（1993）『100年のありがとう——モービル石油の歴史』。
森川英正（1987）「小倉石油と中原延平」『経営史学』第22巻第2号。
森川英正（1991）「中原延平会長の功績」東燃株式会社編『東燃五十年史』。
吉田文和（1975）「エネルギー政策と技術の諸問題」『経済』1975年12月号。

【英　語】

Anderson, Irvine H. Jr., 1975, *The Standard-Vacuum Oil Company and United States East Asian Policy, 1933-1941*, Princeton University Press.
Frankel, Paul H., 1966, *Mattei : Oil and Power Politics*, Faber and Faber.
Johnson, Chalmers, 1982, *MITI and the Japanese Miracle*, Stanford University Press.
Kikkawa, Takeo, 1994, "Do Japanese Corporations Derive Their Competitive Edge from the Intervention of Government, Corporate Groups, and Industrial Associations?," University of Tokyo, *Annals of the Institute of Social Science*, No. 36.
Kikkawa, Takeo, 1995, "Enterprise Groups, Industry Associations, and Government : The Case of the Petrochemical Industry in Japan," *Business History*, Vol. 37, No. 3, London, Frank Cass.
Kikkawa, Takeo, 1996, "The Government-Business Relationship in Postwar Japan," *The Journal of Pacific Asia*, Vol. 3.
The Lamp, 1934, "A Merger in Orient," *The Lamp*, February, 1934.
Morikawa, Hidemasa, 1997, "The Development of the Managerial Enterprise in Modern Japan," A Paper in the First Franco-Japanese Business History Conference on Industorial Democracy (1): Recruitment and Careers of Business Leaders in Japan and France during the 20th Century, Paris, France, September 12 and 13, 1997.
Okimoto, Daniel I., 1989, *Between MITI and the Market : Japanese Industrial Policy for High Technology*, Stanford University Press.
PIW, 2002, "PIW Ranks The World's Top 50 Oil Companies," *PIW* (*Petroleum Intelligence Weekly*), Special Supplement Issue, December 23, 2002.
PIW, 2007, "PIW Ranks The World's Top 50 Oil Companies," *PIW* (*Petroleum Intelligence Weekly*), Special Supplement Issue, December 3, 2007.
PIW, 2008, "PIW Ranks The World's Top 50 Oil Companies," *PIW* (*Petroleum Intelligence Weekly*), Special Supplement Issue, December 1, 2008.
PIW, 2010, "PIW Ranks The World's Top 50 Oil Companies," *PIW* (*Petroleum Intelligence Weekly*), Special Supplement Issue, Decembr 6, 2010.
Stnavac Meridian, 1950, "Interest Is Purchased in Japanese Refineries," *Stnavac Meridian*, January, 1950.
Stnavac Meridian, 1952, "Stanvac Crude Runs Climb 11%, 1950," in *Stnavac Meridian*, February, 1952.
The U. S. Department of Commerce, 1972, *Japan, the Government-Business Relationship*.

Votaw, Dow, 1964, *The Six-Legged Dog*, University of California Press.
Wilkins, Mira, 1973, "The Role of U. S. Business," in D. Borg and S. Okamoto eds., *Pearl Harbor as History : Japanese-American Relations, 1931-1941*, Columbia University Press.

【参照在外資料】

アメリカ，ワシントン D. C. の National Archives 所蔵のレコード・グループ・ナンバー 59, アメリカ国務省文書（General Records of the Department of State）。

アメリカ・メリーランド州スートランドの Washington National Records Center 所蔵のレコード・グループ・ナンバー 256, Foreign Funds Control Papers（調査時点は 1988 年）。

アメリカ・ニューヨーク州ノース・ターリータウンの Rockefeller Archive Center 所蔵の Rockefeller Family Archives, レコード・グループ・ナンバー 2 [OMR], Friends and Services.

アメリカ・マサチューセッツ州ボストンの Harvard University Baker Library 所蔵のニュージャージー・スタンダード（Standard Oil of New Jersey）関連資料。

アメリカ・マサチューセッツ州ケンブリッジの Harvard University Houghton Library 所蔵の Joseph C. Grew 文書。

イギリス・サリー州リッチモンドの The National Archives 所蔵の F. O. 262, British Embassy and Consular Archives.

イギリス・ロンドンの Shell International Petroleum Company ロンドン本社所蔵の日本関連資料。

あとがき

　本書の刊行に際しては，今回も名古屋大学出版会編集部の三木信吾氏の全面的なご協力を頂戴した．また，独立行政法人日本学術振興会の「平成23年度科学研究費補助金（研究成果公開促進費）学術図書」の助成を受けた．特記して謝意を表したい．

　「平成23年度科学研究費補助金（研究成果公開促進費）学術図書」に応募したこともあって，本書の原稿については，2010年中に執筆を終えた．その後，2011年3月11日に東日本大震災と東京電力・福島第一原子力発電所の事故が発生し，わが国のエネルギー政策はゼロ・ベースで見直されることになった．見直し作業は，この「あとがき」を書いている2011年12月中旬にも継続しているが，こと石油政策に関しては，東日本大震災後も大きな変更はない見通しである．したがって，本書の第11章ないし終章の記述をとくに改める必要はないと判断した．

　福島第一原発事故後の電力・原子力政策を中心としたエネルギー政策の見直しの方向性については，2011年8月20日に緊急出版した拙著『原子力発電をどうするか』（名古屋大学出版会）のなかで，詳しく論じた．同書もまた，三木氏との共同作品である．

　本書の各章は，1990年代以来書き溜めた諸論稿に大幅な改稿を施したものである．なかには，原型をとどめないほど補正した章もあるが，参考のため，もとになった論稿を以下に掲げておく．

　第1章：「3人のタイプの異なる石油業経営者——日本の政府・業界間関係に関する一考察」東京大学『社会科学研究』第49巻第4号，1998年3月，73-89頁．

第 2 章：「太平洋戦争以前の日本におけるスタンダード・ヴァキューム・オイルの事業活動――七つの論点をめぐって」『経営史学』第 24 巻第 4 号，1990 年 1 月，1-35 頁。

第 3 章：「国際カルテルと日本の国内カルテル――1932 年のガソリンに関する 6 社協定をめぐって」『経営史学』第 28 巻第 2 号，1993 年 7 月，31-56 頁。

第 4 章：「1934 年の石油業法の制定過程とロイヤル・ダッチ・シェル――外国企業の日本市場参入とその発展に関する研究」青山学院大学『青山経営論集』第 28 巻第 2 号，1993 年 9 月，75-97 頁。

第 5 章：「1934 年の石油業法と外国石油会社との交渉」大石嘉一郎編『戦間期日本の対外経済関係』第 4 章，日本経済評論社，1992 年 5 月，171-205 頁。

第 6 章：「出光商会の海外展開――1911〜1947 年」一橋商学会編, *Hitotsubashi Review of Commerce and Management* (『一橋商学論叢』), Vol. 5, No. 2, 白桃書房，2010 年 11 月，2-24 頁。

第 7 章：「GHQ の石油政策とメジャーズの対日戦略」青山学院大学『青山経営論集』第 26 巻第 2 号，1991 年 9 月，265-284 頁。

第 8 章：「明確な戦略と販路の確保――石油産業におけるエクソン社，モービル社と東燃，出光興産」塩見治人・堀一郎編『日米関係経営史』第 4 章，名古屋大学出版会，1998 年 12 月，114-143 頁。

第 9 章：「エンリコ・マッティと出光佐三，山下太郎――戦後石油産業の日伊比較」企業家研究フォーラム『企業家研究』創刊号，2004 年 3 月，1-17 頁。

第 10 章：「日本におけるナショナル・フラッグ・オイル・カンパニーの限界と可能性」「アジアのエネルギー・セキュリティー」日米共同研究会（平成 11 年度石油精製合理化基盤調査事業）『アジアのエネルギー・セキュリティーと日本の役割に関する調査報告書』第 VII 章，財団法人石油産業活性化センター，2000 年 3 月，259-292（VII・1-VII・34）頁。

第 11 章：特定のものはない。

　日本石油産業の国際競争力を構築する担い手は，あくまで民間石油企業とその経営者たちである。国の石油政策は，企業と経営者の活動を後押しすることもあれば，制約することもある。本書の第 11 章で見た新しい動きが，適切な形で発展をとげ，日本石油産業の国際競争力構築につながることを，願ってやまない。

　2011 年師走

橘 川 武 郎

図表一覧

表序-1	日本国内における 2010-14 年度の石油製品（燃料油）需要見通し	2
表序-2	下流部門の事業規模の比較（1997 年）	9
表序-3	上流部門の事業規模の比較（1997 年）	9
表 1-1	橋本圭三郎関連年表	21
表 1-2	中原延平関連年表	25
表 1-3	終戦後 1952 年までの石油会社による主要な外資提携契約	27
表 1-4	出光佐三関連年表	29
表 2-1	アジアにおけるソコニーの支店開設	39
表 2-2	太平洋戦争開始時にスタンヴァックが所有していた油槽所	42-43
表 2-3	ソコニーとヴァキュームの国別、製品別販売量（1929 年）	48-49
表 2-4	ソコニーの販売量の内外別構成	50
表 2-5	太平洋戦争開始時にスタンヴァックが所有していたサービス・ステーション数	51
表 2-6	日本におけるソコニーとヴァキュームの油種別機械油販売量（1929 年）	52
表 2-7	合併後 18 カ月間のソコニー・ヴァキューム海外部門の減員数	54
表 2-8	スタンヴァックの国別売上高（1941 年）	56
表 2-9	日本における石油製品の小売価格と輸入関税（1933 年）	57
表 3-1	1931 年の事業者別ガソリン販売量または同生産量	69
表 3-2	1932 年の「6 社協定」による会社別ガソリン販売数量割当（1932 年 7 月-1933 年 6 月分）	70
表 3-3	日本における事業者別ガソリン販売量	73
表 3-4	ロイヤル・ダッチ・シェルの「6 社協定」に対する目標値（1932 年 7 月上旬現在）	73
表 3-5	1932 年 7 月 23 日時点の「6 社協定」の原案	74
表 3-6	1932 年 8 月 3 日時点の「6 社協定」の内定値	74
表 3-7	日本における事業者別灯油販売量	79
表 3-8	1932 年 11 月時点の会社別ガソリン販売原価	81
表 4-1	1933 年 8 月にライジングサンが計算した，商工省の裁定案にもとづく改定後の「6 社協定」の販売シェア	96
表 5-1	石油業法の施行過程における日本政府と外国石油会社との間の交渉	110-111
表 5-2	石油業法の施行過程における外国石油会社との交渉経過の概要	127
表 6-1	出光の海外における店舗の開設と廃止（1911-47 年）	139
表 6-2	1929 年度の出光商会の支店別売上高	143

表 6-3	出光商会の本支店別損益（1927-29 年度）	147
表 6-4	日本石油京城販売店開設後の各特約店の朝鮮市場における営業区域	150
表 6-5	出光の日本国内における店舗の開設と廃止（1911-44 年）	153
表 6-6	1938 年度の出光商会の地域別・支店別売上高	158
表 6-7	出光商会・出光興産・満洲出光興産・中華出光興産の人員構成（1942 年 5 月）	163
表 6-8	出光の従業員の構成（1944 年 1 月）	169
表 7-1	占領下の日本の石油産業に関する主要な研究業績	179
表 7-2	提携交渉開始当時の日本における関連 4 社の状況	190
表 8-1	戦後の日本におけるグループ別精製能力シェアおよび石油製品販売量シェア	204
表 8-2	1976-88 年の利益率の推移	212
表 8-3	1994 年度における日本の石油会社の売上高・経常利益ランキング	212
表 8-4	1949-77 年度の出光興産の売上高と純利益金	218
表 9-1	上流部門の事業規模の比較（1997 年）	241
表 10-1	メジャーズの部門別純利益（1996-98 年）	267
表 10-2	OECD 諸国の石油開発企業の事業規模と日本の石油産業全体の事業規模（1997 年）	268
表 10-3	石油公団出資プロジェクトの親会社とその他の石油公団出資会社（1998 年 3 月末現在）	272
表 11-1	石油コンビナート高度統合運営技術研究組合のメンバー企業（2009 年 4 月現在）	294
表 11-2	JCCP による研修生受入・専門家派遣の地域別実績（1981-2008 年度）	300
図 1-1	森川英正による日本の経営者のタイプ分け	19
図 2-1	ソコニーのニューヨークにおける輸出向け灯油積出し価格	53
図 10-1	日本における石油関連規制と規制緩和の推移（1962-2002 年）	256
図 10-2	日本におけるセルフ SS 数の推移（1998-2006 年度）	258
図 10-3	先進各国におけるガソリン小売価格（税抜き）の推移（1994 年 12 月-2006 年 12 月）	259
図 10-4	日本における石油製品小売価格（税抜き）の推移（1994 年 1 月-2007 年 1 月）	260
図 10-5	日本におけるレギュラーガソリンのグロスマージンの推移（1988-2005 年）	261
図 10-6	日本における原油処理能力と製油所数の推移（1995-2005 年度末）	262
図 10-7	日本における石油会社従業員数の推移（1994-2005 年度末）	262
図 10-8	日本における石油元売会社の再編と提携（2010 年 7 月現在）	263
図 10-9	日本における石油販売業者数および SS 数の推移（1982-2006 年度末）	264

資料 2-1	ソコニー・ヴァキューム発足から約1年後の状況 ……………………………………… 55
資料 2-2	Everlt J. Sadler のスタンヴァック誕生についての回想 ……………………………… 55
資料 3-1	日本，朝鮮，北支，南支，台湾，インドシナ，タイの各市場に関するメモランダム ………………………………………………………………………………… 71-72
資料 4-1	石油業法（1934年3月28日法律第26号）……………………………………… 101

事項索引

ア 行

IHP（International Hydrogenation Patent Co.）法　26
アジア・プレミアム　246
アメリカ式（的）企業経営　196, 225
「アラビア太郎」　226, 233, 235
アラムコ格差　213-215, 219-220
アルキレーション設備　207
出光封じ込め　218
内側からの挑戦　12, 205-206, 209-213, 215, 309
英蘭協定　65
エネルギー供給高度化法　3-4
エネルギー・セキュリティ（安全保障）　4-5, 240, 279, 283, 285, 287, 290, 292, 298-299, 312
応用経営史　1, 13, 305

カ 行

外圧　262-263, 270
外資提携　8, 11-12, 26, 178, 189, 191, 196, 201, 203, 206, 216, 307
外地重点主義　138, 152, 155-157, 162, 172
「馘首せず」　170-171
火主水従　253
ガソリン生産枠指導（PQ）　255-256
ガソリンの独歩高　250, 257, 259
「過当競争」　249-250
下方スパイラル　242, 284, 308, 311
カリフォルニア系石油会社　60, 78, 127-128
下流企業の過多・過小　308-309
「下流の技術力で上流を攻める」　279, 285, 287, 292, 298-299, 301-302
関税改正（1904年）　40, 63
関税改正（1909年）　40, 64
関税改正（1926年）　40, 46, 56, 61, 64
関税改正（1932年）　57, 66, 78, 151
関税改正（1936年）　110-111, 114, 118, 124
関税改正（1937年）　111, 115
関税定率法　148

機会均等主義　10, 251, 281, 308
規制緩和　239, 241-242, 247-248, 254-259, 261-266, 269-270, 274-275, 277, 281-284, 301, 308
切符制　159
揮発油及重油販売取締規則　157-158
揮発油販売業法　255-257
逆転の構図　154-155, 162, 164, 167, 173
強靱なエネルギー企業　10
許可主義統制案　80, 93-94, 98-99
「黒い砂漠」　226, 229
グロスマージン　259-261, 308
原油処理枠指導　255-256
原油輸入禁止指令（SCAPIN 640）　180, 186, 188, 202
原油輸入の再開　180-181, 186-187
コア・エリア　269-271, 277-278
鉱業条例改正（1900年）　41
後発5社　209, 224
コーカー（重質油熱分解装置）　4
国民生活安定緊急措置法　256
護送船団（方式）　10, 275, 281, 307
国家総動員法　23
5点メモランダム　59, 67, 113-114, 118-119, 123-124, 129, 133
コンビナートの高度統合　285, 287, 292-293, 295-299, 301, 304, 311
コンビナート・ルネッサンス　293, 302, 311
コンビナート連携石油安定供給対策事業　304

サ 行

サービス・ステーション　50-51, 65, 255-258, 261, 264
産業基盤整備事業（技術協力事業）　299
事業計画書　110, 112-113, 117, 120-122
資源外交　236, 238
資源ナショナリズム　230
自主開発原油　286
自主開発油田　5
市場主義　239, 277, 282

市場万能論　239, 282
資本の壁　296
重軽格差　299
重質油分解　3-4, 286, 293
重油関税割当（TQ）　255-256
重要産業統制法　80, 93, 151
常圧蒸留装置（トッパー）　3
消費者本位　232, 237
消費地精製（原油輸入精製）主義（方式）　2, 8, 11-12, 18, 21, 23-24, 30-31, 40, 45, 56-57, 61, 66, 78-79, 81, 83, 87, 89, 92, 103, 114, 173, 178, 188, 191, 196, 201-202, 216-218, 233, 237, 297, 306-307, 309
上流企業の過多・過小　241, 246, 280-281, 283-285, 287, 301, 309-310
上流と下流の分断　7-8, 10-12, 83, 178, 226, 240, 242, 244, 249-251, 280-281, 283-284, 289-290, 301, 306-310
新・国家エネルギー戦略　285-287, 292-293, 298, 303
新石油備蓄法　256
新「6社協定」（1933年）　96-98
垂直統合　8, 11, 17-18, 31, 83, 220, 229, 235-238, 242, 244, 248-249, 251, 268, 270-271, 273, 281, 283, 289, 301, 306, 308, 310
水平統合　11, 17-18, 31, 235, 242-243, 270-273, 280, 283-284, 287, 289, 292, 301-302, 308, 311-312
スタンダードの解体　36
生産者から消費者へ　232, 237
生産地精製（石油製品輸入）主義（方式）　11, 56-57, 66, 78, 92, 114, 188, 201, 306
生産調整　219
製販ギャップ　250
政府万能論　239, 282
石油開発公団法　250
石油開発利権協定　230
石油関税改正（朝鮮）　29, 149, 216
石油関連整備法（石油製品の安定的かつ効率的な供給の確保のための関係法律の整備に関する法律）　256-257
石油危機（ショック）　8, 10-11, 207, 210, 246, 258, 308
石油企業の過多・過小　7-10, 226, 241-242, 281, 307-308
石油業法（第1次, 1934年）　11-12, 21-24, 35-36, 44, 47, 57-61, 65-67, 80, 87, 91, 93-94, 98-110, 112, 115-122, 125-129, 132-133, 135, 151, 157, 174, 200, 204, 221, 223, 310
石油業法（第2次, 1962年）　8, 10-11, 25, 28-30, 91, 103, 107, 203-205, 218-219, 222-223, 233, 238, 241-242, 249-253, 255-257, 262, 275, 284, 303, 307-310
石油公団法　250-251
石油国策実施要綱　98-100, 106
石油国家管理案　80, 93-95, 99, 106
石油需給適正化法　256
石油政策小委員会報告書　285-287, 292-293
石油製品販売数量割当　92, 96, 99, 109-117, 119, 121, 124-125, 127, 129-130, 132, 151, 200
石油製品輸出承認制度　256-257
石油専売制（満洲）　29, 152-154
石油専売法（内地）　29
石油の一滴は血の一滴　234
石油販売取締規則　159
石油備蓄　9, 286, 308
石油備蓄法　246, 256, 303
石油保有補助金交付規則　111, 114
セルフSS　256-258
1935-36年危機　126-127, 135
先発4社　209, 224
戦略的提携　244, 290
総合エネルギー企業　235-236
外側からの挑戦　12, 206, 215, 218, 310
ソ連原（石）油の輸入　203, 218, 226, 230, 232, 310

タ 行

第1次規制緩和　254-255
第1次消費規制　157
第1次ストライク報告　182
第3次ガソリン争議　82, 93
第3次消費規制　158
大地域小売業　232, 237
第2次規制緩和　254-255
第2次消費規制　157
第2次ストライク報告　182-186, 191-193
対日石（原）油禁輸　37, 55, 60, 78, 88, 127-128, 158, 166
太平洋岸製油所の操業禁止指令（SCAPIN 1236）　180, 186
太平洋岸製油所の操業再開　180-181, 186-187

事項索引　331

太平洋岸製油所の操業と原油の輸入についての覚書（SCAPIN 2027）　187
太平洋岸石油製油所の操業と原油の輸入について　1949年11月28日附日本政府宛覚書（SCAPIN 6983-1）　194
対満洲原油禁輸　128
「大陸の石油商」　237
WTI（West Texas Intermediate）原油　279, 302
中核的（石油）企業　243, 287, 289, 292
中間賠償計画　180
中進国　83, 103
中進性　61, 89
貯油（石油保有）義務　23, 59, 92, 100, 104, 108-114, 116, 118-125, 127, 129, 151, 200
地理の壁　296
強いアメリカ　196-197, 219
強い製油所　4
電気事業再編成　193, 252-253
電気事業法　107, 251-253, 275
電力国家管理　252
電力自由化　244, 246
電力統制私見　252
灯油罐入り箱詰め輸入　40-41, 45-46
灯油バラ積み輸入　39-41, 45-46
特殊法人等整理合理化計画　288
特石法（特定石油製品輸入暫定措置法）　241-242, 254-262, 264-265, 281, 284, 303
特別関税制度（朝鮮）　148-149

ナ 行

ナショナル・フラッグ・オイル・カンパニー　7-9, 11-14, 16, 18, 21, 30-32, 35, 83, 136, 178, 196, 226-227, 231, 235-240, 243-246, 280, 282-283, 289-290, 303, 308-312
7社協定（1934年）　109, 129, 200, 222
2号冬候車軸油　143-145, 149, 154
ニソン・プロジェクト　279, 297-299
日章丸三世　232
日章丸事件　29, 217-218, 232, 310
日章丸二世　29, 217, 232
「日本株式会社」論　32
日本式（的）企業経営　196, 225
日本石油産業の（構造的）脆弱性　4, 7, 11, 16, 178, 202, 240, 244, 247, 249-250, 261, 271, 280, 282-285, 308-310
ニューヨーク会議　69
ノエル報告　185-187, 191

ハ 行

白油化　4, 212, 299
白油構成比率　207-208, 223
バルディーズ号事故　213-214, 221
パルム・ドール　229
販売に関する項目協定　69
日の丸原油　234
品質確保法（揮発油等の品質の確保等に関する法律）　256-257
フードリー式接触分解法　26
フードリー法　25-26
2つの集中　173
「懐の深い」コンビナート　296
プレイヤーの視点　239, 282
ポーレー最終報告　180-181, 183, 185
ポーレー中間報告　180

マ 行

マフィア　229
「満洲太郎」　234
民営9電力体制　252-253
民族系石油会社　28, 102-103, 196, 206, 216, 226, 232, 250, 308
メジャーズ（大手国際石油資本）　6-9, 12, 14, 28-30, 178-179, 183-184, 188-191, 201-204, 214-219, 222, 224, 226-227, 229-230, 232, 234, 236-238, 240, 245, 248, 266-271, 280, 282-283, 302-303, 307-308, 310
元売（会社）　9, 103, 222, 249, 258, 261-262, 265, 279
モラル・エンバーゴー（道義的禁輸措置）　26

ヤ 行

油主炭従　253
ヨーロッパ市場に関する覚書　69
4社協定（1910年）　18, 46, 65, 197, 222, 306

ラ 行

ラービグ・プロジェクト　279, 304
流動接触分解装置　223
6社協定（1932年）　12, 18, 32, 69-70, 72-78, 80-83, 85-87, 95-96, 105, 306
6社協定の改定　95, 97, 99
ロンドン世界経済会議　94

A–Z

FCC（流動接触分解装置）　207-208
GATS（サービスの貿易に関する一般協定）　244, 246
HSFCC（高過酷度流動接触分解技術）　300
Pauley Report　192
RFCC（残油流動接触分解装置）　4

333

企業名・組織名索引

ア 行

青山学院大学　59
旭化成ケミカルズ　294
亜細亜石油　203
アジアチック・ペトロリアム（アジア石油）　18, 45, 51, 58, 65, 70, 74, 76, 84, 89, 92, 94, 128, 140, 155, 197-199, 306
「アジアのエネルギー・セキュリティー」日米共同研究会　14, 244
アソシエーテッド・オイル　46, 56, 58, 60, 76-77, 84, 87, 127, 129, 223
アトランティック・リファイニング　72, 86
アニッチ　230
尼瀬製油所　17, 32
尼瀬油田　17
アラビア石油　226, 233-236, 238, 245, 272
アラビアン・アメリカ・オイル・カンパニー（アラムコ）　214, 219-220
アングロ・イラニアン（・オイル）　29, 217, 226, 230, 232
出光　139, 153, 164-173
出光興産　3, 19-20, 28-30, 34, 102, 136-139, 152-153, 158, 160-163, 169, 171, 173, 175, 196-197, 203-205, 207, 212, 215-220, 222, 226, 232-233, 235-238, 245, 253, 263, 272, 279, 294, 297, 299, 310
出光商会　12, 19-20, 28-30, 136-138, 140-159, 161-163, 171-174, 215-216, 245
出光石油化学　224
伊藤忠石油開発　272
インターナショナル・オイル　36, 41, 44, 60, 197
インドネシア石油　243, 272, 288
INPEX 帝石（国際石油開発帝石ホールディングス）　246, 287-288, 291, 302-303, 311
ヴァキューム・オイル　35-36, 38-40, 47-48, 51-54, 56, 61, 63, 84, 103, 143-144, 199, 222
ヴィテック　294
液体燃料協議会（液体燃料問題ニ関スル関係各省協議会）　98, 106

エクソン・コーポレーション　63, 196-197, 199, 201, 205, 210-215, 219-221, 223, 225, 230, 309
エクソンモービル・コーポレーション　63, 223
エクソンモービル・ビジネスサービス　263
エクソンモービル・マーケティングサービス　263
エクソンモービル有限会社　91, 223, 263
エセックス　190
エッソ・イースタン　203, 213
エッソ・スタンダード石油　38, 62, 203, 205
エッソ石油　38, 62, 203, 205, 212-213, 221, 223, 263
エッソ・モービルグループ　204-205, 263
エニ（Eni）　231
エネルギー懇談会　8, 14, 204, 222, 249-250, 275
大分製油所　3
大蔵省　19, 22, 98, 214-215
大阪ガス　272, 294
大阪商船　147
大里製粉所　140
小倉石油　18-21, 23-25, 31-34, 68-70, 73-74, 78-79, 86, 88, 95-96, 129, 222, 306, 309

カ 行

海軍　21-22, 25, 59, 67, 134, 167-168, 170-171
海軍省　98
外務省　44, 98, 116, 121, 132
鹿島アロマティックス　294
鹿島製油所　3
鹿島石油　294
柏崎製油所　17, 32
化成水島　224
兼松　272
カフジ油田　233-235
唐津電気製鋼　145
ガラフ油田　303
カルテックス　27, 169, 183, 188-190, 193, 195, 201-203, 216, 220, 222, 303, 307-308

334

カルテックス(・オイル)・ジャパン　27
カルテックス(・オイル)・プロダクツ　27
ガルフ・リファイニング　72, 86
川崎製油所　207, 223
岸洋行　142
北スマトラ海洋石油資源開発　243, 288
旧コスモ石油　263
九州製油　158
九州石油　263
給油取扱所の安全性等に関する調査検討委員会　257
共同石油　204, 250, 263
極東委員会　180
極東石油(工業)　209, 294
近商組　142
クウェート国際石油　297, 299
経済改革研究会　255
経済科学局　181, 184-187
経済産業省　19, 256, 286, 291, 303-304
京浜製油所扇島工場　3
京浜製油所水江工場　3
ゲッティ・オイル　303
興亜院　155, 166-167
興亜石油　27, 203
神戸高等商業　28-29
国際石油開発(INPEX)　243, 246, 288-290
国際石油交流センター(JCCP)　298-302, 311
国務省(アメリカ)　22, 37, 40, 46, 66, 85, 88, 103, 109, 111, 116, 119-120, 125, 130, 134-135
コスモ石油　204, 212, 263, 272, 294, 300
コロニアル　20-22
コンビナート高度統合研究会　294, 303-304

サ　行

西戸崎製油所　45, 65
サウジ・アラムコ(Saudi Aramco)　300, 304
酒井医療電気器械製造所　145
酒井商会　140
札幌農学校　234
サハリン石油開発協力　272, 288
サハリン石油ガス開発　272
サミュエル商会　39, 41, 45, 92, 306
サン・オイル　26
山東鉄道　147
山陽石油化学　294
JX日鉱日石エネルギー　263, 300

JXホールディングス　3, 241, 297
シェブロン　220
シェル　27, 70, 73, 79-81, 84-85, 89, 93, 104, 140, 183, 188, 202, 204, 216
シェル・ジャパン　27
シェル石油　65, 92, 201, 203, 222, 263
シェル・トランスポート・アンド・トレイディング　65
資源エネルギー庁　277
資源エネルギー庁資源・燃料部石油精製備蓄課　258, 277
資源局　98
清水製油所　202, 207
下津製油所　190, 195
下関石油配給所　153
ジャパンエナジー　212, 263, 272, 294
ジャパン石油開発　272
上海油槽所　137, 164, 166, 174-175
商工省　47, 59, 82, 93, 95-98, 105, 112, 116, 120-121
商工省鉱山局　80, 82, 93-95, 98-99, 106, 108-111, 115-120, 125-127, 130-132, 135
昭和シェル石油　3, 27, 91-92, 204, 212, 263, 272, 294
昭和石油　27, 92, 203, 222, 263
昭和タンカー　158
昭和四日市石油　203
シンクレア・リファイニング　72, 86
新日鉱ホールディングス　3, 241, 279, 297
新日本石油　3, 241, 263, 279, 294, 297, 300
新日本石油精製　294
鈴木商店　140
スタニッチ石油工業　230
スタンヴァック(スタンダード・ヴァキューム・オイル・カンパニー)　12, 25-28, 33, 35-38, 41-42, 44-45, 51, 54-56, 58-68, 83, 85, 91-92, 94, 102-104, 106-110, 112-119, 121-122, 124-135, 183, 188-190, 193, 195, 199-211, 216-217, 221-224, 307, 309
スタンダード・オイル・グループ　36, 38, 41, 65, 197, 306
スタンダード(石油)社　140-141, 143-144, 148, 155, 165-166, 216
ストライク賠償調査団　182-183
住友化学　224, 279, 294, 304
住友商事　272
住友石油開発　272

企業名・組織名索引　335

石油開発公団　9, 235, 251, 308
石油開発情報センター　269, 272, 277-278
石油業委員会　100
石油共販　158
石油鉱業連盟　234, 263
石油公団　9, 234-235, 238, 241, 243-244, 251, 263, 269, 271-272, 275, 277-278, 281, 288, 291, 307-308
石油顧問団（PAG）　183, 185, 188, 191, 193, 202
石油コンビナート高度統合運営技術研究組合（RING）　293-294, 297, 302-304, 311
石油産業活性化センター　14, 244
石油産業基本問題検討委員会　255
石油資源開発（JAPEX）　272, 288, 290-291, 303
石油審議会　242, 256-257, 284
石油審議会開発部会基本政策小委員会　242-243, 246, 263, 277, 289, 303
石油審議会基本政策小委員会　276
石油審議会石油部会　254-255
石油審議会石油部会基本政策小委員会　257, 262, 277
石油審議会石油部会石油政策基本問題小委員会　262, 277
石油精製業連合会　181
石油天然ガス・金属鉱物資源機構（JOGMEC）　290-291, 302-303, 311
石油配給公団　103, 171, 222
石油配給統制（石統）　171
石油問題検討委員会（PSC）　185-186
石油聯合　163
石油連盟　29-30, 219, 233, 263
ゼネラル石油　203-204, 209, 212, 263
ゼネラル物産　203, 222
ゼネラル・ペトロリアム　47
全越石油　17
総合資源エネルギー調査会　243, 289
総合資源エネルギー調査会石油分科会　242, 284-285
総合資源エネルギー調査会石油分科会開発部会石油公団資産評価・整理検討小委員会　13, 243, 289
総合資源エネルギー調査会石油分科会石油政策小委員会　286, 303
総合資源エネルギー調査会石油分科会石油部会石油市場動向調査委員会　2

総合資源エネルギー調査会総合部会　285, 303
総務省消防庁　257
ソーカル（スタンダード・オイル・オブ・カリフォルニア）　47, 60, 65, 127-128, 193, 214
ソコニー（スタンダード・オイル・オブ・ニューヨーク）　18, 33, 35-41, 44-48, 50-58, 60-61, 63-66, 69-70, 72-80, 82-85, 87-88, 103, 198-199, 221-222, 306
ソコニー・ヴァキューム　18, 26, 32, 36, 39, 45, 53-58, 60-62, 64, 68, 70, 74-76, 78-82, 84-88, 94-96, 103-105, 108, 117, 130, 193, 199, 201, 203, 306
ソコニー・モービル　62, 203, 205-206, 208-210

タ　行

タイ沖石油開発　291
大華石油　29, 162-163
大協石油　203-204, 263
大協和石油化学　224
タイドウォーター　27, 183, 188, 202, 223, 303
太陽石油　263
大陽日酸　294
拓務省　98
秩父電線製造所　145
千葉製油所　207, 232
中央九州重油　153
中外石油アスファルト　21
中華出光興産　159-160, 171
朝鮮石油　21, 130, 154, 156
朝鮮鉄道局　149, 154
通商産業省　27-28, 30, 69, 103, 191-192, 209-210, 214, 233, 235, 247, 251-252, 276
通商産業省鉱山局油政課　187
通商産業省資源エネルギー庁石油部開発課　268
鶴見製油所　23
帝国石油　21, 23-24, 246, 272, 288
帝国大学法科大学　20-21
帝人ファイバー　294
テキサコ（テキサス・コーポレーション，テキサス石油）　72, 86, 128, 140, 155, 193, 214, 216, 220, 303
天然資源局　185
東亜石油　3, 203-204, 294

東亜タンカー　209
東亜燃料工業　12, 19-21, 23-28, 33, 92, 178-179, 181, 183-184, 188-190, 192-193, 201, 205, 223, 307, 309
東海銀行　232
東京銀行　232
東京帝国大学工科大学　24-25
東ソー　294
東燃　12, 34, 178-180, 183, 189-197, 201-203, 205-215, 219, 222-225, 263
東燃石油化学　25, 27, 210, 224
東燃ゼネラル石油　178-179, 263, 294
東燃タンカー　209
東邦電力　252
道路改良協会　21
トクヤマ　294
徳山オイルクリーンセンター　294
徳山製油所　30, 218, 232-233

ナ 行

内閣府　259
長岡製油所　17, 32
ニソン・リファイナリー・ペトロケミカル　297
日網石油精製　203
日商　69
日清製油　142
日石三菱　240-242, 263, 265, 281, 284, 303, 308-309
日中石油開発　272
日本インドネシア石油開発協力　272
日本エネルギー経済研究所　14, 244
日本漁網船具　203, 222
日本経営史研究所　34, 223
日本鉱業　203, 222, 263
日本ゼオン　294
日本石油　11-12, 17-24, 27, 31-33, 35-36, 44, 50, 63-65, 68-70, 73-74, 78-79, 81, 83, 88, 95-96, 99, 129, 140-141, 144-145, 147, 150-152, 154-155, 158, 165-166, 172, 174, 179-180, 183, 188-190, 192-195, 197, 202-204, 207, 212, 220, 222, 241, 263, 265, 272, 276, 281, 303, 306-309
日本石油化学　224
日本石油精製　27, 33, 63, 193, 203, 212, 220, 276
日本石油輸出　234

日本曹達　25
日本ノースシー石油　291
日本ペルー石油　272
日本ポリウレタン工業　294
日本郵船　147
ニュージャージー・スタンダード（スタンダード・オイル・カンパニー［ニュージャージー］）　26, 36, 54-55, 58, 62-63, 66, 103, 108, 186, 193, 199, 201, 203, 205-206, 208-210, 230-231
根岸製油所　3, 207
燃料局　62, 64-65, 89, 101, 104, 111, 120, 127, 135
農商務省　19
野村事務所　182

ハ 行

賠償局　185
早山　73
原田洋行　142
東山油田　17
苗栗鉱業所　150
苗栗油田　150
福昌公司　142
福成洋行　147
富士石油　294
ブリティッシュ・ペトロリアム（BP）　230
ペトロベトナム　297, 299
ペルー石油公社　272
宝田石油　17-22, 24, 31-32, 65, 222, 306, 309
ポーレー使節団　182
北支石油協会　29-30, 166-167
北支石油統制協会　167
北極石油　272

マ 行

松方日ソ石油　67, 81-82, 93, 95-100, 102, 109, 129-130, 200, 222, 310
丸善石油　27, 190, 195, 203-204, 263
丸善石油化学　224, 294
丸紅　272
満洲出光興産　159-160, 171
満洲石油　110, 128, 152-154, 156, 158
水島製油所　3
三井化学　279, 294, 297, 299
三井石油　263
三井石油開発　272

企業名・組織名索引　337

三井石油化学　224
三井物産　32, 58, 63, 69-70, 74, 95, 105, 111, 115-116, 119, 124-126, 129, 222, 272
三菱化学　294
三菱商事　69, 87, 272
三菱石油　18, 27, 56, 58, 69-70, 73-78, 84, 86-88, 95-96, 129, 203-204, 212, 222-223, 241, 263, 272, 281, 303, 306, 308
三菱石油開発　272
三菱油化　224
南満洲鉄道（満鉄）　136, 138, 140-145, 235
明治紡績　140
モービル（・オイル）・コーポレーション　39, 52, 63, 196-197, 199, 201, 205, 210-215, 219-221, 223, 225, 309
モービル石油　37-39, 61-63, 66, 203, 205, 212-213, 221-223, 263
モービル・ペトロリアム　203, 213
森岡平右衛門鉄店　145

ヤ　行

矢野商店　146
山神組　140
山下商会　234
ユニオン・オイル　27, 60, 127-128, 183, 194

ラ　行

ライジングサン・ペトロリアム　18, 41, 44-47, 50, 56-59, 61, 65, 67-70, 73-78, 80-82, 84-88, 91-100, 102, 104, 106-110, 112-117, 121-122, 124-134, 148, 197-201, 222, 306
陸軍　23, 25, 167-168, 170
陸軍省　98
陸軍省（アメリカ）　181, 184
ロイヤル・ダッチ　65
ロイヤル・ダッチ・シェル　18, 45, 68, 70, 72-80, 82-84, 91-102, 107-108, 113, 122, 133, 148, 155, 169, 197, 230, 306

ワ　行

和歌山工場　190
和歌山製油所　202, 207

A-Z

Adnoc　6
AGIP　227-229, 269
Amerada Hess　268
Arco-Union Texas　268
BHP　268
BP（British Petroleum）　6, 267
BP-Amco　267-268
B. P. M.　169
Caltex　188
Chevron　6, 267-268
CNOOC　13
CNPC　6
Conoco　268
Deminex　14, 268-270, 272-273, 277-278
Elf　9, 267-269, 278
Eni　7, 9, 13, 226-231, 234-238, 240-241, 244, 267-269, 288, 297, 303, 310
ERE（エッソ［エクソン］・リサーチ・アンド・エンジニアリング）　206-208
EU（欧州連合）　228
Exxon　9, 267-268
ExxonMobil　6, 9, 268
Gazprom　6
G-4（参謀部第4部）　181, 183-188, 191, 202
GHQ/SCAP（General Headquarters/Supreme Commander for the Allied Powers, GHQ, 連合国最高司令官総司令部）　171, 178-188, 191-193, 202
IHP（International Hydrogenation Patent Co.）　25
IPIC（International Petroleum Investment Co.）　300
IRI　228
JSR　294
KPC　6
Lukoil　6, 13
Marathon　268
MITI（通商産業省）　275
Mobil　9, 267-268
NIOC　6
N. K. P. M.　169
OECD（経済協力開発機構）　267-268
OPEC（石油輸出国機構）　214
PDV　6
Pemex　6
Petrobras　6
Petro Canada　268
Petroleum Advisory Group（PAG）　192
Petroleum Study Committee（PSC）　194
Petronas　6, 13, 303

Phillips   268
Repsol   267-270, 277
Repsol YPF   7, 13
Rosneft   6
Royal Dutch Shell   6, 9, 267-268
RWE-DEA   270, 278
Saudi Aramco   6
Sinopec   7
SNAM   227
SOD (Standard Oil Development)   26-27, 206-208
Sonatrach   6
Statoil   268
Texaco   267-268
Total   7, 9, 13, 269, 278
Total Fina   9, 267-268
Total Fina Elf   9, 13
The U. S. Department of Commerce   34
VEBA Oel   270, 278
Wintershall   270, 278

人名索引

ア 行

浅野総一郎　32, 63, 65
阿部聖　32, 62-63, 65, 67, 128
鮎川勝治　173
アンダーソン（アーヴィン・H.）　37, 55, 67, 129
イーリ（T. G.）　113, 118, 122, 124-125, 131-132
井口東輔　17, 32, 44, 62, 64-65, 67-68, 83-86, 88, 128-129, 174, 179, 192, 195
伊沢久昭　228, 230-231, 245
石井寛治　33
石坂泰三　245
伊丹敬之　245, 275
出光佐三　12, 19-20, 28-31, 34, 138, 140-143, 146-147, 149, 157-158, 161-162, 164, 166, 170-171, 173, 175, 196-197, 205-206, 215-219, 225-227, 232-233, 236-238, 244-245, 310
出光雄平　142, 145
宇井丑之助　70, 89, 104
ウィルキンズ（マイラ・）　62, 67, 128
ウォーカー（ウィリアム・B.）　66
ヴォトー（ダウ・）　228, 231, 234
ウォルデン（ジョージ・S.）　113, 122
宇田川勝　62, 67, 103, 128
エンズオース（H. A.）　64
大石嘉一郎　33
大貝晴彦　119, 131
大橋新太郎　20
大森弘　245
沖本（ダニエル・I.）　275
奥田英雄　33-34, 179, 184, 189-190, 193, 195, 223
小倉房蔵　23, 188

カ 行

加護野忠男　245, 275
桂芳男　245
北沢新次郎　70, 89, 104

タ 行

橘川武郎　13-14, 33, 64-67, 85, 107, 129, 173, 175, 178-179, 193, 225, 244-247, 275-277, 302-303
桐山喜一郎　181
グールド（J. C.）　22, 40, 53, 64, 104, 113, 122, 130, 132-133
草間秀雄　149
グルー（ジョセフ・C.）　22, 33, 40, 110-111, 120, 124, 130-134
来栖三郎　44, 59, 108-111, 113, 115, 118, 120-127, 131-134
コール（H. E.）　45, 64
小島新一　114, 118-119, 124, 131
コップマン（ジュリアス・W.）　44, 64
ゴドバー（F.）　113, 122, 133
小林友太郎　69

サ 行

済藤友明　62, 204, 222-223, 225, 248-249, 275
酒井喜四　118-119, 124, 131
阪口頌　245
佐々木弥一　189
サドラー（エヴァルト・J.）　54, 66
サンソム（G. B.）　110-111, 123, 125
塩見治人　222
下川浩一　204, 222, 245, 275
ジョンソン（チャーマーズ）　276
仙波恒徳　179-180, 192-193, 195
園田（クラーレンス）　190

タ 行

高倉秀二　225
滝口凡夫　173
竹内可吉　120, 130
竹内伶　223-224
武田晴人　62, 65, 67, 89, 101, 104-107, 128
武村清　144
田中敬一　37-39, 61-67, 222
谷川湊　140
ダン（エドウィン・）　44
長誠次　179

土田敏熊　179
津村光信　244, 277-278
ティーグル（ウォルター・C.）　58, 66, 103
ディッカヴァー（E. R.）　110-111, 121, 123-125, 131-134
デターディング（ヘンリ・W. A.）　45
富永武彦　168-169, 175
トムリンソン　195

ナ 行

内藤隆夫　32
内藤久寛　20
中島久萬吉　98, 104
中原延平　19-20, 24, 26-28, 31-34, 179-184, 187-190, 193-194, 196-197, 205-206, 208-211, 213, 215, 223-224, 309
中原伸之　196-197, 205, 210-213, 215, 225, 309-310
新津恒吉　69
ネヴィル（エドウィン・L.）　110-111, 120-123, 125, 131-135
ノエル（ヘンリー・M.）　186-187, 194
野田富男　62, 67, 128-129
野村駿吉　182

ハ 行

パーカー（フィロ・W.）　113, 122, 130
橋本圭三郎　19-25, 28, 31-33, 165-166, 309
長谷川慶太郎　224
林繁蔵　149
林安平　149
早山与三郎　69
原敬　22
フードリー（E. H.）　26
フェイルズ（F. S.）　33
福井敬三　146-147
福田庸雄　117, 122, 130, 132
ポーレー（エドウィン・W.）　180
ホーンベック（スタンレー・K.）　130
細谷千博　62, 128
堀一郎　222

マ 行

マイヤー（C. E.）　64, 124-125, 131
マクレー　111, 125, 134
町田忠治　117, 121, 131-132
松方幸次郎　21, 24

松島春海　245
マッティ（エンリコ・）　12, 226-233, 236-238, 244-245, 310
松永安左エ門　252-253, 276
マルカム（H. W.）　104, 133
宮本又郎　245, 275
森川英正　19, 33-34, 179, 210, 224

ヤ 行

矢野俊比古　276
矢野元　145-147
山崎広明　204, 222, 275
山下太郎　226-227, 233-238, 244
山田孝介　147
吉田文和　182-183, 193
吉野信次　59, 108-111, 113, 115, 118-127, 129, 131-134
米川伸一　204, 222, 275
米倉誠一郎　245, 275

ラ 行

リディ（ジョン・Z.）　192
蠟山道雄　62, 128
ロックフェラー（ジョン・D.）　36

ワ 行

脇村義太郎　8, 34, 204, 222, 249-250
渡辺敏　276

A-Z

Agnew, Andrew　85, 87-90, 104-105, 107
Airey, Richard　87-89, 104-105, 107
Allen　192
Amott, C. E.　66
Anderson, Jr., Irvine H.　66-67, 128
Anderson, Webster　194
Borg, D.　62, 128
Coe, Kersey F.　67
Cole, H. E.　64
Coleman, S. P.　66
Cooley, John B.　192
Cruse　192-193
Debevoise, Thomas M.　66
Deterding, Henri W. A.　107
Dickover, E. R.　64
Druitt, C. E. A.　195
Eberle, G. L.　194

Elias, C.　195
Ensworth, H. A.　64
Fish, H. M.　192-193
Frankel, Paul H.　245
Godber, F.　85, 104
Goold, J. C.　66-67
Grew, Joseph C.　64, 67
Hough, E. A.　194
Howe, C. M.　89
Johnson, Chalmers　276
Kikkawa, Takeo　34
Kok, J. F. E. de　104-105
Levy, R. M.　194
Ludlum, R. C.　193
Malcolm, H. W.　66
Marquat, W. F.　194
Mattei, Enrico　245
McCarvill, T. J.　194

Morgenthau, Jr., Henry J.　66
Morikawa, Hidemasa　33
Nakajima, K.　66
Neville, Edwin L.　63, 67
Noel, Henry, M.　194
Okamoto, S.　62, 128
Okimoto, Daniel I.　275
Overton, H. B.　193-194
Reday, John Z.　182
Sadler, Everlt J.　55, 66
Sakai　131
Starling, F. C.　104
Thurman, W. A.　193
Vaughan, W. S.　194
Verity, Calvin　194
Votaw, Dow　228, 245
Whittington, F. L.　194
Wilkins, Mira　62, 67, 128

《著者略歴》

橘川 武郎（きっかわ たけお）

1951 年　和歌山県に生まれる
1983 年　東京大学大学院経済学研究科博士課程単位取得退学
1983 年　青山学院大学経営学部専任講師
　　　　 その後同助教授，東京大学社会科学研究所助教授・教授を経て
現　在　一橋大学大学院商学研究科教授（経済学博士）
著　書　『日本電力業の発展と松永安左ヱ門』（名古屋大学出版会，1995 年）
　　　　 『日本経営史』（共著，有斐閣，1995 年）
　　　　 『日本の企業集団』（有斐閣，1996 年）
　　　　 『日本電力業発展のダイナミズム』（名古屋大学出版会，2004 年）
　　　　 『松永安左ヱ門』（ミネルヴァ書房，2004 年）
　　　　 『日本不動産業史』（共編，名古屋大学出版会，2007 年）
　　　　 『日米企業のグローバル競争戦略』（共編，名古屋大学出版会，2008 年）
　　　　 『講座・日本経営史 6』（共編，ミネルヴァ書房，2010 年）
　　　　 『原子力発電をどうするか』（名古屋大学出版会，2011 年）
　　　　 『東京電力　失敗の本質』（東洋経済新報社，2011 年）他

日本石油産業の競争力構築

2012 年 2 月 29 日　初版第 1 刷発行

定価はカバーに表示しています

著　者　橘　川　武　郎

発行者　石　井　三　記

発行所　財団法人 名古屋大学出版会
〒 464-0814　名古屋市千種区不老町 1 名古屋大学構内
　　　　　　 電話 (052) 781-5027／FAX (052) 781-0697

© Takeo KIKKAWA, 2012　　　　　　　　　　　　 Printed in Japan
印刷・製本　㈱クイックス　　　　　　　　 ISBN978-4-8158-0695-8
乱丁・落丁はお取替えいたします。

Ⓡ〈日本複写権センター委託出版物〉
本書の全部または一部を無断で複写複製（コピー）することは，著作権法
上の例外を除き，禁じられています。本書からの複写を希望される場合は，
必ず事前に日本複写権センター（03-3401-2382）の許諾を受けてください。

橘川武郎著
原子力発電をどうするか
―日本のエネルギー政策の再生に向けて―

四六・192頁
本体2,400円

橘川武郎著
日本電力業発展のダイナミズム

A5・612頁
本体5,800円

小堀　聡著
日本のエネルギー革命
―資源小国の近現代―

A5・432頁
本体6,800円

田中　彰著
戦後日本の資源ビジネス
―原料調達システムと総合商社の比較経営史―

A5・338頁
本体5,700円

塩見治人・橘川武郎編
日米企業のグローバル競争戦略
―ニューエコノミーと「失われた十年」の再検証―

A5・418頁
本体3,600円

春日　豊著
帝国日本と財閥商社
―恐慌・戦争下の三井物産―

A5・796頁
本体8,500円

山本有造著
「大東亜共栄圏」経済史研究

A5・306頁
本体5,500円

松浦正孝著
「大東亜戦争」はなぜ起きたのか
―汎アジア主義の政治経済史―

A5・1092頁
本体9,500円